钢筋混凝土框架结构节点加固方法研究与应用

赵国栋　王明明　李新泰　李　窍　杜新明　种道坦　赵庆邦　著

机械工业出版社

本书共分8章，从当前的情况分析、意义到新方法的提出及试验设计和结果分析，对当前钢筋混凝土框架结构节点的加固进行了广泛的调查研究，并通过大量的试验分析和调查研究数据，利用大量的分析图表，揭示了框架节点的受力机理、性能变化特征，同时提出了参数化设计方法，给出了基于性能框架节点的抗震设计加固新方法，最后结合典型的工程实例对该方法的应用进行了讲解说明。

本书适合于从事建筑抗震及结构加固研究的工程技术人员和高校相关专业的学生及教师使用。

图书在版编目（CIP）数据

钢筋混凝土框架结构节点加固方法研究与应用／赵国栋等著．—北京：机械工业出版社，2021.7

ISBN 978-7-111-68404-6

Ⅰ．①钢…　Ⅱ．①赵…　Ⅲ．①钢筋混凝土框架－框架结构－节点－加固－研究　Ⅳ．①TU375.4

中国版本图书馆CIP数据核字（2021）第107854号

机械工业出版社（北京市百万庄大街22号　邮政编码100037）
策划编辑：薛俊高　责任编辑：薛俊高　刘　晨
责任校对：刘时光　封面设计：张　静
责任印制：李　昂
北京中科印刷有限公司印刷
2021年7月第1版第1次印刷
184mm×260mm·11.25印张·276千字
标准书号：ISBN 978-7-111-68404-6
定价：48.00元

电话服务　　网络服务

客服电话：010-88361066　机　工　官　网：www.cmpbook.com
010-88379833　机　工　官　博：weibo.com/cmp1952
010-68326294　金　书　网：www.golden-book.com
封底无防伪标均为盗版　机工教育服务网：www.cmpedu.com

前　　言

钢筋混凝土框架结构因其简洁的结构形式、灵活的建筑使用空间和良好的抗震性能，在我国乃至世界上的既有建筑结构中占有相当大的比例。为保证框架结构在地震作用下发挥出良好的整体抗震性能，保护人民生命、财产的安全，对于早期框架结构存在的抗震能力不足的问题，亟需进行加固处理方法的研究与应用。

当前世界范围内的多层建筑中，框架结构数量庞大，虽然钢筋混凝土的设计理论比较成熟，但是在唐山大地震（1976）、美国 Northrige 地震（1994）、日本阪神地震（1995）、土耳其地震（1999）、集集大地震（1999）和汶川大地震（2008）等历次比较大的地震灾害中，多层框架结构的震害成为主要的震害之一。震害调查表明，钢筋混凝土框架结构的震害主要发生在梁端、柱端和梁柱节点核心区（统称为节点近区域）。

为此，本书对钢筋混凝土框架结构节点的加固方法进行了深入研究。

本书的整个框架包括：第 1 章首先就既有框架节点在地震作用下已成为最薄弱、最易受损的部位的现状进行了阐述，论述了抗震加固的意义。在综合评价各种加固方法的基础上，对目前国内外加固方法的研究进行概括分析，就这些研究成果进行总结并指出了存在的问题。第 2 章简要回顾了目前应用较多的几种节点受力机理，并详细阐述了节点受力的全过程，明确了减小节点核心区荷载输入、保证梁柱界面连接的可靠性和梁筋粘结性能的三个加固方向。第 3 章及第 4 章为加固节点的试验研究，对 10 个带直交梁的足尺中节点及单榀框架节点进行了试验，通过采集的试验数据进行了归类处理和类比分析。第 5 章讨论了角钢加固节点的抗剪增强机理。第 6 章为加固节点基于有限元理论的参数化分析，以有限元分析软件 ABAQUS 为平台，通过合理地选取材料的本构模型、单元及网格划分、边界条件和加载方式，建立非线性模型；采用分析软件 SAP2000Nonlinear 的 Pushover 模块对单榀框架静力弹塑性进行了分析。第 7 章介绍基于性能的抗震加固设计方法，提出了设计方法及施工工艺。第 8 章遴选出几个有代表性的工程案例，工程案例依据的是项目实施时的规范或标准，读者在参考时请加以区分。

本书的出版有助于从事相关工作的技术人员对工程结构的鉴定与加固改造技术有较为直观的认识和理解。限于作者的学术水平及分析表达能力，书中难免有错误或不足之处，敬请专家和读者批评指正。同时在编写过程中，作者汲取了一些相关文献资料的精华，得到了山东省建筑工程质量检验检测中心有限公司及山东建科特种建筑工程技术中心有限公司在工程案例方面的资料支持，特向他们表示诚挚的谢意。此外，感谢笔者科研团队为本书完成相关研究及校对工作。

赵国栋

2020 年 8 月于济南

目　录

第1章　绪　论

1.1　引言

建筑物的鉴定和加固从其内涵来说，正在作为一门新的学科逐步形成。随着社会发展以及人们环保意识的加强，对老旧建筑的维护和改造加固再利用、节约建筑材料、走持续发展道路，是21世纪人类发展的主题。同时，我国已有的混凝土结构目前大多数正在进入维修、加固和改造的高峰期，亦由于以下一些特殊的原因，加固改造工作显得十分重要和紧迫。

1）我国是一个多自然灾害的国家，地震、台风、洪涝等均会对建筑物造成严重侵害，尤其人员的伤亡主要来自于建筑物的倒塌。

2）我国五六十年代修建的大批工业厂房、公用建筑和民用建筑，已有数十亿平方米进入中老年期，其鉴定维修加固工作已大量提上议事日程。

3）随着经济建设的发展，在新建企业的同时强调对已有企业的技术改造，在改造过程中，往往要求增加房屋高度、荷载、跨度、层数，即实施对房屋的改造。

4）设计或施工中发生差错引起工程质量事故而又未达到拆除重建的程度时，这种情况在新建工程和已建成投入使用的工程中都可能遇到。

5）我国早期的建筑规范多是借鉴二战后苏联的设计规范，采用的是低安全度设计原则，尽管进行了多次的修订，我国现行的建筑结构可靠度标准仍不能适应目前建筑的需要。

6）一些重要的历史性建筑、有纪念意义的建筑结构需要进行保护。

7）建筑物的缺陷同时还有来自恶劣的使用环境：如重载、超载、高温、腐蚀、疲劳、粉尘、在结构上下部任意挖洞、开孔、乱吊重物、乱割、温湿度变化、雨水冲刷、风化、冻融、碳化，以及由于对建筑物缺乏正确的管理、鉴定、检查、维修、保护和加固等常识所造成的对建筑物管理和使用不当，都导致了不少建筑物出现不应该有的早衰现象。

1.2　钢筋混凝土框架抗震加固的意义

钢筋混凝土框架结构由于其简洁的结构形式、灵活的建筑使用空间和良好的抗震性能，在世界各国的各个地区都有着广泛的应用，至今已有一百多年的历史。钢筋混凝土框架结构以梁、板、柱和基础一起形成承重结构，抗侧刚度小，在水平地震作用下框架整体变形为剪切型，当高度较大时，受力特点由受竖向力为主转变成受侧向荷载为主。节点是框架结构中不可分割的一部分，它包括框架梁与框架柱相交的节点核心区及邻近核心区的梁端和柱端。节点在框架中发挥着传递、分配内力和保持结构整体性的重要作用，其受力相当复杂，不仅要承受柱子传来的轴向力、弯矩和剪力，还要承受梁传来的弯矩、剪力和扭矩作用，而且收缩、徐变、温度变化及地基沉陷等因素也会对节点造成一定程度的影响。

在地震作用下，节点是框架中最易受损的部位之一，而节点的破坏将导致整个框架丧失承载能力，进而发生结构倒塌。因此，为了使框架结构具有良好的抗震性能，在地震作用下保持足够的强度和变形能力，各国现行规范均对混凝土框架结构节点抗震设计的计算方法与构造措施提出了明确的要求。作为抗震框架节点，要求其不仅能够承受使用阶段各种荷载的作用，而且能够在预定的地震作用下，当节点所连接的梁柱构件进入弹塑性阶段后，节点在发生较大变形的情况下，仍能维持传递荷载的能力。这就要求在节点钢筋屈服后的非弹性变形阶段，应采取措施延缓节点区强度、刚度的退化，保证框架结构的耗能能力，从而使框架结构具有良好的整体抗震性能。

在钢筋混凝土框架结构应用之初，房屋层数不高，一般不超过 7 层，而梁柱截面尺寸一般较大，节点体积也较大，所以节点有较大的抗剪能力。因此，过去对节点的设计仅限于满足重力作用即可，缺少抵抗侧向作用的能力，也很少注意构造措施，只将梁柱受力钢筋通过节点，在边节点将钢筋伸至节点核心弯折满足一般的锚固长度即可；而且，为了减少施工困难，节点核心很少配置箍筋，甚至不配构造钢筋。随着研究的深入和技术的更新，大约自 20 世纪 60 年代以来，钢筋混凝土高层建筑得到快速发展，陆续出现了 20 层以上的钢筋混凝土框架结构，高强混凝土和大直径的高强变形钢筋相继投入使用，使框架结构的构件截面尺寸减小，进而节点区的截面尺寸也随之减小。这一时期的建筑物至今已有近 60 年的历史，接近我国规范规定的大多数建筑物的设计使用年限，并且其中多数建筑物设计时未考虑抗震设防，其承载力、刚度、延性和稳定性明显不足；同时，由于很多地区抗震设防烈度的提高，过去许多考虑了地震作用的建筑，以现行抗震规范要求来衡量，其抗震能力也存在不足。这类按照非抗震设计或对地震作用考虑不足的框架结构，其节点没有承受较大非弹性变形的能力，也没有考虑在水平荷载作用下节点内钢筋的屈服并可能发生的较大滑移。因此，在地震作用下，这样设计的框架结构存在由于节点的失效而影响框架结构整体抗震性能发挥的隐患。另一方面，虽然近四十年来国内外众多学者对节点进行了大量的理论分析与实验研究，但由于节点受力十分复杂，常常伴随局部非线性与损伤，因此节点受力机理仍存在较大争议，同时由于节点区钢筋十分密集导致较差的混凝土浇筑质量，所以在新建框架中节点也可能成为结构最薄弱的环节[1]。

震害调查表明，框架结构多因梁柱节点失效导致破坏，且破坏形式多为节点剪切破坏、柱端压碎破坏或锚固破坏等，主要发生在梁端、柱端和梁柱节点核心区（统称为节点近区域）。在水平地震的反复作用下，梁端将产生较大的正负弯矩，使梁端产生上下贯通的垂直裂缝，严重时梁端纵向钢筋将屈服，形成塑性铰；同时，混凝土抗剪强度在水平地震作用下将降低，当腹筋（箍筋和弯筋）不足时，将在梁端出现交叉斜裂缝或混凝土剪压破坏。柱头在弯矩、剪力和压力的共同作用下，周围出现水平裂缝、斜裂缝或交叉斜裂缝，混凝土局部压碎，柱端形成塑性铰；当轴压比较大、箍筋约束不足、混凝土强度不足时，柱端混凝土会压碎而影响抗剪能力，柱顶会出现剪切性破坏；当竖向荷载过大而截面过小、混凝土强度不足时，箍筋外鼓崩断，柱筋屈曲成灯笼状。柱脚地震时由于楼层变形过大而在柱底形成塑性铰破坏，柱底混凝土保护层部分脱落，柱主筋及其箍筋部分外露，底层柱倾斜，水平裂缝和斜裂缝互相交叉，破坏区混凝土剥落。角柱由于双向受弯、受剪及扭转作用，柱身产生错动，钢筋由柱内拔出。另外，由于设计或填充墙布置不合理，还会形成短柱剪切破坏。

当节点区剪压比较大时，箍筋有时可能未能进入屈服，而混凝土已被剪压压碎和产生剥落。此外，有时会因梁的纵向钢筋锚固长度不足而被从节点内拔出或者粘结失效滑动，产生滑移破坏。

图1.1为地震作用下框架结构由于节点破坏引起倒塌或失效的典型例子，如图所示，显然与抗震规范要求的在梁端形成塑性铰的破坏方式不符。即便出现理想的梁塑性铰破坏形式，但考虑到框架梁受力有沿梁反弯点向柱面逐渐增大的特点，塑性铰一般出现在柱面附近，发生梁筋粘结退化逐渐向节点内“渗透”的现象，导致梁产生较大的脱离柱面转动，在梁柱交界面间形成较宽裂缝，梁丧失了对节点的约束作用，严重时还会因梁筋拔出引起框架倒塌、节点刚度退化、滞回曲线捏缩、耗能能力降低，同时梁柱交界面上产生的较宽裂缝还会加剧节点内梁筋滑移，形成恶性循环。因此，鉴于节点在框架结构中的关键作用，为保证框架结构在地震作用下发挥出良好的整体抗震性能，保护人民生命、财产的安全，必须探

a） b） c）

d） e） f）

g） h） i）

图1.1 节点破坏引起的框架结构倒塌或失效

a）节点破坏 b）节点破坏与梁筋滑移 c）柱铰破坏 d）角柱节点破坏 e）柱剪切破坏 f）梁筋滑移 g）节点破坏引起的框架倾覆 h）节点剪切破坏 i）节点区钢筋屈服

寻出一种有效的节点抗震加固方法，防止抗震不利的节点发生剪切破坏、柱端塑性铰破坏与锚固破坏等破坏形式，从而改善框架结构的抗震性能。

1.3 中国5·12汶川大地震震害

2008年5月12日，我国四川汶川发生里氏8.0级特大地震，并带来滑坡、崩塌、泥石流、堰塞湖等大量次生灾害。据统计[2]，此次地震共造成87149人死亡和失踪，374643人受伤，受损农村居民住房：倒塌10709.6万m^2，严重受损9432.2万m^2；受损城镇居民住房：倒塌或损毁1887.9万m^2，严重破坏5836.2万m^2，直接经济损失8400多亿元，是中华人民共和国成立以来破坏性最强、波及范围最广、灾害损失最大的一次地震（图1.2）。

a）　　b）

c）　　d）

图1.2　中国5·12汶川地震中框架节点区破坏形式

a）柱铰破坏　b）柱顶塑性铰　c）强梁弱柱导致柱顶塑性铰　d）错层造成短柱剪切破坏

这次地震中，钢筋混凝土框架结构的主要震害现象有[3]：①围护结构和填充墙严重开裂和破坏；②填充墙不合理设置或错层造成短柱剪切破坏；③柱剪切破坏，梁柱节点区破坏；④填充墙不合理设置造成结构实际层刚度不均匀，导致底部楼层侧移过大，并导致倒塌；或导致结构实际刚度偏心使结构产生扭转地震响应；⑤柱端出现塑性铰，未实现“强柱弱梁”屈服机制。

围护结构和填充墙等非结构构件的严重开裂和破坏，也会造成一定的人员伤亡，并导致人们产生恐惧心理，且震后修复工作量很大，费用很高。柱剪切破坏和梁柱节点区破坏大多由配箍不足、箍筋拉结或弯钩等构造措施不到位等原因造成。规范规定的最小配箍率可能也需要考虑提高。值得注意的是，在柱的强剪弱弯方面，即使柱端首先发生弯曲破坏而形成塑性铰，巨大的轴压容易使混凝土压溃而发生剥离脱落（本次地震竖向振动很大），从而严重削弱柱端的抗剪能力，而柱端出铰并不会减小其所受到的地震剪力，因而很容易引起剪切破坏。因此，需要考虑压弯破坏对柱端抗剪承载力降低的影响，提出切实可行的配筋构造措施，如连续箍筋技术，防止柱端混凝土强度严重退化，充分保证“强剪弱弯”。

本次地震中，框架结构震害虽然轻于砖混结构和框架-砌体混合结构，但框架结构的柱端出铰、柱端剪切破坏与节点区破坏等现象仍比较普遍，这些震害表明，现行规范要求的“强柱弱梁、强剪弱弯”抗震设计理念还没有实现，图 1.2 为此次地震中框架节点的破坏形式。笔者先后两次前往绵阳、安县、北川、江油等地进行灾后房屋评定，发现倒塌或者严重破损的多为早期建筑，这主要是由于使用年限较长和早期建筑抗震设防较低所致。根据书后文献［3］统计：2001 年前的建筑约 1/3 需停止使用或立即拆除，1/3 以上需加固后方能使用。鉴于我国既有建筑抗震设防烈度较低的现状，对框架结构尤其是节点区进行抗震加固已迫在眉睫。

1.4 框架节点加固方法

近年来，随着人们对建筑物加固补强技术研究的不断深入，相应的成果也越来越多。目前，工程上常用的节点抗震加固方法有：加大截面加固法、粘钢加固法、外包钢加固法、预应力加固法和外贴纤维加固法等[4]。加大截面加固法是指采用增大截面面积，以提高其承载力、满足正常使用的一种加固方法，这种方法在工程中已经得到一定的应用；粘钢加固法是指在混凝土构件表面用特制的结构胶粘贴钢板，以提高承载力的方法；外包钢加固法是在混凝土构件四周外包以焊接型钢格构件的方法，外包钢可以对节点核心区产生约束作用，限制裂缝的开展，从而可以大幅度地提高核心区混凝土的极限承载力；预应力加固法采用外加预应力的钢拉杆（分水平拉杆、下撑式拉杆和组合式拉杆三种）或型钢撑杆，对结构加固的方法；而外贴纤维加固法由于 FRP（纤维增强复合材料）材料具有高强、轻质、耐火耐腐、抗疲劳、电磁中性等特点，目前得到了广泛的应用。但以上方法都存在不足之处，如构件尺寸增大、自重增加，新旧混凝土难以协同工作（加大截面法），高温下胶层软化钢板易脱落、耐火耐腐性差（粘钢法），反复荷载作用下钢板与混凝土易发生粘结破坏（外包钢法）等；同时，目前关注的加固方法多着眼于平面简单节点，在实际工程中，梁柱节点大多是空间节点，节点四周汇交的横梁阻碍了对节点的封包加固，使得传统的平面加固方法更难以实现。因此，急需一种有效的加固方法来克服以上不足。

鉴于框架结构中梁、柱单一构件加固方法的研究理论比较成熟，本文主要研究框架结构节点及其近区域的加固。

1.5 框架节点加固的国内外研究现状

1.5.1 加大截面加固法

加大截面法因其受力合理、布置灵活、传力明确等优点，已被广泛应用于混凝土结构的加固。国内外对于梁柱等基本构件的抗剪、抗弯已有较多的研究，如梁底加腋已被证明为非常有效的加固方式，但用于节点加固还比较少。

1985 年墨西哥大地震后大量采用了此种加固方法（Jirsa 1987；Aguilar et al. 1989）[6-7]，Alcocor（1993 年）对 4 个梁板柱空间节点采用柱加大截面加固法进行了试验研究，取得了较好的效果，后加截面的钢筋对核心区产生了很好的约束作用，避免了核心区受剪破坏[8]；Hakuto S 等（2000 年）对 3 个增大截面法加固的 RC 框架节点进行了拟静力试验研究。加固前 3 个试件的节点核心区均未配置箍筋，其中 R1 为先进行预损，然后采用箍筋和增大截面法同时加固梁端和柱端，R2 为同时增大梁柱截面加固，R3 为增大柱截面进行加固。研究发现，加固后试件的抗震性能均得到提高[9]。Amirn Pimanmas 等（2010 年）对增大节点区截面面积的梁柱节点进行了抗震性能试验研究，其中包括 3 个加固试件和 2 个未加固试件，重点研究不同的增大面积对梁柱节点抗震性能的影响。结果表明，对节点核心区采用增大截面进行加固后，试件的破坏模式由节点脆性破坏变为梁端弯曲破坏，节点的承载力、延性和耗能性能得到了较大提高[10]。金国芳、李视令等（2003 年）对 4 个十字形钢筋混凝土框架节点采用柱加大截面法加固的试件进行了低周反复荷载试验，结果表明节点的开裂荷载、刚度、屈服荷载、极限荷载、耗能能力和延性都得到了提高，加固后的框架由“强梁弱柱弱节点”成为“强柱强节点弱梁”[11]；余琼、李思明（2003 年、2005 年）对 4 个采用柱加大截面法加固的中节点进行了试验研究，通过对比发现，加固试件的刚度、耗能能力提高较大，但延性提高较小，同时指出原柱轴压比较大对新加混凝土参与抗剪不利[12-13]；邢海灵（2003 年）对 6 个试件进行了试验研究，其中 3 个受损试件的梁柱均加大了截面，加固后试件承载力、延性均得到提高，核心区也得到较好的保护[14]；王玉镯（2004 年）对 3 个试件进行了研究，其中两个采用不同箍筋间距、直径进行了柱加大截面法加固，结果表明，核心加固的混凝土与钢筋作用明显，在保证锚固的基础上柱体加固长度可以适当缩短[15]。胡克旭等（2010 年）采用水泥基高粘结、低收缩、自密实的新型加固用混凝土材料，通过层内泵送灌注技术，克服传统加大截面法的不足，实现混凝土框架节点快捷有效的加固，并通过 ANSYS 数值模拟验证了其有效性[16]。此外，胡克旭等（2010 年）通过 5 个试件的低周反复试验（其中 1 个为对比试件），模拟地震作用对框架节点的损坏，采用新型加固材料对框架节点进行加大截面法加固，结果表明，节点的抗裂度、抗剪强度、刚度和变形能力可得到显著提高；并在试验基础上，提出了计算加固后节点抗剪承载力的公式，其综合考虑了加固部分对原节点抗剪强度的提高、加固部分参与工作程度和节点损伤影响三个系数[17]。郑建岚等（2012 年）进行了 4 个用增大截面法加固框架节点的试验研究，选用的是中间层中节点的十字节点，加固混凝土选用自密实混凝土，新旧混凝土界面经凿毛处理，梁纵筋绕过节点区拉通，柱采用四面围套，梁采取三面 U 形围套，加载为拟静力加载，改变参数为梁端初始应力，试验结果表明：用自密实混凝土进行增大截面加固框架节点，经界面处理后，新旧混凝土结合良好，没有明显滑移，可以认为新旧混凝土作为整体共同工作；随着梁端初始应力的增加，节点的承载力、刚度和极限变形均有所降低，所以应在设计中引起注意[18]。马景战（2014 年）进行了三根基于加强约束节点的增大截面法加固节点试验研究，结果表明，对节点区域采取一定的加强措施，通过加强约束节点后，模型承载力可以达到预期的效果，完成荷载传递的任务，外围新增混凝土有效参与受力，可起到良好的加固效果，验证了“加强约束节点以完成荷载传递”的设计理念的可行性[19]。

虽然以上研究与实际工程表明加大截面法加固效果显著，但其施工复杂、影响使用空间的缺点也限制了此法的进一步发展。

1.5.2 粘钢加固法

粘钢加固在国外的研究始于20世纪60年代，1967年南非的Fleming和King完成了素混凝土梁的外贴钢板试验，之后众多学者对粘钢加固后的各种受力构件进行了一系列研究，奠定了粘钢加固技术的理论基础；Hoffschild等（1993）对节点核心区进行了粘钢加固，使核心区得到大大加强，迫使破坏外移[20]；任玉贺、余琼等（1996年，2003年，2004年）对4个中节点进行了试验研究，其中三个试件采用粘钢法进行加固，结果表明承载力、延性得到较大改善，但刚度变化不大[21-23]；马乐为、刘瑛等（1996年，1997年，1999年，2001年，2003年）对节点核心区配筋不足、强梁弱柱、强柱弱梁、弱弯弱剪、梁纵筋锚固不足等7个中节点进行了粘钢加固试验研究，证明粘钢加固对抗裂度有明显改善，同时指出粘钢加固的前期工作性能较后期好[24-32]；蔡健等（2001年）对10个柱角柱体分别用TN胶粘角钢与钢板加固的节点进行了试验研究，结果表明加固方法是可行的，并推导出计算加固节点极限承载力的简便公式[33]；刘艳军、樊玲（2003年）通过试验比较了非抗震梁柱中节点、抗震梁柱中节点和粘钢加固非抗震梁柱中节点5个试件，再次证明了粘钢加固的可行性，从而推出了粘钢加固梁柱中节点抗剪承载力的计算公式[34-36]；邢海灵（2003年）对6个试件进行了试验研究，其中1个受损试件的梁柱采用粘钢法进行加固，并在外部用30mm厚的砂浆施以保护，加固后节点核心区受到很好的保护，裂缝宽度不大，且未发生压碎现象，但梁柱及其相交处的钢板最后被撕裂，未发挥全部作用[12]。彭述权等（2007年）对6个足尺寸的框架中节点进行低周反复加载试验，其中2个为对比件，2个用粘钢加固，2个用碳纤维加固；试验结果表明，碳纤维布加固能有效改善中节点延性及抗震性能，粘钢加固能明显约束框架中节点区混凝土，从而提高中节点抗剪承载力[38]。Yen等（2010年）制作了13根钢板，粘贴在梁侧面来加固核心区的钢筋混凝土十字形梁柱节点。通过低周反复加载试验研究表明，将钢板用环氧树脂粘贴后再用螺栓或钢箍锚固则可以显著地提高节点的强度、刚度和耗能能力[39]。

通过以上研究可以发现，粘钢加固法可以较大程度地改善节点核心区受力，避免核心区受剪破坏，同时可以大大提高节点的延性，但钢板在受力后期易发生撕裂，特别是受力集中的梁柱交界面钢板弯角处容易先被拉开，钢板不能继续发挥作用，导致梁发生脱离柱面的较大转动，难以实现加固目标，而且粘结钢板的撕裂往往带有突发性，承载能力与刚度随之急剧减小，表现为脆性破坏特征。

1.5.3 外包钢加固法

外包钢加固法可以较大幅度地提高构件的截面承载力，同时又不过多地增大原构件的截面尺寸。Migliacci等（1983年）利用角钢钢板条组成的钢套对节点进行了加固，其中钢板条利用预热法施加了预应力，结论指出，钢套可以提高节点的强度与耗能能力[40]；李明顺等（1988年）以轴压比为主要参数，进行了10个足尺外包钢混凝土平面框架内节点在反复荷载下的破坏性试验，对节点核心区开裂前的应力状态进行了有限元法计算和分析，对节点核心区的抗剪强度按《建筑结构设计统一标准》中的概率方法得出实用公式，同时对影响节点延性性能的因素进行了定性分析[41]；刘哲等（1992 年）以轴压比为参数，对 4 个外包钢加固的节点受力性能进行了试验研究，加固节点抗剪承载力显著提高，但轴压比对核心区抗裂性无明显影响[42]；朱聘儒（1994 年）通过三批共 11 个中间节点试件的试验，研究了混凝土框架外包钢节点的受力性能，试验表明，外包钢节点核心区约束性好、箍筋受力均匀、抗裂性及抗剪承载力均有明显提高，同时根据 24 个外包钢节点试件的试验结果，提出了这类节点的抗裂计算公式及抗剪承载力计算公式[43]；Biddah and Ghobarah（1997 年）提出一种新的外包钢板加固节点法，即用波纹状薄钢板套加固钢筋混凝土框架节点，由于采用波纹状薄钢板降低了钢材用量，可减少加固费用，同时采用在波纹状薄钢板内侧灌浆的技术，加强了外包钢板与混凝土构件的粘结，使得钢板套对节点处混凝土的约束增强，节点的延性显著提高[44]；刘畅、白宇飞等（1998 年，1999 年）根据外包钢框架节点在单调荷载下的抗剪试验，分析了节点核心区从开裂状态到极限状态的抗剪强度，提出了各主要抗剪因素的抗剪强度计算公式[45-46]；吴涛、白国良等（2002 年，2004 年）通过 3 个外包钢混凝土框架边节点的试验以柱轴压比、梁角钢布置形式及配钢率等为主要参数，得出边节点柱设计轴压比不宜超过 0.5[47-48]；霍丽南（2004 年）通过五个外包钢混凝土边节点 1/4 比例模型试验，得出包钢加固提高了节点的抗剪强度，节点核心区混凝土的抗裂强度随轴压比增大呈线性关系提高，但轴压比不宜超过 0.5[49]。陆洲导等（2010 年）考虑正交梁的影响，设计制作了 4 个三维钢筋混凝土框架节点，先对框架节点进行预震损，然后裂缝修补后通过外包钢套法加固进行低周反复破坏试验，研究结果表明，外包钢套法可以显著提高节点刚度、延性等抗震性能，通过外包钢套加固后，预震损节点的承载力和抗震性能恢复并超过了预震损前节点的承载力和抗震性能[50]。徐福泉等（2007 年）进行了预应力包钢法加固梁柱节点在低周反复荷载作用下的试验研究，其中 1 个为对比试件，4 个为加固试件，具体加固方法是在混凝土构件四周用型钢包裹，采用高强度螺栓施加双向水平预应力；试验结果表明，体外预应力螺栓箍起到箍筋的作用，有效地提高了节点的受力性能，并根据试验结果提出了预应力包钢法加固节点受剪承载力实用计算方法[51]。余江滔等（2010 年）对 8 个梁柱板节点进行了预震损和反复荷载实验，其中 1 个为对比件，4 个用 BFRP 加固，3 个用外包钢套法加固；结果表明，BFRP 加固和外包钢套加固都能够显著提高节点的受力性能和延性，包钢套加固更能显著地提高节点极限承载力和极限位移，极限承载力和极限位移大约提高了 40% 和 70%[52]。

综上所述，外包钢加固可以有效地改善节点核心区的受力性能，提高其抗裂强度，同时节点的延性也得到显著提高，但这种加固方法同样存在受力后期外包钢与混凝土难以协同工作的问题。

1.5.4 预应力加固法

预应力加固法适用于要求提高承载力、刚度、抗裂性和加固后占用空间小的混凝土承重结构，具有可以卸载、加固及改变结构受力的特点。Migliacci 等（1983 年）对加固节点外包钢板条采用预热法施加了预应力，但事实证明这种施加方法不易控制[40]；刘敏（2004 年）采用张拉高强度螺栓，并通过角钢传递预压力的方法对 4 个节点进行了加固试验，结果表明，加固节点的开裂荷载、受剪承载力、延性和耗能能力均得到提高，根据试验结果提出预应力包钢加固节点的受剪承载力计算公式，公式中以承载力降低系数 0.7 作为安全储备[53]。徐福泉等（2007 年）提出了预应力包钢加固法，即在混凝土构件四周包以型钢，采用高强度螺栓对外包钢施加双向水平预应力的先进加固新技术，克服了直交梁在空间上的障碍，进行了 4 个梁柱节点试件在反复荷载作用下的试验，试验表明，采用预应力包钢法加固梁柱节点，可有效提高开裂荷载，承载力和延性显著提高，加固螺栓箍可以有效参与工作[54]。黄群贤（2014 年）提出一种新型预应力钢丝绳加固 RC 框架节点的加固技术，对 7 个加固试件及 2 个对比试件在水平低周往复荷载作用下进行了抗震性能试验，试验结果表明，预应力钢丝绳能有效抑制节点核心区裂缝的开展，提高节点核心区抗剪承载能力，实现破坏位置转移和破坏形态改变，加固试件的破坏形态由对比试件的节点剪切破坏转变为梁端弯曲破坏，加固后试件承载能力、耗能能力和延性等抗震性能指标均明显提高[55]。杨勇等（2018 年）提出了预应力钢带加固 RC 节点梁柱节点技术，对 4 个加固试件和一个加固试件进行了水平往复荷载下的抗震试验研究。研究表明，加固后试件的破坏模式由未加固试件的梁端弯曲、节点剪切破坏变为梁端弯曲破坏，预应力钢带能有效抑制节点核心区裂缝的开展，减小节点剪切变形，提高节点承载能力和耗能能力[56]。

预应力加固法虽然可以通过预应力有效地改善节点区受力性能，但其预应力施加控制及预应力损失都难以精确确定。

1.5.5 外贴纤维加固法

国外将 FRP 应用到加固领域始于 20 世纪 80 年代中期，主要用 FRP 板代替钢板进行外贴维修。之后由于其良好的性能，应用逐渐推广，研究也不断深入，但多针对梁、柱等简单构件，而用于节点及框架的研究直到 20 世纪末才展开。Geng 等（1998 年）对仅在靠近节点的柱上下端进行 CFRP 布包裹加固的 4 个足尺和 15 个 1∶4 中节点进行了试验研究，结果表明加固效果非常明显，但本试验在受力分析中仅考虑了柱的轴压力，这显然与实际情况不符[58]；Jianchun Li 等（1999 年，2002 年）对 3 个中节点进行了静载试验研究，其中 1 个采用混合 FRP 进行外包加固，重点观察了加固节点的强度与刚度[59-60]；Mosallam（2000 年）又对与 Geng 类似的抗剪不足的中节点进行了试验研究，但仍然与传统的斜压杆受力模型存在较大差距[61]；Gergely 等（2000 年）进行了 14 个 1∶3 边节点模型在模拟地震作用下的试验研究，其中 10 个试件采用 CFRP 加固，不同的是粘贴片材的形状、纤维方向及混凝土表面处理情况，通过对比发现，加固节点的强度、延性和耗能性能得到显著提高[62]；Parvin 等（1999 年）采用有限元软件 ANSYS 对不同 FRP 片材加固边节点进行了数值分析，结果表明，FRP 材料的选择、FRP 片材和箍的放置位置及厚度对加固效果影响非常大[63]；Pantelides 等（1999 年，2000 年，2001 年）在研究 CFRP 加固桥墩桩帽基础上，又对弱边节点进行了 CFRP 加固的试验研究，为防止片材剥离及对柱铰区提供足够的约束，将 CFRP 片材向柱上下分别延伸一段，并对重叠区域进行了机械锚固，结果表明节点抗剪强度提高了 25%，楼层位移达到 5%[64-66]；Prota 等（2000 年，2001 年，2002 年）将 CFRP 筋沿梁柱轴线植入，并在柱靠近节点的区域环包 CFRP 进行防剥离处理，结果表明节点的强度与延性大大提高，但是作者未做进一步的研究[67-71]；Granata 等（2001 年）对 6 个采用 Kevlar 加固的边节点进行了试验研究，通过变换粘贴 FRP 的布置位置和厚度来观察粘贴材料对节点抗弯能力的改善情况，结果表明加固节点抗弯能力提高 60%，同时指出柱环箍厚度应比平铺片材厚度至少要大 35%[72]；Ghobarah 等（2001 年，2002 年，2004 年）对三组 12 个足尺边节点进行了试验研究，第一组（4个）节点剪力不足，第二组（3个）梁纵筋在节点内的锚固不足，第三组（5个）为前二者的组合，根据各组实际情况采用GFRP对9个节点进行了不同加固，通过对比发现加固后的节点核心区开裂得到有效限制，梁筋滑移随之减小，从而改善了整个节点的抗震性能[73-76]；Antonopoulos等（2001年，2002年，2003年）对15个2/3边节点进行了试验研究，通过改变FRP条带或片材、机械锚固、FRP种类、轴压比、损坏与否等参数进行对比分析，虽然加固节点性能都得到较大提高，但都发生了剪切破坏，同时还对3个有直交梁的边节点进行了试验研究，其中两个采用CFRP片材进行加固，但试验过程中均发生了剥离，CFRP片材未得到有效利用[77-79]；欧阳煜（2001年）对三组不同核心区配箍率的GFRP片材加固节点进行了低周反复荷载试验，并采用传统的混凝土斜压杆模型和钢筋混凝土桁架模型共同作用的理论分析加固节点的受力机理，提出了节点核心区水平剪力的计算模型，给出了GFRP片材参与工作的节点抗剪承载力计算方法，但是作者未对梁铰总是出现在梁柱交界面上的现象做进一步分析[80]；虞坚茹（2002年）利用有限元法对上述试件进行了数值分析，所得荷载-位移曲线和试验测得数据符合良好，并采用桁架模型，推导出了用FRP加固后节点核心区抗剪承载力的验证公式和设计公式[81]；洪涛（2002年）对五个轴压比为0.3～0.5的中节点先进行不同程度的破坏试验，然后用CFRP加以修复，试验结果显示在相同的荷载作用下，增大轴压比有利于核心区抵抗剪力，但是作者并未进一步分析轴压比增大对其他方面的影响[82]；陆洲导、谢莉萍、王李果等（2002年，2003年，2004年）对5个低配箍节点进行了试验研究，节点水平抗剪箍筋和垂直抗剪箍筋配筋率均为0.4%，小于建筑抗震规范的最低要求，其中一个试件节点区没有包裹CFRP，模拟实际结构中存在直交梁的情况，试验结果与随后的数值分析表明加固后的低配箍节点受力机理仍以斜压杆为主，根据实测的节点区箍筋应变值可以发现，未加固节点的应变要大许多，说明节点区粘贴的CFRP可按抗剪箍筋来考虑，之后又对火灾后的框架进行了CFRP和预应力加固试验，通过分析发现CFRP加固可以得到很好的延性，但刚度与极限承载力提高不足[83-89]；余琼等（2003年，2004年，2005年）对轴压比为0.154～0.301的4个未受损和5个受损节点进行了试验研究，结果表明，无论受损与否，试件经CFRP加固后节点破坏方式由核心区破坏转变为梁受压区混凝土被压碎破坏，极限承载力得以提高，而且提高幅度相近，即受损对CFRP加固节点极限承载力影响小，同时得出在轴压比小于0.3时，受损对加固试件延性影响也小，但受损会对试件的初期、中期刚度影响较大，导致耗能能力下降[22,23,90-92]；王步、王溥、夏春红等（2003年，2004年，2005年，2006年）分别对7个足尺中节点、3个边节点和两榀两层两跨的1∶2.5框架进行了梁端加腋与粘贴CFRP的组合加固和单一CFRP加固试验，为了更接近实际情况，仅有一个中节点在核心区进行CFRP加固，通过试验结果对比发现，组合加固方式对极限承载力、延性等提高程度均大于单一的CFRP加固，这是由于节点区面积增大导致梁端刚度和抗弯强度与节点核心区的抗剪强度和刚度的提高，但同样也给施工与立面处理带来困难，中节点加固试验中有两个节点出现了节点核心区破坏与梁端弯曲破坏共同发生的现象，原因是梁柱加固提高过多[93-98]；黄小奎（2003年）对5个（两个非加固试件、一个抗震试件、两个CFRP加固试件）足尺梁柱中节点试件进行了试验研究，通过三者的对比表明，CFRP加固对承载力提高幅度不高，原因是加固后CFRP布并不能充分发挥其强度，但可以显著改善节点抗震性能，同时作者还利用有限元程序进行了对比分析，理论结果与试验结果基本相符[99-100]；吴蓉（2006年）采用有限元方法对上述作者的试件进行了分析[101]；周波（2003年）等对动力作用下CFRP加固九层框架结构进行了有限元分析，采用模态迭加法对整体框架进行计算，得到框架结构顶层的时程位移曲线和各楼层的最大层间位移转角等动力响应，结果表明，CFRP加固框架结构能够提高混凝土的强度，延缓混凝土的开裂，增加框架柱的延性，改善框架结构的抗震性能[102-103]；魏文晖、熊耀清等（2003年，2004年，2006年）先对用CFRP加固的钢筋混凝土框架结构在施加地震波作用下进行了非线性有限元分析，在此基础上又对两个两层单跨的1∶4钢筋混凝土框架结构模型进行了CFRP加固、未加固及震坏后再利用CFRP加固的三次模拟地震振动台对比试验，结果表明，用CFRP加固钢筋混凝土框架能够提高其抗震能力，并且对节点加固比对柱加固在延缓裂缝的开展、增加框架的延性、提高框架的抗震能力方面效果更明显[104-106]；吴波、王维俊等（2003年，2004年，2005年）先通过两个CFRP布加固钢筋混凝土框架梁和一个未加固框架梁的对比试验，分析了低周反复荷载作用下CFRP布加固框架梁的加固效果，提出了加固梁的正截面承载力计算方法；之后又对四个CFRP加固钢筋混凝土空间框架节点进行了抗震性能试验，由于直交梁的存在，节点核心区粘贴折线形CFRP布，并对延伸至梁端的部分采用环形梁箍进行锚固，结果表明，CFRP加固能有效提高节点的抗剪承载力，但折线形CFRP布表面加压钢板对加固效果的进一步提升作用不大[107-109]；江卫国（2004年）分两批对3个CFRP加固梁柱节点进行了试验研究，通过试验现象与结果，建立了几个界限状态的界限纤维加固量公式来判断加固后的破坏状态，指出在保证梁端承载力前提下，梁端加固区域宜短不宜长，尽量实现在梁端较大区域上出现塑性铰，以改善结构耗能能力，同时讨论了纵向纤维对压弯构件的加固效应，指出加固效应与轴压比有关，纵向纤维不能提高柱轴压比限值，最后用有限元软件对试验进行数值模拟，二者吻合较好[110]；刘成伟（2004年）对5个CFRP加固钢筋混凝土斜腿刚架桥节点进行了试验研究，通过分析得出，在加固以后节点的强度、变形能力及承载能力都得到了提高[111]；江理平、唐寿高、宋玮等（2004年）利用有限元软件进行钢筋混凝土结构动力响应分析，并给出了一单层单跨框架算例[112]；Said等（2004年）对5个足尺边节点进行了试验研究，其中节点J4、J5分别采用GFRP筋、混合配筋，结果显示，采用GFRP筋的节点延性与耗能性能都比较差，但混合配筋的节点可以满足强度、刚度及延性等要求[113-115]；Mukherjee等（2005年）对梁纵筋在节点区有无足够粘结长度的两组中节点进行了试验研究，加固方式有两类：①先对节点四角倒角处理，接着在梁柱表面粘贴L形CFRP/GFRP片材，然后梁柱包裹套箍；②预先在节点区开槽，将沿梁上下表面粘贴的CFRP条带伸入凹槽，然后梁柱包裹套箍；结果表明，采用第二类方式加固的节点由于纤维条带得到很好的锚固，表现出的强度、刚度均最大，同时指出用CFRP加固较GFRP刚度提高大[116]；陈建强、章梓茂（2005年）采用有限元方法对FRP布加固框架边节点进行了数值模拟，提出了一种能够有效提高框架节点性能的加固方法[117]；魏艳芳等（2005年）研究了两个CFRP加固节点在静载作用下的受力性能和四个CFRP加固节点在低周反复荷载作用下的抗震性能，静载试验重点研究了四种锚固方式对加固效果的影响，低周反复试验重点考虑了混凝土强度和锚固方式对加固效果的影响，结果表明，梁端部有封闭CFRP布箍时效果最显著[118-119]；王国炎（2005年）对两榀两层两跨框架进行了低周反复荷载下的试验研究，率先提出了用角铝（钢）来解决CFRP在框架梁柱节点凹角处弯折问题的方法，并用有限元方法对其进行了分析，结果证明角铝（钢）的存在可以有效地限制CFRP的滑移[120]。郭百平（2005年）对FRP加固梁柱节点的传力机理进行了分析研究[121]；Balsamo 等（2005 年）对一榀四层两跨的框架进行了拟动力试验，框架先进行设计地震和 1.5 倍设计地震两次拟动力试验，采用 CFRP 加固后再次进行两次拟动力试验，试验结果表明，震损框架经 CFRP 加固后可以和原框架有相同的耗能能力，并且能在强度没有下降的情况下拥有大变形能力，同时也没在加固框架中发现明显的局部破损，证明 CFRP 加固带来的安全性、实用性及有效性[122]。江传良（2006 年）对 5 个足尺中节点进行了试验研究，其中 2 个 CFRP 加固平面节点、2 个 CFRP-钢架混合加固有直交梁的节点，后者模拟空间节点的加固方法，但是试验仍然发生了节点受剪破坏[123-124]。刘进军等（2010 年）通过碳纤维加固框架节点低周反复荷载试验研究得出，外包碳纤维法可明显提高节点的延性，优化受力，并且根据锚固方式的不同，改善的情况也随之波动，当节点发生破坏时破坏面主要集中在梁柱交接处[125]。Azadeh Parvin（2010 年）等用碳纤维对非抗震设计的边节点进行了加固研究，通过控制轴压比和加固形式的不同，来研究这些因素对节点加固后的钢筋粘结滑移、滞回性能、刚度退化、耗能能力等的影响，分析认为轴压比和加固形式是影响节点加固后抗震性能的两个重要因素[126]；Abdelhak Bousselham 等（2010 年）研究了目前世界范围内的节点加固情况，从节点形式、设计缺陷、纤维材料、加固方式等方面分析对比节点加固后的力学性能[127]；Kien Le-Trung 等（2010 年）研究了 8 个边节点试件采用四种不同碳纤维加固形式（T 形，L 形，X 形和条带形）加固后的力学性能，结果表明，四种加固形式都能不同程度地提高试件的强度和延性，其中 X 形加固的效果最好，L 形加固的效果最差[128]；Saleh H. Alsayed 等（2010 年）用两种不同的加固形式加固边节点，第一种是碳纤维加固核心区，第二种是碳纤维加固核心区且延伸到梁柱截面，结果表明，两种加固方式均能提高节点抗剪承载力，从而改善节点抗震性能，并且第二种加固形式的效果更好[129]；Seyed. S. Mahini 等（2010 年）研究用碳纤维加固未进行抗震设计的边节点，提出四种加固失效模型：碳纤维剥离、纵筋屈服碳纤维断裂、纵筋屈服后混凝土受压区压碎、纵筋屈服后混凝土受压破坏，并逐一分析其受力模型，研究发现，碳纤维加固方式和用材数量是影响加固性能的重要因素[130]；Saptarshi. Sasmal 等（2010 年）通过非线性有限元理论模拟不同碳纤维加固形式加固节点，分析比较这几种不同形式加固后节点的性能，找出影响节点加固性能的因素[131]；冼巧玲等（2007 年）研究碳纤维加固空间节点的性能，表明碳纤维布加固的方式能提高空间节点承载力，显著改善其延性、耗能能力等抗震性能，且选用合理的构造措施（如角钢加腋等），对于提高节点的屈服强度、极限强度和屈服后刚度的加固效果更为明显[132]；王作虎等（2009 年）用芳纶纤维和玄武岩纤维分别对钢筋混凝土框架梁柱节点处进行加固试验，研究不同纤维复合材料对框架节点加固后抗震性能的效果，试验的结果表明，此两种不同材料加固方法均能使节点承载力和极限水平位移得到显著提高，节点的破坏模式从加固前的核心区受剪切破坏转化成碳纤维加固后柱端受弯曲破坏，从而试件的破坏形式由脆性的破坏转化为延性的破坏，提高了结构的承载能力，因此这种对节点加固的方式是起作用的，可以广泛应用于实际工程中[133-134]。常正非（2017 年）对碳纤维加固框架受损节点进行低周反复荷载试验研究，结果表明，受损节点的破坏模式由原先的脆性破坏模式转变为延性破坏模式，节点为“强梁弱柱”且轴压比较大时，对节点的延性有较大提高作用，节点受损后采用碳纤维布加固，其强度退化和刚度退化均得到了一定程度的改善[135]。

由以上研究可以看出，利用 FRP 外贴、环包可以有效约束混凝土、延缓裂缝的开展，显著提高混凝土的工作性能，从而提高节点的强度、刚度，改变其破坏方式等，使节点的抗震性能得到改善，但在受力后期也同样存在剥离、断裂等问题，尤其是在不易处理的梁柱交界面处，往往需要特殊处理才能防止剥离，如采用角钢、角铝钢锚固[120]，然而这些锚固构件在受力过程中却承受了大部分的作用，说明粘贴 FRP 在加固节点梁柱交界面上存在不足，如果梁柱交界面处得不到较好的处理，则会出现强梁、强柱、弱连接的不利破坏形式，同时这些结论多是根据平面节点与框架进行数值模拟与试验研究得到的，与实际情况存在较大的差异，比如由于板的存在梁不能进行环包、直交梁的存在使节点核心区不能进行加固处理等。

1.5.6　其他加固方法

French 等（1990 年）对 2 个节点核心区梁筋锚固不足的中节点进行了试验研究，先对节点适度破损，然后采用压力注浆和真空注浆法进行加固，加固节点的刚度、承载力和耗能能力 85% 得到恢复，但加固节点最终破坏还是出现了严重的粘结失效[136]。这一点同时也出现在 Beres 等（1992 年）、Filiatrault and Lebrun（1996 年）与 Karayannis 等（1998 年）的试验中[137-139]，因此可以得出注浆加固难以恢复节点内梁筋的粘结性能。

曹忠民等（2005 年，2006 年，2007 年）对 5 个平面中节点和 3 个带直交梁与楼板的空间框架节点进行了试验研究，其中 6 个采用高强钢绞线网片-聚合物砂浆进行加固，虽然经过加固后的节点受剪承载力有所提高，但破坏并没有出现明显的梁塑性铰，因此节点的延性仅得到有限的提高[140-144]。

Pampanin 等（2006 年）对 4 个未布置箍筋的边节点进行了试验研究，其中 3 个采用金属斜撑杆体系加固，并提出了外移塑性铰加固的思想，结果表明，加固节点由节点剪切破坏转变为梁塑性铰破坏，塑性铰出现在金属斜撑杆的边缘，节点的延性得到很大的改善。但是金属斜撑杆需要特殊加工，且斜撑杆的布置类似于加大截面法梁柱加腋，影响了使用空间[145]。

朱彦鹏等（2010 年）对 3 个采用体外交叉钢筋加固的 T 形角节点进行了试验研究，结果表明，该加固技术可以有效地提高节点核心区抗剪能力，加固后其承载能力和延性都得以大幅度提高[146]。

殷新宇（2019 年）在现有的钢筋混凝土框架节点加固技术研究的基础上，提出了一种新的钢筋混凝土框架节点加固装置，即采用在梁端打孔、穿螺杆，对螺杆施加预应力给节点（柱体），从而施加向心约束，实现对节点的加固，克服了已有加固节点核心区约束不均匀的缺点，以及传统加固框架节点正交梁的存在所造成的空间障碍。本试验针对所提出的新的节点加固装置，对加固后节点分别从承载力、刚度及抗震性能进行了分析与研究，但需要进一步进行试验研究来充分分析该加固装置加固节点的受力机制，从而验证该加固装置的可靠性[147]。

1.6　问题的提出

根据震害与试验结果，钢筋混凝土框架节点破坏形式一般可归纳为以下四种：①梁端受弯破坏；②柱端压弯破坏；③锚固破坏；④核心区剪切破坏[1]。后面三种破坏均为脆性破坏，是需要在节点加固中首先避免的破坏形式。而第一种破坏表现为受拉钢筋屈服、受压混凝土压碎、混凝土保护层剥落，属延性破坏；框架结构在水平荷载作用下，由于框架梁上作用的弯矩有自反弯点向柱面逐渐增大的特点，梁筋将先在柱面附近屈服，随着梁端位移与塑性铰区域的增加，钢筋屈服段越来越长，并且逐渐向节点内渗透，发生“屈服渗透”现象，此时贯穿节点的钢筋会发生较严重的粘结退化，导致梁筋屈服区继续向节点内转移，此后塑性伸长和滑移使梁纵筋从节点中滑出，在梁柱两侧界面交替出现一条较宽的垂直裂缝，由于梁的受拉屈服区转移到节点内，使梁端的屈服变形更集中在这两条垂直裂缝上，这个屈曲变形又会加剧梁纵筋的粘结退化，并最终引起节点耗能能力快速下降[146-160]。因此虽然梁塑性铰破坏形式可以实现较大的位移延性系数，但并不代表结构的耗能性能很好，所以应该通过加固避免由于梁筋滑移产生的较大梁变形，这就需要梁靠近节点区的部分不发生破坏或发生不严重破坏，保持梁筋在节点内良好的粘结性能，实现梁对节点区持续约束，保证节点的强度与刚度。

虽然采用上述加固方法可以使梁、柱、节点的受力性能得到改善，避免发生不利的脆性破坏，然而大部分加固方法多着眼于承载能力的提高，这显然与能力设计的要求不符。虽然部分也出现了梁塑性铰破坏这一利于抗震的破坏形式，但受力后期常伴有节点内梁筋滑移、加固材料剥离或撕裂破坏、节点区出现较宽斜裂缝甚至发生节点受剪破坏等现象，未实现节点抗震加固的目标。框架边节点的核心区可以实现众多研究方法中针对简单的平面节点的加固处理方法，但对于含有直交梁的框架内节点却难于实施，楼板的存在使梁柱相交的节点核心区部分更加复杂，因此需要尽量避免对原有结构造成的损伤，采用简单易行的方法实施加固，而不是增加其他复杂的构造措施强行加固；同时在加固过程中往往只注重对相对容易处理的梁、柱实施加固，而忽略了梁柱交界面连接的处理，形成强梁强柱弱连接，导致加固材料发生剥离破坏，使材料无法充分发挥作用，造成加固失效与材料浪费。

因此，需要提出一种针对梁柱端及其交界面连接的有效的加固方法，使梁端塑性铰外移，有效地解决梁纵筋在节点核心区的滑移问题，使梁对节点核心区保持较好的约束作用，从而提高核心区混凝土的抗剪强度，减小核心区的剪切变形，并最终改善框架整体在地震过程中的受力性能。

1.7 研究内容

1）利用传统的节点受力机理和借鉴已有的试验成果，重新识别节点的破坏形式，明确节点的主要破坏形式，分析节点的破坏机理，确定节点加固研究的重点；采用对拉螺杆固定角钢加固节点近区域，实现梁塑性铰外移，达到改善框架抗震性能的目的，并通过几种节点加固方法对比分析，验证外移塑性铰加固法的可行性。

2）提出一种适合梁柱端及其交界面连接的加固方法，通过加固处理使梁塑性铰外移，避免因梁端塑性铰出现后发生梁筋屈服渗透引起的严重的梁筋粘结退化，同时避免由于梁筋塑性伸长和滑移造成的在梁柱两侧界面产生的较宽的垂直裂缝，降低由于滑移变形增加引起的塑性铰区退化，提高框架梁对节点核心区的约束作用，使节点耗能性能得以加强。

3）根据外移梁端塑性铰加固节点思想制作足尺空间节点试件，并对采用角钢与粘结钢板加固的试件进行低周反复荷载作用试验，验证角钢通过对拉螺栓锚固加固梁柱端及其界面连接的有效性，评定框架梁粘钢加固采用端部焊接植入柱体钢筋进行锚固这一方法的效果，并对同时加固梁与梁柱端及其界面连接的节点性能进行观察，通过量测数据与试验现象，对加固后节点的受力性能、破坏形式、延性性能等抗震指标进行分析。

4）在试验研究的基础上，对加固节点进行受力分析，了解节点核心区抗剪增强机理，建立加固后节点的受力模型，并对加固节点进行抗剪强度评估；结合静力弹塑性分析方法，围绕节点近区域加固材料的选择对加固框架进行参数化分析，确定加固材料的选取原则，以期在工程实际应用中发挥作用。

5）利用有限元分析软件 ABAQUS 对不同轴压比、混凝土强度等级、配箍特征值、加固角钢肢长和肢厚条件的试件进行参数化分析，并对受双向荷载作用的空间节点加固前后的受力情况进行模拟计算。

6）针对地震灾害的高度不确定性和现代地震灾害造成巨大经济损失的新特点，将性能设计的概念引入加固设计理论中，结合梁端塑性铰外移思想，对基于性能的抗震加固方法进行初步探讨，并以塑性铰区截面平均曲率为参照，对试验和数值模拟试件的弯矩-曲率关系曲线进行对比分析，确定加固材料的选取原则，以期在工程实际应用中发挥作用。

1.8 小结

本章主要就既有框架节点在地震作用下已成为最薄弱、最易受损的部位的现状进行阐述，明确亟需抗震加固的意义。在综合评价各种加固方法的基础上，对国内外目前加固方法的研究进行概括分析，就这些研究成果进行总结并指出存在的问题。最后提出主要研究的内容及成果。

第2章　框架节点受力性能及新型加固方法的提出

钢筋混凝土节点作为框架结构中一个重要组成部分，一般指的是框架梁与框架柱相交的节点核心区及邻近核心区的梁端与柱端，起到连接梁柱构件、传递和分配内力、保证结构整体性的作用。震害与研究表明，框架结构在水平与竖向荷载作用下，节点往往由于受到压力、弯矩和剪力的共同作用成为结构抗震的薄弱环节，节点破坏也是框架建筑倒塌的主要原因之一。

钢筋混凝土框架节点的研究始于20世纪60年代，美、日、中、新西兰等国都陆续对梁柱节点的受力性能进行了大量试验研究，逐步探索改善节点构造与延性的方法，对节点抗剪能力的计算方法也提出了许多设计建议。但是这些研究成果多是在节点的传力机理、受力特点以及受力性能分类等达成共识的前提下得出的，因此，各国对于节点的设计准则仍存在较大的分歧。鉴于此，充分了解节点的受力性能及其主要影响因素不仅对节点的抗震加固设计有指导作用，还有助于进行加固后节点的受力机理分析。

2.1　钢筋混凝土框架节点力学模型回顾

2.1.1　节点受力机理

由于节点受力及构造极为复杂，节点的受力机理受多种因素的影响。包括混凝土强度、钢材的屈服强度、节点内的配箍构造以及梁柱主筋的锚固状况等。结合试验观察与理论分析，目前较流行的有以下几种受力机理：

1. 斜压杆机理

该机理最早由 R. Park and T. Paulay（1974）提出，他们认为由混凝土承受的所有压力可以通过一个横穿节点的、较宽的单个斜压杆以相互平衡的方式结合起来，即当抗弯钢筋发生屈服时，梁、柱截面内的剪力分别经由梁、柱混凝土的受压区传入节点核心区，于是梁、柱端受压区混凝土的压力和截面剪力与斜压杆压力可以达到受力平衡，此时节点核心区的抗剪强度主要由核心区混凝土所控制，而无须借助于任何钢筋。由此可以看出，斜压杆受力机理适用于节点核心区箍筋较少或没有配箍、梁或柱承载能力较低而节点核心区未受到严重损坏的情况，其作用机理如图2.1所示。

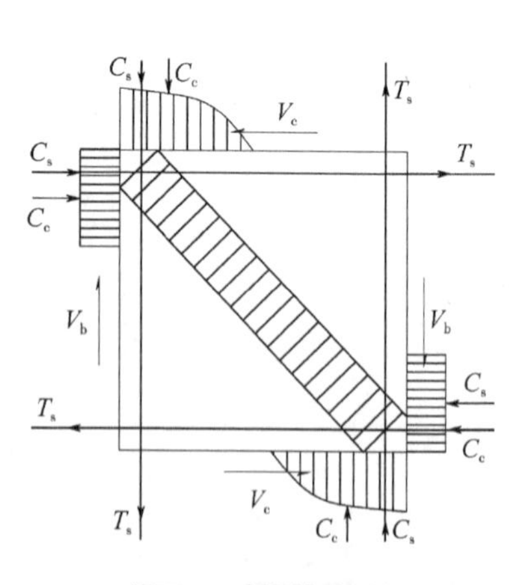

图2.1　斜压杆机理

2. 桁架机理

R. Park and T. Paulay（1974）假定贯穿节点的梁筋与柱筋与周围混凝土之间作用为大小均匀的粘结应力，并以“剪力流”的形式传入节点，则贯穿节点的钢筋处于一端受压而另一端受拉的状态。如果要维持这一受力状态，在节点断面上的剪力被分解成平行于剪力裂缝的斜压力和一个垂直或水平拉力，这时斜压力可以由形成于斜裂缝之间的混凝土拉压杆来提供，而在粘结力传入之处的拉力则需要一个钢筋网或者可靠锚固的水平和垂直钢筋来承受，以组成平衡体系，形成桁架机理，此时节点核心区的抗剪强度将受混凝土、柱轴向力、水平箍筋和垂直钢筋控制。因此，桁架机理适用于核心区既配水平箍筋又配较密的垂直钢筋的情况，其作用机理如图 2.2 所示。

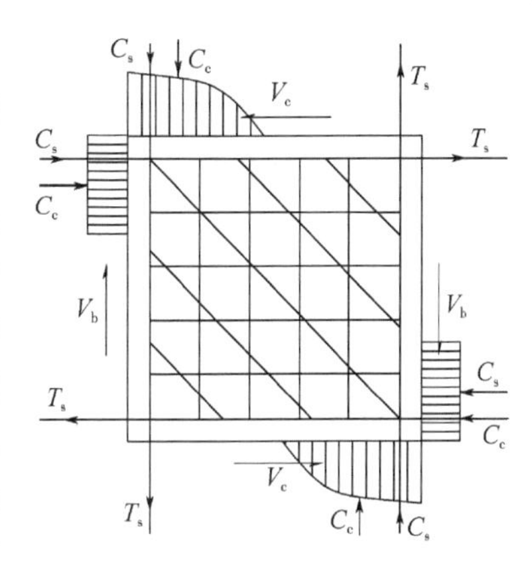

图 2.2　桁架机理

3. 剪摩擦机理

节点在反复荷载作用下，当梁筋尚未屈服且粘结性能保持完好时，节点核心区会在较大剪力作用下沿对角线出现较宽的临界裂缝，将核心区分成两块，产生滑动摩擦，形成剪摩擦受力机理，此时与裂缝相交的水平箍筋受拉屈服，节点核心区的抗剪能力由穿过裂缝的箍筋受拉和裂缝两侧混凝土的摩擦组成。节点在该机理作用下会发生典型的剪切破坏，其作用机理如图 2.3 所示。

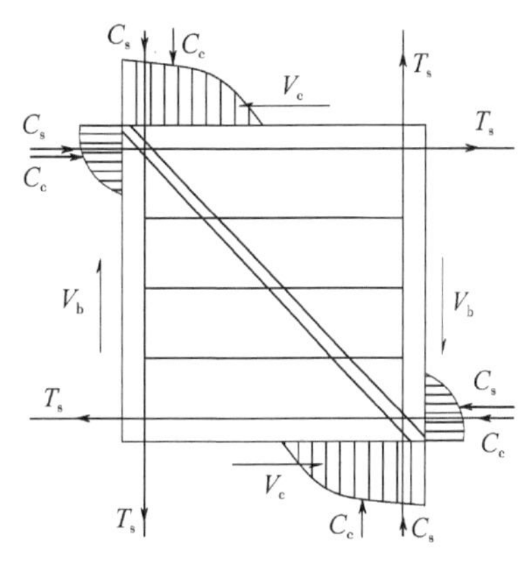

图 2.3　剪摩擦机理

4. 组合块体机理

形成桁架模型后，随着荷载继续反复施加，节点核心区两边的梁纵筋进入屈服强化阶段，此时核心区剪力一部分通过梁纵筋与混凝土之间的剩余粘结力传递，一部分通过梁与核心区交界面裂缝闭合后的混凝土局部挤压来传递。由于箍筋屈服所引起的钢筋伸长，混凝土沿裂缝相互错动，使斜裂缝不能完全闭合，核心区混凝土被多条交叉斜裂缝分割成若干菱形块体，在横向箍筋和纵向柱筋（和轴压力）的共同约束下，形成组合块体模型，核心区受力进入破坏阶段。

5. 约束机理

该机理是在 J. K. Wight 教授主持下美国 ACI 352 委员会主张的“约束模型”，或称“柱模型”，即认为节点区只是柱体的一部分，但比其他部分受到较大作用的剪力，因此，节点核心区的抗剪强度可以参照柱截面的设计方法，只需使节点中的箍筋达到一定用量，就可以满足节点的抗震性能。ACI 318-05 规定节点的抗剪强度只与混凝土的抗压强度有关，而与抗剪钢筋的数量无关，建议布置少量的箍筋以满足“约束作用”即可。

虽然以上几种节点受力机理已经得到试验验证，但大部分试验都是在预期结果的驱使下进行设计的，因此无法全面反映节点的主要受力规律。近期的研究表明，节点在整个受力过程中同时承受多种受力机理作用，随着混凝土、梁柱纵筋及节点内箍筋应力的变化，各种受力机理的在整个节点中所占比例也在不断变化；同时还发现，贯穿节点核心区的梁柱纵向钢筋（特别是梁筋）在反复荷载作用下的粘结退化和节点核心区配置的箍筋对核心区混凝土可能发挥的约束作用是影响节点传力机构和受力模型的两个不容忽视的因素，但上面分析的受力机理显然未对这两个因素加以考虑。如果在此基础上仅针对某一种机理下的节点存在的问题进行加固处理，虽然能使加固节点的抗震性能得到改善，但其应用范围会有很大限制。因此，我们只有在对节点主要影响因素及其可能存在的破坏形式详细了解的基础上，才能得到满足延性节点要求的加固方法。

2.1.2 节点受力全过程分析

众所周知，在外荷载作用下，节点周围受到各种作用力，但是这些作用力在节点核心区内传力路径如何，遵循什么样的机制，会产生什么样的结果，出现什么样的破坏形式等，这些问题综合组成节点的受力机理。因此，通过对这些问题的讨论以期给出合理的节点受力与计算模型，这就需要对节点核心区受力全过程进行详细的了解。从另一个角度来说，充分了解节点受力全过程可以帮助我们得出节点核心区内各组成部分参与工作的状态，明确加固重点，确保加固材料与既有材料协调工作，实现节点抗震加固目标。

图2.4为一个常见的中节点在地震作用下的受力情况，竖直方向受到柱传来的轴向力、弯矩和剪力，水平方向受到梁传来的弯矩和剪力，梁柱端弯矩可以转化为钢筋拉力与受压区钢筋和混凝土压力所组成的力偶，钢筋的拉力和压力通过粘结应力传到核心区的混凝土上。

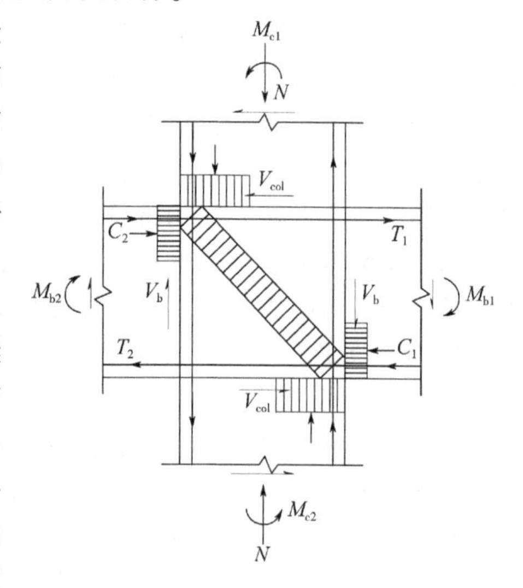

图2.4 节点核心区受力图

当梁柱受力较小时，节点处于“弹性”状态，受力钢筋尚未屈服，核心区混凝土未出现裂缝，梁柱筋与混凝土之间保持较好的粘结作用，这样，节点核心区两个对角受到垂直和水平方向的压力，另两个对角受到两个方向的拉力，即核心区受到了一个斜向压力和正交的斜向拉力作用，此时核心区内箍筋由于混凝土保持完好基本未发挥作用，核心区受到的剪力作用主要由混凝土承受，主要表现为混凝土斜压杆机制。

随着作用力逐渐增大，节点核心区斜向拉力超过混凝土抗拉强度，斜向裂缝出现，裂缝处的箍筋应力突然增大，在荷载反向时，另一个方向也产生斜裂缝，从而形成交叉斜裂缝。随着荷载继续反复施加，核心区出现多条斜裂缝，箍筋应力不断增大，这时核心区内剪力由混凝土与箍筋共同承担，箍筋为水平拉杆、柱纵筋为竖向拉杆、斜裂缝间的混凝土为斜向压杆的桁架机制形成，并与斜压杆机制共同工作。

继续增加荷载，核心区两侧的梁筋进入屈服阶段，此时节点核心区作用的剪力已接近最大，贯穿节点的梁筋逐渐出现粘结退化现象并发生滑移，梁筋屈服区将向节点内转移。同时，核心区混凝土被斜裂缝分割成若干菱形块体，裂缝间的箍筋也已屈服并出现塑性伸长，斜裂缝不断加宽，混凝土沿裂缝发生相对错动，导致裂缝在反向加载时不能完全闭合，出现组合体机制与剪摩擦机制，核心区受力进入破坏阶段。此时，作用在核心区的剪力一部分通过梁筋剩余粘结力传递，另一部分则通过梁与核心区交界面裂缝闭合后的混凝土局部挤压来传递，由受压裂缝上组合块体间的骨料咬合作用来承担斜向压力，箍筋与柱筋承受斜向拉力。

最后，节点刚度不断下降，变形增大，混凝土不断剥落，节点核心区承载力开始下降，节点破坏。

通过以上分析可知节点核心区受力特点：①核心区剪力作用主要来自梁柱筋与混凝土之间的粘结应力输入和角部受压混凝土的压力输入，节点核心区在这些力的反复作用下发生破坏；②靠近核心区交界面的梁端由于受到作用力较大，一般早于其他部位出现裂缝，特别是梁筋屈服后会产生塑性伸长，导致裂缝不断加宽，使梁端的屈服变形集中体现在这一裂缝上，而非梁端塑性铰的弯曲变形，从而发生梁脱离柱体的界面连接破坏，梁端失去对节点核心区的控制，这也是目前现有加固方法忽视的地方；③节点核心区在受力后期，梁筋进入屈服阶段并与混凝土之间发生粘结失效，贯穿核心区的梁筋在反复荷载作用下会交替向节点两侧滑出，那么梁筋在反向加载时首先要在节点内完成自由滑动，导致加载初期节点刚度基本为零；同时，随着梁筋的粘结退化，粘结应力逐步降低，通过梁筋与混凝土之间粘结应力输入节点的剪力也相应逐步减小，从而使节点核心区桁架机制退化，节点核心区混凝土的压力加快增长，导致核心区混凝土过早压碎，发生破坏。

传统的加固方法采用在节点区增加加固材料（如核心区外贴 CFRP、粘钢等）来抵御输入作用力属于被动加固法，这些方法往往由于直交梁的存在难于实施、加固材料的端部锚固困难等因素无法达到加固目标。因此，鉴于节点核心区的受力特点，我们可以采用减小核心区作用力输入的方法进行加固，即在梁柱端布置加固材料，经可靠锚固后与梁柱截面协同工作分担梁柱纵筋、减小角部混凝土受到的作用力，同时保证梁柱端加固材料之间可靠连接，以保护梁柱界面连接，避免发生强柱-强梁-弱连接的破坏形式；而且梁柱表面的加固材料可以很好地保护加固段混凝土免于破坏，并增加贯穿节点核心区梁纵筋的锚固长度，使粘结性能得到保证。

2.2 影响节点抗剪强度的因素

在过去近半个世纪的时间里许多国家进行了大量的钢筋混凝土框架节点的试验研究，目的是分析影响节点受力性能的各种因素，包括混凝土强度、轴压比、节点配箍率、贯穿节点核心区梁筋粘结性能、楼板和直交梁等参数，取得的成果不断促进了各国规范与设计方法的改进。因此，详细了解影响节点抗剪强度的因素不仅可以进一步了解节点受力机制，还有利于在节点的抗震加固中分清主次，以取得良好的效果。为了更加形象化地分析这些影响因素，本节将对国内外 208 个中节点、101 个边节点和 38 个空间节点试验数据进行对比分析，试验试件详细信息见附录。

2.2.1 混凝土强度

由图 2.5 可以看出，随着混凝土强度提高节点抗剪强度随之提高，这与节点受力过程中在节点核心区形成的斜压杆有关，同时混凝土强度提高还可以增强与钢筋之间的粘结作用。从图中可以发现当混凝土强度 $f_c < 40\mathrm{MPa}$ 时，无论是中节点还是边节点多发生节点剪切破

坏，然而随着核心区相对配箍率的增大，箍筋对核心区混凝土形成有效的约束同时并承担核心区开裂后的拉应力，破坏逐渐向梁端转移，因此当混凝土强度较低时，适当增加配箍量可以避免发生剪切破坏（图2.6）。但是当配箍量较少时，一味提高混凝土强度并不能达到相同的效果，因为虽然混凝土强度提高时其抗拉强度也会相应提高，但是与钢筋抗拉能力仍相距甚远，节点依旧发生斜拉型剪切破坏。但是对于强度较低的边节点，单纯增加配箍量同样不能避免其发生剪切破坏，这是因为随着箍筋配置量增加，节点虽然也能形成斜压杆机制和桁架机制，不过随着循环受力增大，节点交替剪切变形也随之增长，箍筋屈服，核心区混凝土最终斜向压溃，发生斜压型剪切破坏。因此，对于边节点要求混凝土强度与配箍量都较为适当的时候方能避免节点剪切破坏。鉴于早期既有框架节点混凝土强度与配箍量都相对较低的现状，怎样通过合理的加固方法避免其发生剪切破坏是实现节点延性抗震加固的一个重要前提。

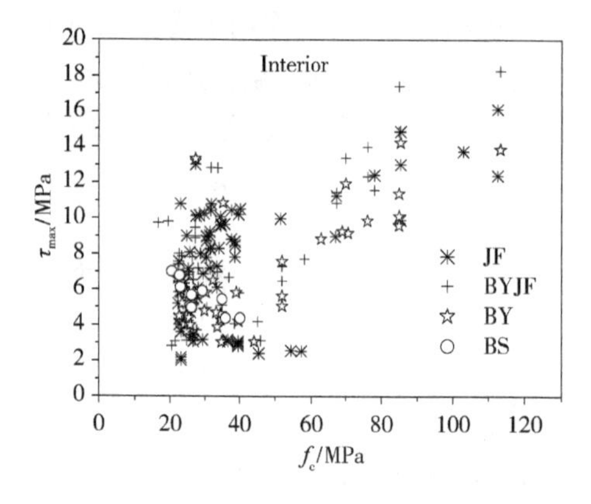

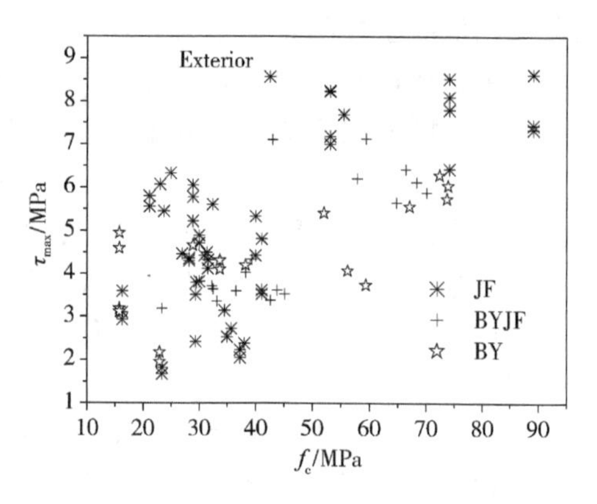

图 2.5　混凝土强度对节点强度的影响

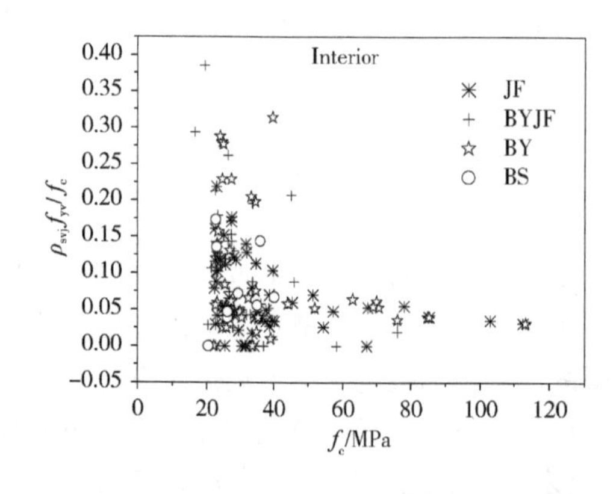

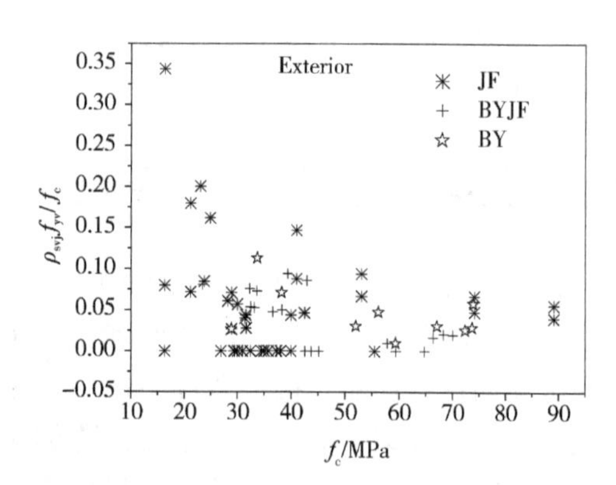

图 2.6　混凝土强度与配箍特征值关系

2.2.2　轴压比

柱组合的轴压力设计值与柱的全截面面积和混凝土抗压强度设计值乘积的比值称为柱轴压比，它反映了框架柱传入节点轴压力的大小。早期的研究表明，柱轴压比改变对节点受力性能影响甚微（Uzumeri，1977），但随着研究的深入，一些学者提出增大轴压比不仅能改变节点的破坏形式，还可以通过改善贯穿节点核心区梁筋粘结性能以及影响斜压杆压应力大小对节点受力产生影响。由图2.7可以发现，轴压比改变对几种破坏形式的节点产生的影响不尽相同，对于发生剪切破坏的节点，轴压比增大可以延迟节点区交叉斜裂缝的出现并减缓斜裂缝开展速度，这些都有利于节点抗剪能力的发挥，但是当轴压比过大时，斜压杆机制中的压应力相应增大，这会加速其发生斜压破坏，因此适当增加轴压比可以提高节点剪切强度；对于梁筋屈服后发生剪切破坏的节点，轴压比增加可以推迟贯穿核心区梁筋的粘结失效，但当梁端纵筋屈服后变形达到一定程度，梁筋仍会发生粘结退化，随后，较大的轴压力会进一步增加斜压杆压力，产生不利影响；对于发生梁筋屈服破坏和粘结滑移破坏的节点，轴压比增加在受力初期仍可以改善钢筋粘结性能，但是梁筋发生屈服或粘结失效时节点所受的剪力较小，增大轴压比柱带来的斜压杆压力虽不致节点受压破坏，但影响也较小。因此，适当的轴压比可以提高节点的抗剪能力，但是当节点发生剪切破坏时，增大轴压比反而使节点性能恶化。

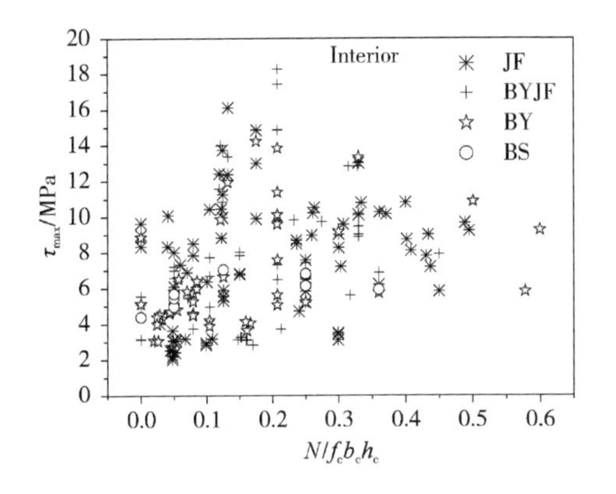

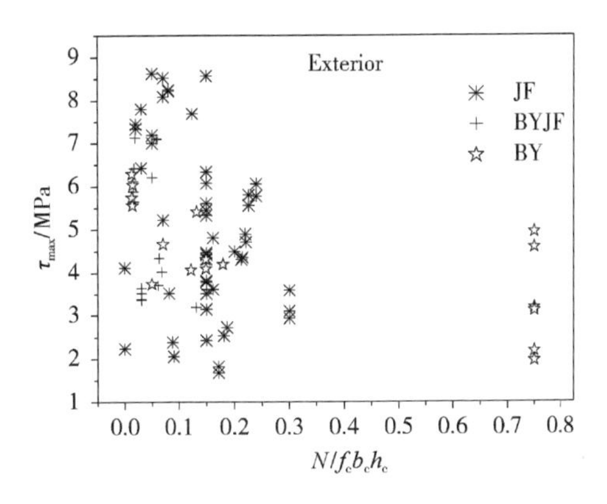

图2.7　轴压比对节点强度的影响

2.2.3　配箍特征值

在节点核心区配置箍筋可以实现两个功能：一是约束节点核心区混凝土，提高这部分混凝土的抗压强度；二是承担核心区混凝土开裂后节点剪力的水平拉力分量，提高节点抗剪强度。由图2.8可以看出，节点剪切强度在较小配箍特征值的时候既已取得较大数值，但配箍特征值超过一定值后如果继续增大节点剪切强度却出现降低的趋势。当节点核心区混凝土由桁架机制产生的拉应力超过其抗拉强度而开裂后，裂缝处的箍筋承担了较大的拉应力，若剪力保持不变，则箍筋越多拉应力越小，交叉裂缝开展越缓慢且宽度越小，因此，此时增加箍筋数量不仅可以提高节点抗剪强度，还能避免因箍筋早于梁端受拉梁筋屈服而发生斜拉型剪切破坏；但是，当箍筋数量过多时，节点中由桁架机制产生的箍筋拉力未达到屈服强度前，核心区混凝土即由于斜压杆机制与桁架机制引起的斜向压力过大而被压溃，发生斜压型剪切破坏，节点箍筋未能充分发挥作用，节点核心区抗剪强度达不到设计值，节点偏于不安全。因此，对于核心区内配置较弱箍筋或箍筋间距较大的节点，需要采取约束节点变形的加固方法来限制核心区裂缝的发展；同样，对于节点箍筋配置过高的节点，也要选择适当的加固方法防止节点核心区混凝土发生斜压型剪切破坏。

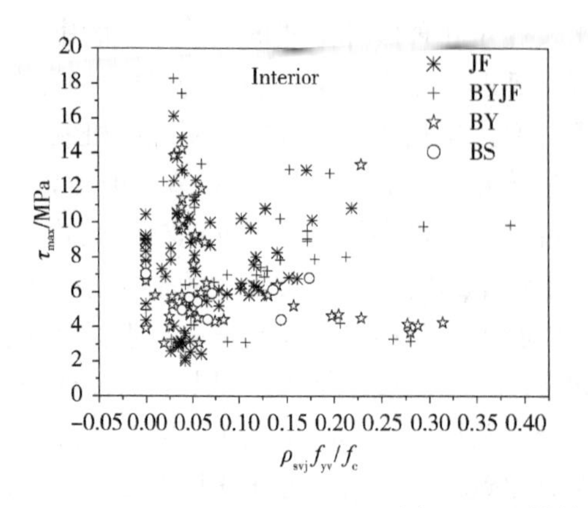

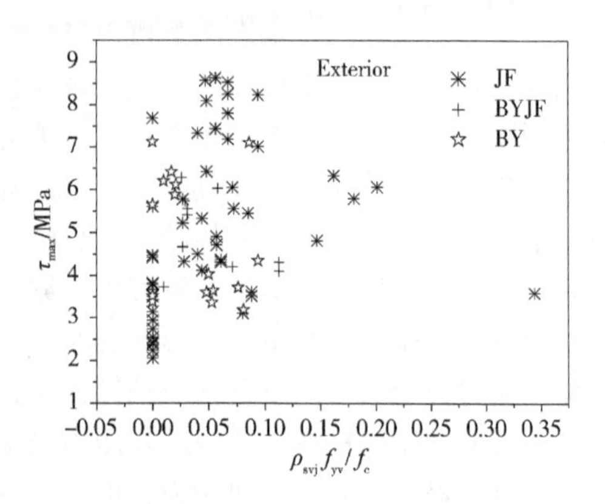

图 2.8　配箍特征值对节点强度的影响

2.2.4　梁筋粘结指数

贯穿节点核心区的梁筋的粘结状况对节点刚度、延性以及耗能性能都有显著的影响，当梁筋发生粘结失效时往往会引起梁端绕梁柱交界面固端转动，试验结果表明，这种固端转动一般会超过节点组合体变形的一半以上，导致节点的抗震性能显著降低。梁筋粘结指数μ反映了梁筋在节点内的最大粘结应力，由公式$d_b f_y / h_c f_c^{0.5}$计算得到。由图 2.9 可以看出，在梁筋粘结指数较小时破坏多为梁端破坏或梁端先行破坏的节点剪切破坏，这是由于此时梁筋在节点内的粘结应力较小，输入到节点的剪力较少，桁架机制作用微弱，当梁筋屈服后发生粘结失效并不断向节点内渗透，节点基本上完全服从斜压杆机制，此时如果不发生节点剪切破坏，节点剪切强度并未得到完全发挥。当粘结指数增大，梁端抗弯能力也相应增强，通过粘结应力输入到节点的剪力增大，桁架机制与斜压杆机制同时发挥作用，节点受到较大作用同时发生较大的剪切变形，节点最终发生剪切破坏。由此可以发现，虽然发生梁筋粘结失效时，梁压力是通过受压区混凝土输入节点而非梁受压钢筋粘结应力，于是对角压杆承担的剪力增加，而通过粘结应力传递的对角拉应力减小，节点核心区处于较佳的受力状态，从而使其剪切强度得到提高，但是严重的粘结滑移会引起梁端脱离梁柱交界面的固端转动而非梁塑性铰弯曲变形，梁塑性铰退化，梁端失去对节点核心区的约束，框架结构的刚度与耗能性能降低。因此，必须采取有效的加固方法限制梁筋的粘结滑移，并同时尽量减少梁筋通过粘结应力对节点核心区拉应力的输入。

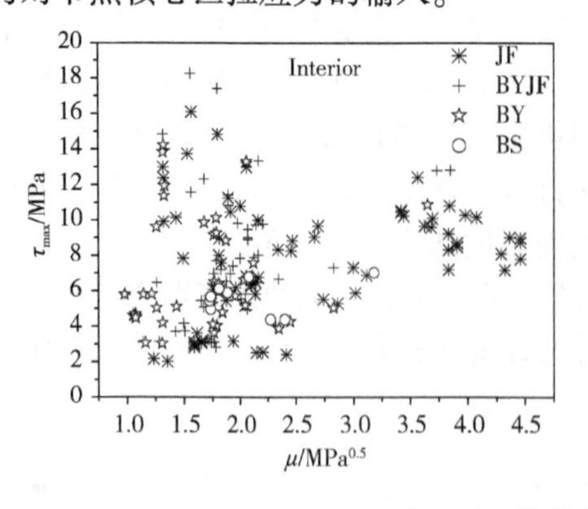

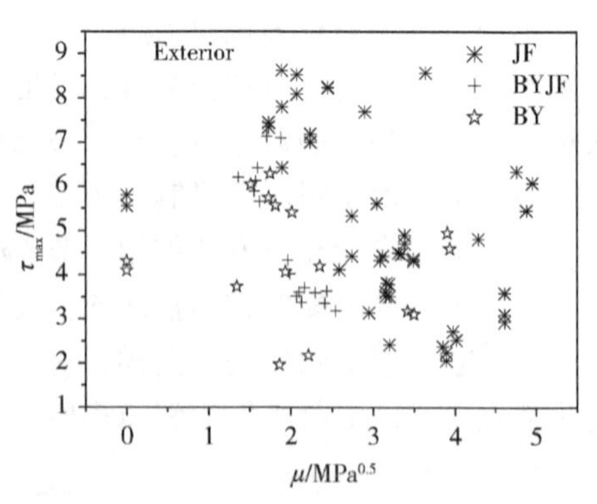

图 2.9　粘结指数对节点强度的影响

2.2.5 剪压比

剪压比表示节点截面上的名义剪应力 $V_{jh}/b_j h_j$ 与混凝土轴心抗压强度 f_c 的比值。我国现行规范规定，钢筋混凝土结构的梁、柱、抗震墙和连梁，其截面组合的剪力设计值应不大于 $0.2f_c$，如图2.10所示，发生梁端屈服或梁端屈服后节点发生剪切破坏的两类节点基本上都分布在这一区域。当剪压比较小时，梁截面纵筋配置数量往往不多，通过梁筋粘结应力传入节点核心区的剪力也较小，纵使节点内配置的箍筋不多，梁端也会早于节点发生破坏；随着剪压比增大，梁筋输入节点内的剪力也随之增加，节点就会在桁架机制与斜压杆机制的共同作用下出现交叉裂缝，如果节点配置了适当的箍筋，节点不会过早发生剪切破坏；但当剪压比过大时，由于梁筋数量较多，梁端在反复荷载作用下不会发生破坏，梁筋粘结性能得到较好的保持，节点在剪力作用下出现较大剪切变形，此时再增加箍筋用量，也不能阻止节点发生斜压型剪切破坏。因此，在选取节点加固方法的时候应预先验算其剪压比，对于较大剪压比的节点不能一味采取增加箍筋数量的方法。

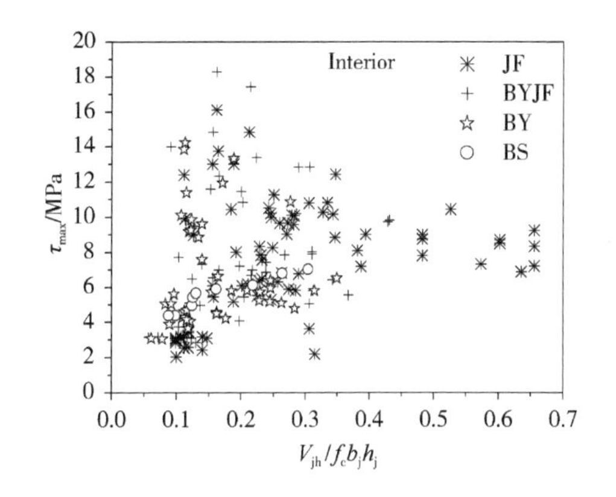

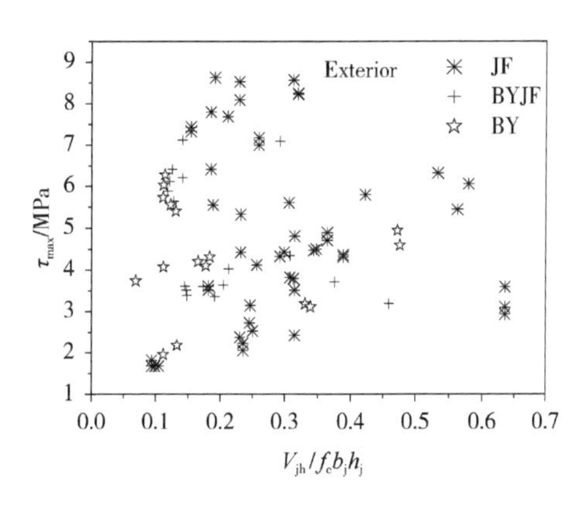

图2.10 剪压比对节点强度的影响

2.2.6 柱纵向钢筋

地震灾害表明，如果框架结构在地震过程中发生柱端破坏，则会导致结构整体倒塌，因此各国规范都选取比较理想的梁端塑性铰的破坏方式，规定柱端弯矩应为梁端弯矩乘以柱端弯矩增大系数。柱筋与梁筋情况类似，靠与混凝土之间的粘结应力传递剪力，由于采取强柱弱梁设计原则和受到较大的轴向力作用，柱筋滑移情况不如梁筋明显。由图2.11可以看出，随着配筋率的增大，节点剪切强度有增大趋势，这是因为柱筋在节点核心区与节点区箍筋一起可以形成对核心混凝土的双向约束作用，提高混凝土的抗压强度，但是如果柱筋配筋率较高，而节点内箍筋数量较少，此时节点容易发生斜拉型剪切破坏，使柱筋无从发挥对核心混凝土的约束作用。因此，在节点加固过程中应注意验算加固后梁端与柱端弯矩的比值，防止加固后节点出现强梁弱柱的情况。

2.2.7 直交梁与楼板

实际工程中，框架梁往往是和直交梁与楼板一起工作的，但是由于试验条件的限制，一般仅进行平面节点或者简化空间节点的研究，虽然这与实际情况不符，但也能从中取得一些

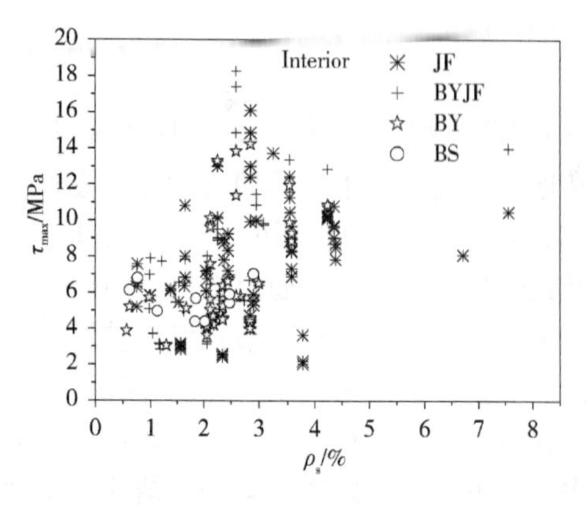

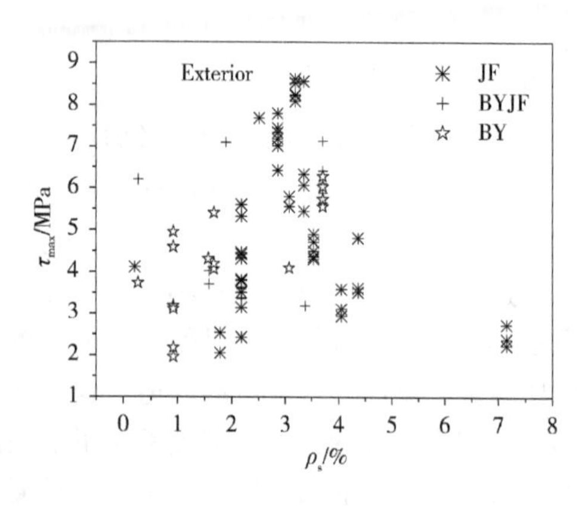

图 2.11　柱纵向钢筋配筋率对节点强度的影响

初步的认识，直交梁和楼板可以增加节点的抗剪面积并对核心区混凝土形成有效的约束，提高节点的抗剪强度与刚度，减小剪切变形；同时楼板与框架梁共同承担梁端作用，减小梁纵筋应力，节点核心区水平剪力随之减小。覆盖率为直交梁宽度 b_{bt} 与柱截面高度 h_c 的比值，是评价直交梁性能的一个指标，由图 2.12 可以看出，随着节点覆盖率的增大，节点剪力提高，说明直交梁对节点形成有效的约束，但是当覆盖率较小时这种效果则不明显。因此，在节点的加固过程中要充分考虑直交梁与楼板对加固实施的影响，并且尽量减少对楼板的破损，采用简单易行的方法。

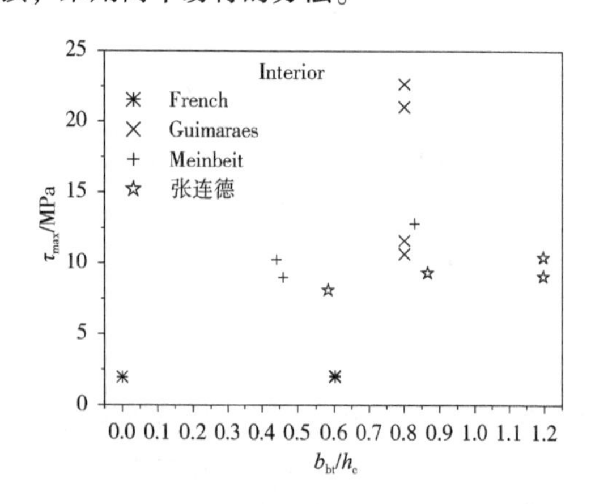

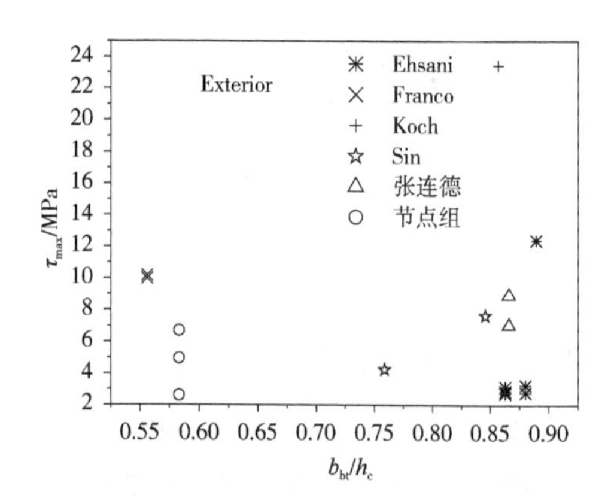

图 2.12　直交梁对节点强度的影响

2.3　节点内梁筋滑移全过程分析

如何正确评定节点内梁筋的粘结条件对节点传力机制与抗震性能的影响一直是节点研究的重要方向。常规抗震设计目标是确保在梁上出现塑性铰，以避免柱塑性铰引起的结构整体倒塌。

2.3.1　影响梁筋粘结性能的主要因素

粘结性能是指钢筋与混凝土的相互作用，是钢筋混凝土结构中两种材料共同工作的基础。试验资料表明，影响粘结性能的因素很多，除了与混凝土强度、保护层厚度、钢筋外形、直径、锚固长度、配筋率等混凝土和钢筋材料有关的因素外，还与梁筋相对长度、轴压比和剪压比等因素有关。

1. 梁筋相对长度

影响粘结性能的一个重要参数是节点尺寸与钢筋直径的比值，各国规范对于贯穿节点核心区梁筋的粘结性能的控制准则基本上都采用了梁筋相对长度 h_c/d_b（或其倒数），美国ACI318—2005 与中国 GB 50011—2001 规定其值应不小于 20，日本建筑法规（AIJ，1994）规定其与钢筋屈服强度有关，欧共体 EC8-2003 考虑的因素较多，除了混凝土抗拉强度平均值、钢筋屈服强度和贯穿节点梁筋配筋率外，还考虑了结构延性等级系数，而新西兰 NZS3101—1995 则进一步增加了柱轴压力的影响。

增大梁筋相对长度可以改善节点的抗震性能，具体表现如下：能够延缓梁筋的粘结退化，避免节点的传力机制过早地由桁架机制转为斜压杆机制，延缓或避免节点核心区混凝土的压溃破坏；能够减小梁筋屈服后继续向节点内的屈服渗透和滑移，减轻节点核心区混凝土的损伤，提高节点的耗能能力；能够延缓梁端塑性铰区内的梁筋由受压状态转为受拉，从而使得梁端混凝土受压区高度保持不变，截面内力臂不变，从而延缓楼层剪力的退化，使得节点的再加载刚度的退化减慢。由图 2. 13 可以看出，随着梁筋相对长度增大，节点破坏形式从剪切破坏过渡到梁端屈服破坏，节点延性提高。

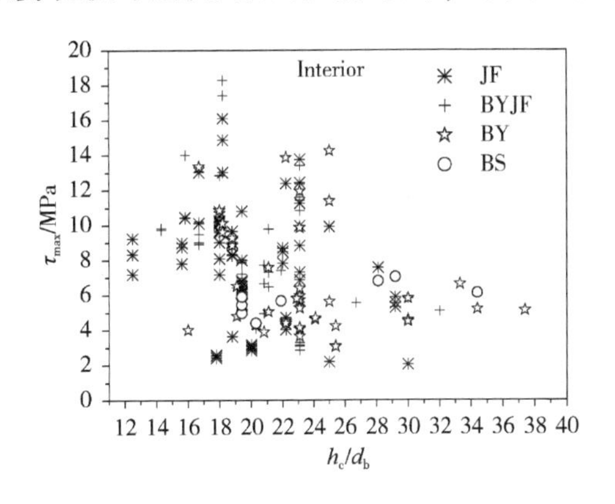

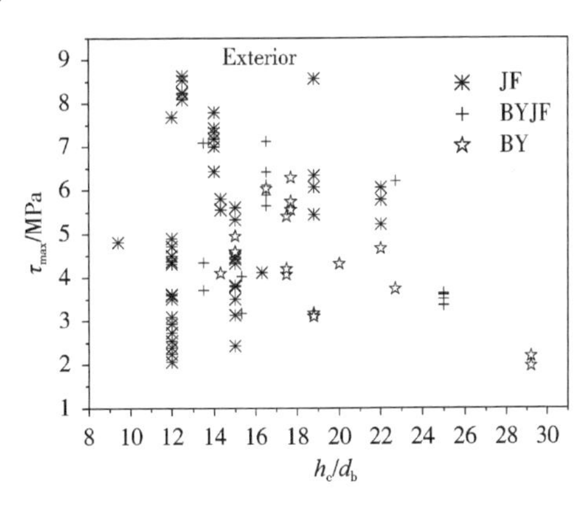

图 2. 13　h_c/d_b对节点强度的影响

2. 轴压比

在轴向压力作用下，钢筋与混凝土之间的摩阻力与咬合力将增加，同时还可以抑制裂缝出现并延缓裂缝延伸，这些都有利于提高梁筋的粘结性能。从图 2. 14 可以看出，在高轴压比小梁筋相对长度和低轴压比大梁筋相对长度下都可以实现梁端屈服的延性破坏形式，因此在改善梁筋粘结性能的时候可以参考轴压力带来的有利影响，在靠近柱面一定距离的梁上下表面施加压力，提高粘结强度。

3. 剪压比

剪压比越大节点剪力越大，由桁架机制与斜压杆机制产生的斜拉应力和斜压应力也越大，当梁筋粘结性能较差时，桁架机制退化，斜压杆机制增强，但桁架机制退化引起的压应力减小部分小于斜压杆增强产生的压应力增大部分，因此节点内斜压应力增加并最终导致节点核心区混凝土压溃。由此可以得出，高剪压比节点需要较大的梁筋相对长度来维持节点内

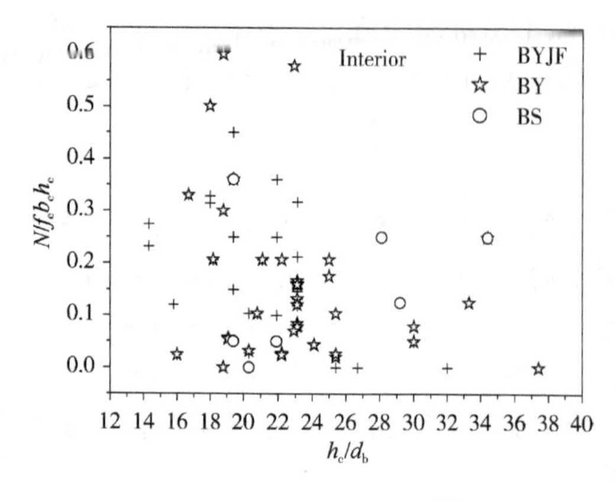

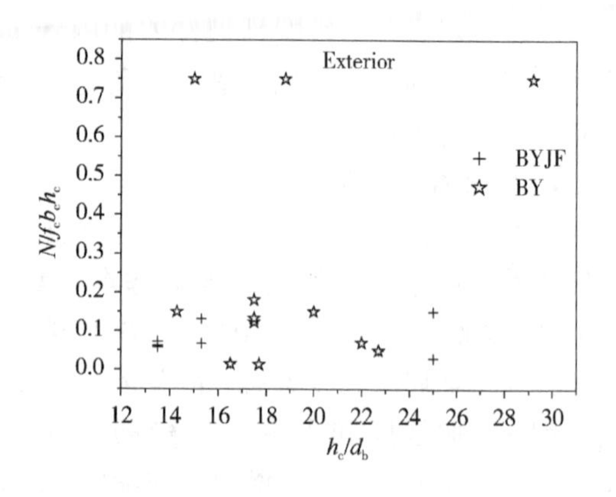

图 2.14　h_c/d_b与轴压比关系图

梁筋的粘结性能，抑制桁架机制的退化，减缓斜压应力的增加。由图 2.15 可以看出，随着梁筋相对长度的增大，节点破坏形式逐渐由梁端屈服后节点剪切破坏过渡到梁端屈服破坏，延性进一步增加。

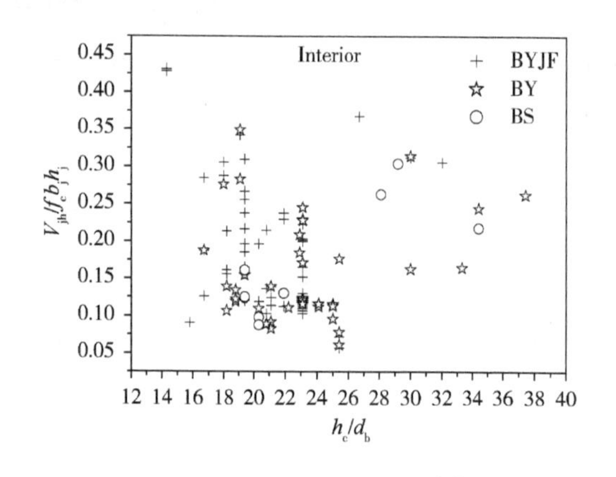

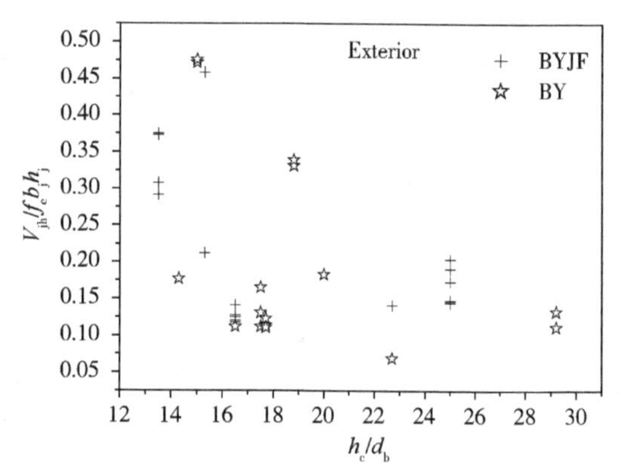

图 2.15　h_c/d_b与剪压比关系图

2.3.2　梁筋粘结性能对节点受力的影响

1. 梁筋粘结性能对节点传力机制的影响

节点组合体在往复荷载作用下，贯穿节点核心区的梁筋处于一端受拉、另一端受压的受力状态，则节点内梁筋周围与混凝土之间分布有粘结应力，这些粘结应力一部分将传入柱端，平衡柱端剪力，另一部分则传入节点内，成为节点水平剪力，因此节点内梁筋的粘结情况将影响节点的受力性能。

加载之初，梁筋应力远小于屈服应力，节点基本处于弹性状态，变形很小，节点内粘结应力呈均匀分布；随着荷载增大，梁筋拉应力增加明显，而压应力增加缓慢，这是因为混凝土受拉开裂后受拉区（端）拉应力全部由梁筋承担，而受压区（端）混凝土仍能有效地承担压应力，贯穿节点的钢筋拉压应力差明显加大，此时，粘结应力分布基本不变但应力值增大；继续施加荷载，梁筋应力不断增加并进入屈服阶段，粘结应力均匀分布的状态开始发生变化；随后梁筋进入全面屈服阶段，屈服段梁筋的粘结应力由于发生塑性变形逐渐减小，出现粘结退化现象；之后梁筋屈服区不断向节点内渗透，梁筋有效锚固长度越来越小，粘结应力越来越大，节点已达临界状态；最后，梁筋发生贯穿核心区的“拉风箱”式的滑移，梁端基本上丧失抗弯能力，节点延性大大降低。

根据以上分析可知，梁筋粘结条件将决定梁筋传入节点内剪力的大小，影响节点受力全过程中斜压杆机制与桁架机制所占比例。节点受力初期，梁筋粘结条件较好，粘结应力与对角压区混凝土压应力构成节点内剪力，桁架机制与斜压杆机制同时传递剪力，但受压钢筋要分担一部分压应力，因此桁架机制要大于斜压杆机制；节点受力增大，如果梁筋未屈服，粘结条件保持较好，节点出现交叉斜裂缝，若此时水平箍筋配置较少，节点发生斜拉型剪切破坏，在此过程中桁架机制与斜压杆机制同步增强，但桁架机制仍强于斜压杆机制，如果梁筋进入屈服，粘结条件出现退化，桁架机制传递剪力的能力减弱；节点受力后期，梁筋粘结退化严重，最后只保持一定的残余粘结应力，桁架机制此时已经不起主导作用，节点过渡为主要通过斜压杆机制传递节点剪力。

2. 梁筋粘结性能对节点抗震性能的影响

现代抗震理论强调，为了使钢筋混凝土结构具有良好的抗震性能，在地震作用下保持足够的强度与变形能力，要求结构的抗震性能应主要由次要构件的较强非弹性变形能力来保障，即在保证结构承载能力、刚度不发生退化的前提下，通过次要构件稳定的滞回变形性能耗散地震输入的能量。对于钢筋混凝土框架结构，梁塑性铰机制已证明可以很好地满足抗震要求，但是在梁塑性铰耗能机制中，梁塑性铰一般出现在或靠近柱面的位置，使非弹性变形大多集中在框架节点附近，而较大的非弹性变形则会引起贯穿节点核心区梁筋明显的粘结退化。大量钢筋混凝土节点的抗震性能试验表明：在地震作用力作用下，节点核心区内由钢筋与混凝土间的粘结退化引起的节点内梁筋的粘结滑移会对构件的弹塑性动力反应特性产生影响，即梁端塑性变形与节点内梁筋滑移这两种位置靠近的非弹性变形可能相互影响，并在一定程度上引起结构局部抗震性能的变化。

贯穿节点核心区的梁筋屈服后发生较严重的粘结退化时，梁筋屈服区不断向节点内渗透，则节点内梁筋有效锚固长度越来越小而粘结应力越来越大，梁筋处于高应变状态，在节点内发生较大的塑性变形与滑移，这种梁筋塑性拉伸与滑移导致梁端产生固端转角而造成显著的梁端位移，在两侧梁柱交界面上各出现一条较宽的垂直裂缝。由于梁筋屈服区已经转移到节点内，梁端变形增量主要集中在梁端固端转动上，原塑性铰区受拉钢筋应变基本上没有增长，导致梁塑性铰退化。虽然发生严重粘结退化的节点没有出现核心区混凝土压溃破坏，且在承载力未出现明显降低的状况下位移延性系数取得较大数值，但并不意味着节点抗震性能理想，这是由于贯穿节点核心区梁筋出现严重粘结退化后层间剪力减小、层间变形增大，梁筋受拉段滑出、受压段滑入，在反复荷载作用下每次开始加载时梁筋在节点内都要先完成这种滑入滑出的自由运动，使加载初期的节点刚度几乎为零，在滞回曲线上反映为一水平段，梁筋滑移越严重水平段越长，滞回环出现严重的捏缩，节点延性降低，耗能性能变差。

钢筋与混凝土之间的相互作用状态将关系到节点非线性阶段的受力性能，不仅是因为贯穿节点核心区梁筋的粘结应力的分布直接影响节点传力机制，还由于梁筋的粘结退化会降低节点的耗能性能，而节点内梁筋在地震往复荷载作用下通常处于非常不利的粘结条件。由于节点内梁筋屈服变形与粘结滑移，会在梁柱交界面出现较宽垂直裂缝并引起固端转动，它产生的梁端位移占整个节点变形的50%以上，导致节点耗能性能严重下降。为了防止在反复循环荷载作用下形成过大的层间位移，梁柱交界面裂缝必须得到严格的控制，以减少柱面处混凝土的破坏和梁筋对节点核心区域的屈服渗透，改善梁筋在节点内的粘结性能，较好地保持节点的强度。

2.4 节点破坏形式

结构的损伤是指结构由于外部力学因素引起的削弱或破损，包括非受力损伤和受力损伤，受力损伤是指结构或构件在使用过程中因受力因素而产生的裂缝的出现与开展、钢筋与混凝土间的滑移以及非弹性变形的发展等现象，可以基于整体或构件两个层次进行评估。为了使震损钢筋混凝土框架结构得到有效的加固处理，有必要对梁、柱及节点组合体损伤进行合理的分析。

2.4.1 框架结构受力临界区域

框架结构遭受强震作用时，受力临界区域往往位于钢筋应力超过屈服应力、混凝土应力达到抗压强度或者因锚固不足发生粘结滑移的截面附近。理论上讲，结构构件在内力作用下任一截面都可能出现非弹性变形，但是通过布置不同钢筋和改变截面尺寸等细部构造，构件可以设计成变强度以抵抗相应截面上的内力值，显然这是不现实的。因此，受力临界区域就一般靠近内力最大点。

（1）梁非弹性区域　是指梁塑性铰区段，其滞回性能由截面弯矩控制（深梁则由剪力控制）。由于钢筋混凝土框架结构采用强柱弱梁的设计原则，梁塑性铰多出现于柱面附近，这会在梁非弹性区域形成较高的应力传递，导致节点内梁筋屈服区不断向节点内渗透，梁筋发生粘结滑移，产生梁端固端转动，节点刚度与强度降低。

（2）柱非弹性区域　其滞回性能由截面弯矩与轴向力控制。由于在框架结构设计中遵循强柱弱梁的设计原则，为了避免结构倒塌，柱塑性铰一般不会出现，但是在底层柱端由于作用有很大的剪力，不可避免出现柱塑性铰。由于柱非弹性区靠近下部基础和上部节点，较大的应力传递会引起柱筋在节点或基础内滑移，导致结构整体发生转动。

（3）节点核心区　其滞回性能由节点核心区内作用的剪力与上柱轴向力控制。节点在外作用力下，受力十分复杂，包括梁柱传来的弯矩、剪力和上柱轴向力，当梁偏心时，还会产生扭矩，节点在这些力的共同作用下处于高应力状态，出现裂缝产生变形。虽然节点内梁筋粘结退化后会削弱粘结应力以剪力流的形式输入，降低节点剪力减小变形，似乎对节点有利，但梁筋粘结滑移引起的梁端固端转动使框架梁失去对节点核心区的约束作用，节点刚度与强度降低，这又会增加节点变形，并且梁筋发生粘结退化后节点的延性会显著降低。

2.4.2 框架节点主要破坏形式

节点受力性能受到多种因素的影响，不同的节点设计控制条件会引起节点区域不同的应力分布形式，导致节点不同区域发生破坏。根据震害和试验结果，节点的主要破坏形式可以分为以下几种：

（1）梁筋粘结滑移破坏　当梁筋在节点内粘结条件较差时，柱面裂缝间的梁筋屈服后迅速向节点内渗透，梁筋有效粘结长度不断减小，最后节点内梁筋完全失去粘结应力，发生

“拉风箱”式的滑动。这种情况梁筋配置较少，节点区仅出现少量微裂缝，破坏形式如图2.16a所示。

（2）梁端受弯破坏　梁端在反复荷载作用下受拉钢筋屈服，受压混凝土压碎，混凝土保护层剥落，梁端形成塑性铰，节点具有较好的延性。但是由于梁塑性铰靠近柱面出现，如果继续增加反复作用在节点上的位移，就会引起节点内梁筋的粘结退化，节点强度与刚度开始降低，节点耗能性能变差，破坏形式见图2.16b。

（3）柱端受弯破坏　虽然采用强柱弱梁的设计原则以避免发生这种破坏形式，但在结构底层或靠近底层的楼层，由于较大的弯矩与轴向压力的共同作用，柱端混凝土受压破坏，柱筋受压屈服，箍筋向外膨胀，柱端形成塑性铰，破坏形式如图2.16c所示。同时在节点加固中应注意切勿对梁端过度加固，形成强梁弱柱，从而发生这种破坏。

（4）梁柱端未屈服条件下的节点区剪切破坏　节点剪压比较大时，由于梁柱筋配置较多、节点作用剪力较高，节点发生剪切破坏时梁柱端仍未进入屈服。当节点配箍较少时，节点核心区在较大剪力作用下出现交叉斜裂缝，由于箍筋较少，裂缝宽度将迅速增大，最后全部箍筋屈服并出现较大塑性伸长，节点抗剪承载力退化严重，发生斜拉型节点剪切破坏；当节点配箍率较大时，节点内同时作用有斜压杆机制与桁架机制，节点斜裂缝发展受到限制，随着节点内作用剪力不断增大，节点剪切变形不断增长，部分箍筋进入屈服，而核心区混凝土则被压溃，发生斜压型节点剪切破坏。由于节点剪切破坏时节点内的交叉斜裂缝使节点剪切刚度降低，节点延性较差，破坏形式见图2.16d与e。

（5）梁端屈服条件下的节点区剪切破坏　梁端配置适量的梁筋，在节点发生剪切破坏前梁端已屈服，与梁端受弯破坏的节点相比，节点内梁筋粘结性能退化严重，但仍优于梁筋粘结滑移破坏的节点。当节点配箍较少时，虽然梁筋配置也不多，节点内作用剪力相对较小，但过低的配箍率仍无法抑制核心区交叉斜裂缝的过快开展，箍筋屈服节点刚度退化，最后由于节点抗剪承载力下降过多而发生斜拉型节点剪切破坏；当节点配置一定数量的箍筋时，在梁端屈服后核心区交叉斜裂缝受到箍筋作用开展缓慢，此后，梁筋不断向节点内屈服渗透，节点内斜压杆机制逐渐占据主导地位，最后核心区混凝土被压溃，发生斜压型节点剪切破坏，破坏形式如图2.16f与g所示。

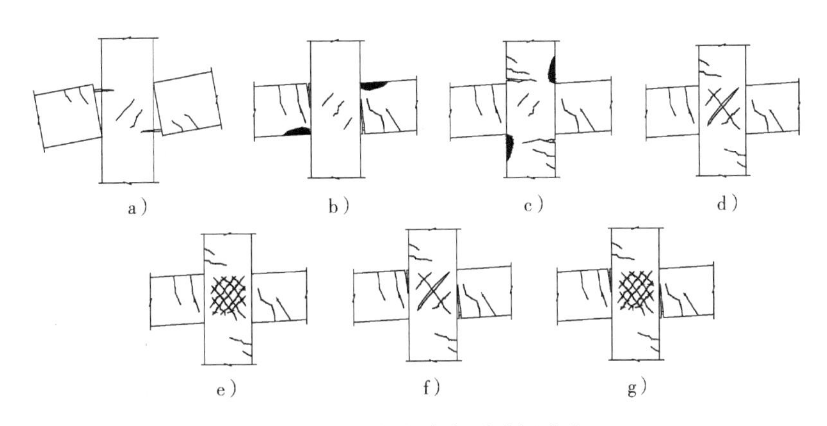

图2.16　框架节点主要破坏形式

a）梁筋粘结滑移破坏　b）梁端受弯破坏　c）柱端受弯破坏

d）e）梁柱端未屈服条件下的节点区剪切破坏　f）g）梁柱屈服条件下的节点区剪切破坏

2.5 塑性铰外移加固方法的可行性

工程实践中改善节点性能的构造措施包括转移梁端塑性铰、梁加腋和梁筋附加锚板等，在新建结构中采用这些构造措施可以取得较好的效果，但对于房屋改造中的节点加固或灾后受损加固节点，在施工上则存在困难。20世纪80年代后许多国家开始进行加固框架节点的试验研究，目的是通过加固材料提高节点的承载能力与耗能能力。本节收集了国内外71个加固节点的试验数据（其中加大截面法19个、粘钢法9个、外包钢法5个、预应力法4个，外贴纤维法34个）与外移塑性铰法进行对比分析[9-11,22,28,36,41,42,48,63,68,74,79,93]，论证该加固方法的可行性。

2.5.1 承载能力

由图2.17可见，几种加固方法中加固构件与对比构件承载力比值在1.07～1.89之间（本文方法在1.19～1.89之间），均大于1.0，说明加固后节点承载力均有所提高，本文加固方法能实现承载力的提高。

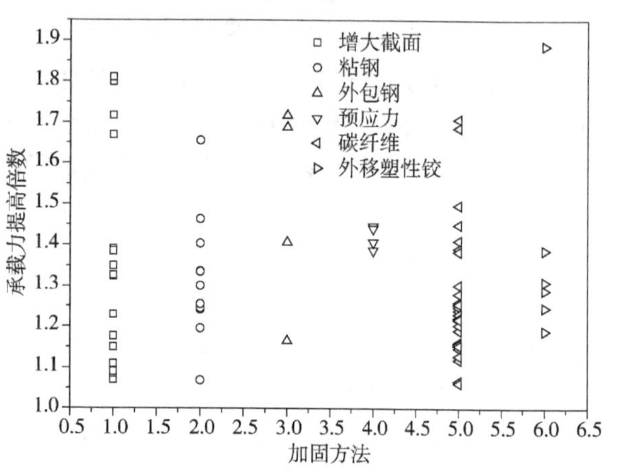

图2.17 不同加固方法承载能力对比

2.5.2 耗能能力

由图2.18可见，几种加固方法中加固构件与对比构件耗能能力比值在0.82～3.86之间（本文方法在1.81～2.79之间），个别构件小于1.0，说明大部分加固后节点耗能能力有所提高，本文加固方法能实现耗能量的增加。

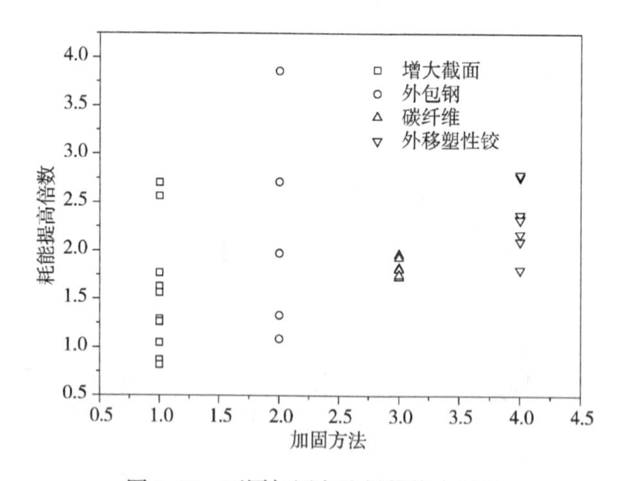

图2.18 不同加固方法耗能能力对比

2.5.3 抗震加固系数

在加固工程中，加固材料往往因为应力滞后难以与原材料协同工作，导致加固材料不能发挥相应的作用，无法达到加固目的。因此，加固设计中既要考虑承载力提高的因素，同时也要考虑结构整体性能的改善。图2.19给出了几种加固方法承载能力与耗能能力关系，不难看出承载力提高较小而耗能提高较大的加固构件明显多于承载力提高较大而耗能提高较小的加固构件，碳纤维与本文方法尤其明显。对于承载力提高较大而耗能提高较小的加固构件，加固材料无法得到最大限度的利用，因此有必要引进抗震加固系数实现结构加固整体性能的改善。抗震加固系数指构件或结构加固后耗能能力与承载力提高倍数的比值，目的是通过较小承载力的提高实现较大的耗能量的增加。

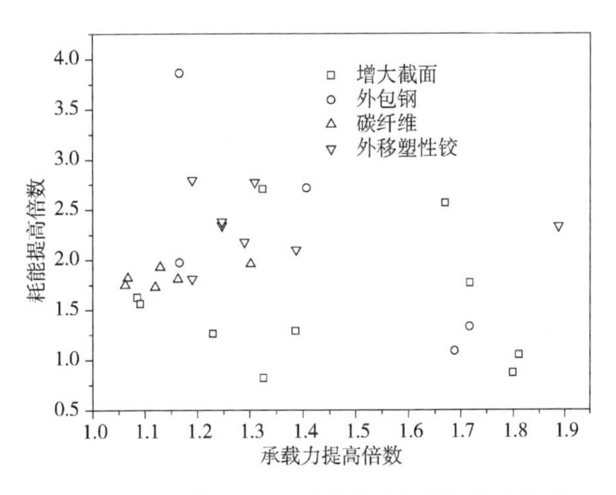

图2.19 不同加固方法承载能力与耗能能力关系

由图2.20可见，几种加固方法中加固构件抗震加固系数在0.48～3.31之间，而本文方法在1.23～2.34之间，说明经本文加固方法加固后的构件耗能能力提高均大于承载力的提高，实现了结构抗震性能的改善，因此本文所提加固方法是可行的。

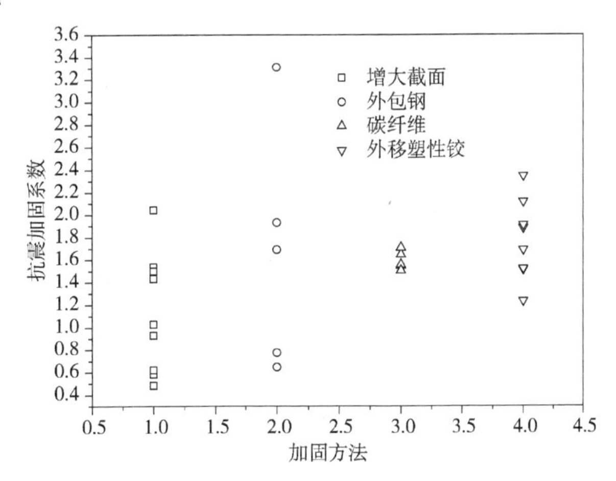

图2.20 不同加固方法抗震加固系数对比

转移梁端塑性铰已被实践证明是一种有效的改善节点性能的措施，其指导思想是对梁配筋采取措施加强柱边截面的抗弯强度，迫使塑性铰离开柱边一定距离形成，以推迟或避免柱边梁筋进入屈服，使节点内梁筋粘结性能得到保证。为了实现塑性铰外移，必须使柱面处梁截面抗弯强度超过预期梁铰处的抗弯强度，在加固时，这一点可以通过在柱边一定范围内布置加固材料实现，角钢或焊接钢板由于具有良好的韧性、较高的强度、焊接性能和表面性能等特点，符合作为转移梁端塑性铰加固材料的要求。

2.6 梁端塑性铰外移加固方法的提出

根据震害与试验研究可知，节点由于受力十分复杂，往往成为框架中最薄弱、最易受损的部位。由于早期的经济与技术水平，当时的节点大多存在节点混凝土强度较低、节点内箍筋配置不足、设计时没有或缺少考虑抗震要求等问题。随着研究的深入，人们对钢筋混凝土结构的认识的进一步完善，相应的设计标准就要做一定的修正，如可靠性标准的提高、建筑物所在地抗震设防等级的提高，按照原来标准设计施工的建筑物在新的标准下可能就达不到要求；建筑物在使用过程中使用要求可能会有所改变，其原结构构件可能不满足新的使用要求；同时，建筑物在长期的使用过程中会受到不同程度的损伤，材料发生老化等。以上种种原因，会使众多既有框架结构节点无法满足现行规范的延性要求。在这些情况下，人们首先想到的解决办法就是进行结构加固。

在框架结构中节点尺寸较小但构造相对复杂，并分布着较高的作用应力，增加了加固处理的难度。直交梁与楼板的存在使加固材料难以布置，梁柱端部凹角处较强的拉力和剪力作用需要特殊的锚固处理，柱边梁塑性铰引起的梁筋屈服渗透会降低节点耗能性能与刚度等，这些问题都限制了一些传统方法的实施，需要提出一些新的加固方法，或对传统方法进行一些改良完善，使其适用于节点加固。

转移梁端塑性铰已被实践证明是一种有效的改善节点性能的措施，其指导思想是对梁配筋采取措施以加强柱边截面的抗弯强度，迫使塑性铰离开柱边一定距离形成，从而推迟或避免柱边梁筋进入屈服，使节点内梁筋粘结性能得到保证。为了实现塑性铰外移，必须使柱面处梁截面抗弯强度超过预期梁铰处的抗弯强度，在加固时，这一点可以通过在柱边一定范围内布置加固材料实现，角钢或焊接钢板由于具有良好的韧性、较高的强度、焊接性能和表面性能等特点，符合作为转移梁端塑性铰加固材料的要求。

角钢或焊接钢板置于节点周围的梁柱表面，通过对拉螺栓固定，如图2.21所示。这种方法具有如下一些主要特点：

1）实现梁端塑性铰外移。角钢角肢或钢板可以提高梁柱加固段的截面抗弯强度，使加固节点满足外移梁端塑性铰的要求，节点延性提高。

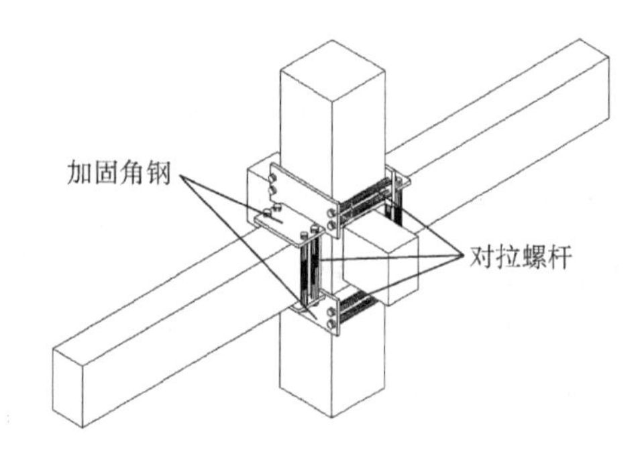

图2.21　加固效果图

2）提高节点承载力、减小节点核心区变形。节点对角混凝土受到的较大压应力转移至角钢角肢或钢板端部，拉压杆面积增大，节点抗剪承载力提高；加固段梁柱截面抗弯刚度增加，梁柱端部变形减小，节点剪切变形随之减小。

3）改善贯穿节点核心区梁筋的粘结性能。梁筋锚固长度增加，且对拉螺栓使角钢或焊接钢板在加固段混凝土上作用有预加压力，梁筋粘结强度在压力作用下得到提高。

4）同时加固梁柱端，不会违背强柱弱梁的设计原则；且易于选材，方便施工，基本不会对原结构造成损伤，几乎不增加原构件的截面尺寸与重量。

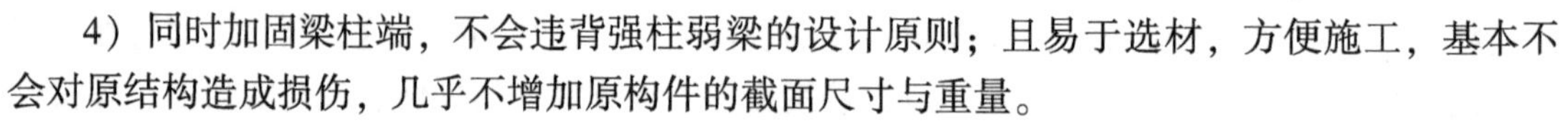

2.7　小结

鉴于国内外就节点的传力机理及其设计准则仍存在较大的分歧，本章首先简要回顾了目前应用较多的几种节点受力机理，并详细阐述了节点的受力全过程，明确了减小节点核心区作用力输入、保证梁柱界面连接的可靠性和梁筋粘结性能的三个加固方向。由于混凝土强度、轴压比、配箍特征值等因素都会影响节点的抗剪强度，根据所能搜集到的文献提供的大量试验数据，给出直观的影响趋势图；接着讨论了梁筋相对长度、轴压比和剪压比对梁筋粘结性能的影响，当梁筋发生粘结退化时，节点内作用的桁架机制传递剪力的能力减弱，滑移变形增加，节点抗震性能降低。

根据框架结构在地震作用下的受力特点，结构的破损主要发生在梁、柱非弹性区域和节点核心区三个临界区域，这也决定了节点的主要破坏形式。鉴于此，提出了在梁柱端表面布置角钢或焊接钢板外移梁端塑性铰的加固方法，利用钢材良好的韧性、较高的强度、焊接性能和表面性能等特点实现前面提及的三个加固方向。

第 3 章　框架节点试验设计及结果分析

3.1　试验目的

目前，我国诸多既有框架节点亟需抗震加固，虽然国内外已经完成了相当数量的节点加固试验，但多针对简化的平面节点，未考虑楼板与直交梁的存在，使众多加固方法根本无法实行；加之梁柱角部加固材料难以有效锚固，加固材料剥离导致梁柱界面连接失效，造成加固节点出现强梁强柱弱连接破坏的不利局面；同时，节点核心区梁筋滑移会大大削弱节点整体的抗震性能，导致节点在地震作用力下由于较差的延性而失效，从而引起建筑物整体倒塌。其他学者研究的节点加固方式在试验过程中会出现加固材料剥落、与原节点材料脱离等现象，存在加固材料无法充分利用的缺点。为了弥补常规加固方法的不足，本文提出外移梁端塑性铰法加固既有框架节点，完成 10 个带直交梁的梁柱组合体加固试验，以验证该加固方法的有效性，其目的包括：

1）评定采用角钢加固的框架节点受力性能的改善。

2）验证角钢加固梁柱界面连接的有效性，研究梁端改善后带来的梁柱界面连接相对加强状况。

3）验证梁端塑性铰是否外移。

4）观察加固段、节点核心区混凝土裂缝开展情况。

5）利用核心区箍筋、梁柱纵筋及加固角钢应变的变化测量，分析加固后节点及其核心区各组成部分的受力变化，为加固节点的受力机理分析提供试验支持。

6）分析采用不同型号角钢、不同角钢锚固方式等设计参数对节点的开裂荷载、屈服荷载和极限承载力、梁端荷载-位移滞回曲线及其包络线特征、延性和耗能性能等产生的影响，评定节点加固的效能，并给出更为合理的设计建议。

7）研究不同程度损伤对加固效果的影响。

8）评定框架梁粘钢加固采用端部焊接钢筋植入柱体进行锚固这一方法在组合体承受低周反复荷载作用下的效能。

9）研究利用角钢替代焊接钢筋对粘结钢板锚固的效果，同时改善梁端加强后带来的梁柱界面连接相对减弱的状况。

3.2　试件设计

3.2.1　试件几何尺寸

为了能使试件较真实地反映实际工程中节点的受力状态，本试验针对一般多层多跨框架在水平力作用下的中间节点，选择与节点相交梁柱反弯点之间的梁柱组合体为试件（图3.1）。为了排除尺寸效应的干扰，梁、柱截面尺寸尽可能与实际工程中框架尺寸接近，试件尺寸见图3.2。

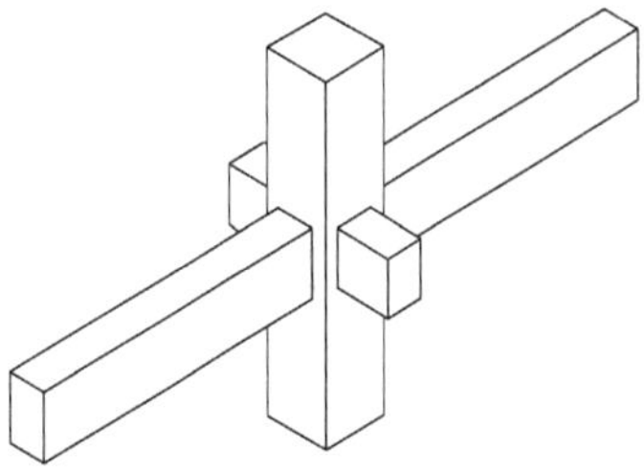

图3.1　框架中节点梁柱组合体

3.2.2　试件配筋

本次试件设计依据《混凝土结构设计规范》，满足试件在低周反复加载过程中梁、柱端不发生剪切破坏，且梁与节点交界面的梁纵筋先达到屈服，节点核心区在不断加大反复变形的过程中失效。柱轴压比取为0.15，柱端实际抗弯能力与梁端实际（设计）抗弯能力的比值 M_{cu}/M_{bu} 为2.78，混凝土强度等级为C30，梁柱纵筋为Ⅱ级带肋钢筋，梁、柱、节点箍筋为Ⅰ级光圆钢筋，10个节点尺寸与配筋完全相同，其实际配筋见图3.2（对比试件J-1）。

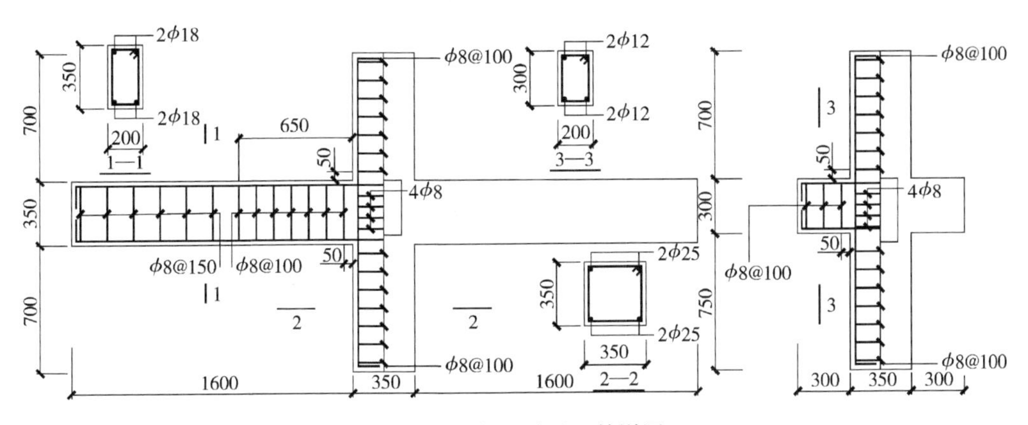

图3.2　试件尺寸及配筋详图

3.2.3　试件加固

节点加固试件研究参数包括加固角钢锚固方法、加固角钢型号与加固角钢是否加肋。加固角钢选取依据为实现塑性铰外移，即实现理论梁端塑性铰（约为截面有效高度的1/2左右）长度范围内的梁截面抗弯强度增加0.25倍以上，角肢长度约为理论塑性铰长度，角肢厚度实现梁截面抗弯强度的增加，但加固节点要通过计算满足 $\sum M_c/\sum M_b \geqslant 1.2$ 的现行规范要求，避免出现强梁弱柱情况；框架梁加固试件钢板加固量根据《混凝土结构加固设计规范》（GB 50367—2013）计算选取，但应满足上面提出的梁柱强度比，加固钢板采用焊接植入柱体的钢筋进行锚固。

直接加固试件共6个（RJ-1 ~ RJ-6），包括5个节点加固试件（RJ-2 ~ RJ-6）和1个框架梁加固试件（RJ-1）。加固角钢采用对拉螺栓锚固，根据锚固形式共分为3类：第一种方法为角钢角肢外伸出梁柱侧面，并在外伸部分钻孔以放置螺栓，同时为了保证角钢与梁柱表面接触密实，先将梁柱表面打磨平整，然后平铺薄薄一层结构胶（RJ-2）；第二种方法为先在梁柱混凝土中钻孔，然后置入螺栓并以螺栓固定（RJ-3）；第三种方法为了考虑同时加固直交梁的情况，将柱面两角肢采用焊接钢板连接（RJ-4）。第二种为破损方法，其余两种为非破损方法。试件 RJ-5 改变角钢型号，而试件 RJ 6 角钢则未加肋。

预损后加固试件共 3 个（RJ-7 ~ RJ-9），包括 2 个节点加固试件（RJ-8、RJ-9）与 1 个框架梁和节点同时加固试件（RJ-7），预损程度为梁纵筋未屈服与试件完全破坏两种。其中 RJ-7、RJ-8 加载至 20kN 停止加载，并卸载修复，RJ-9 则加载至完全破坏。角钢、钢板与混凝土之间置有结构胶，以保证接触面密实。试件详细情况见表 3-1 与图 3.3、图 3.4、图 3.5。

表 3-1　各试件加固情况

试件名称	加固角钢尺寸		角钢锚固方式	钢板规格尺寸/mm	预损程度	角钢加肋
	肢宽/mm	肢厚/mm				
RJ-1	—	—	—	1300 × 120 × 4	—	—
RJ-2	200	20	对拉螺栓	—	—	是
RJ-3	200	20	对拉螺栓（破损）	—	—	是
RJ-4	200	20	对拉螺栓 + 焊接钢板	—	—	是
RJ-5	140	14	对拉螺栓	—	—	是
RJ-6	200	20	对拉螺栓	—	—	否
RJ-7	200	20	对拉螺栓	1300 × 120 × 4	20kN	是
RJ-8	140	14	对拉螺栓	—	20kN	是
RJ-9	200	20	对拉螺栓	—	完全破坏	是

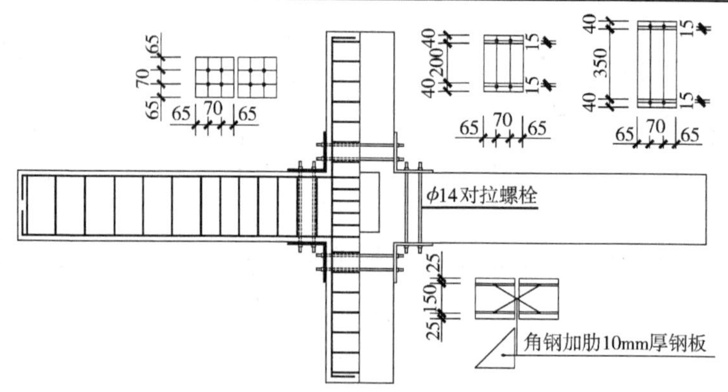

图 3.3　角钢加固及不同角肢锚固详图

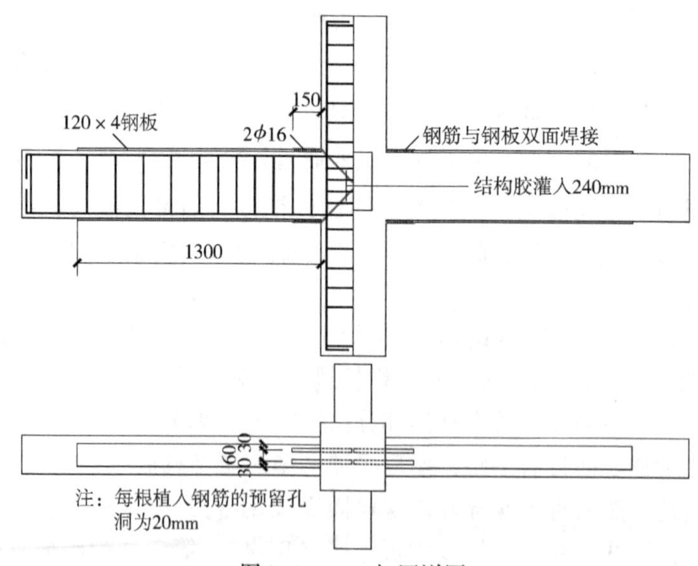

图 3.4　RJ-1 加固详图

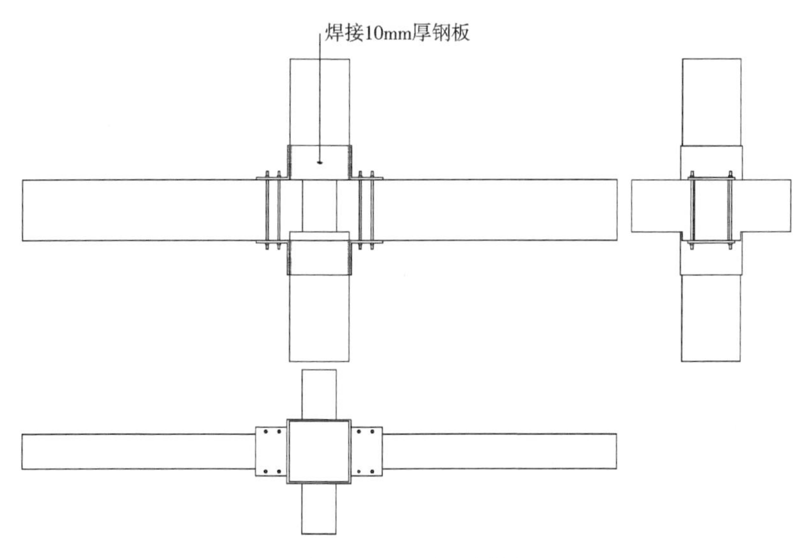

图 3.5　RJ-4 加固详图

3.2.4　材料性能

试验所用混凝土、钢筋、角钢、对拉螺栓与结构胶的材料性能分别见表 3-2、表 3-3、表 3-4。

表 3-2　混凝土材料的力学性能

混凝土强度等级	f_{cu} /MPa	E_c / × 10^4 MPa
C20	28.6	3.16

表 3-3　钢材的力学性能试验结果

种类	直径 d 或厚度/mm	f_y /MPa	f_u /MPa
HPB235	6.5	302.5	457.5
HRB335	10	405	457.5
HRB335	12	470	627.5
HRB335	16	482.5	645
HRB335	25	437.5	610
螺栓	14	510.5	522.5
螺栓	18	430.7	541
角钢	16	255.2	428.3
角钢	18	247.9	421.3

表 3-4　结构胶材料性能检测报告

检测项目（单位）	技术指标	检验结果				
		1#	2#	3#	4#	5#
抗拉强度/MPa（粘结尺寸：ϕ25mm）	≥33	33.4	39.9	35.4	34.2	34.6
		平均：36				

（续）

检测项目（单位）	技术指标	检验结果				
		1#	2#	3#	4#	5#
抗剪强度/MPa（粘结尺寸：25mm×12.5mm）	≥18	18.3	18.1	19.8	18.1	18.7
		平均：19				

3.3 试验加载装置及加载方法

3.3.1 加载装置

本次试验是在东南大学结构实验室完成，加载装置见图3.6。柱上端设一320t的油压千斤顶，对节点施加轴向压力；在试件左右梁外端布置两组规格相同的千斤顶，通过一个液压泵控制，实现低周反复加载同步进行。柱上下端、两侧预设钢板垫块，并在柱端两侧用四块焊有圆钢筋的钢块夹紧柱头，模拟柱端的铰支。本次试验共使用三副反力架，中间一副带斜撑的反力架对柱施加轴向压力提供支撑点，并与两个大的工字钢组合在一起用来固定试件，限制其移动和转动；两边的两副反力架为施加梁端反复荷载提供支撑点。

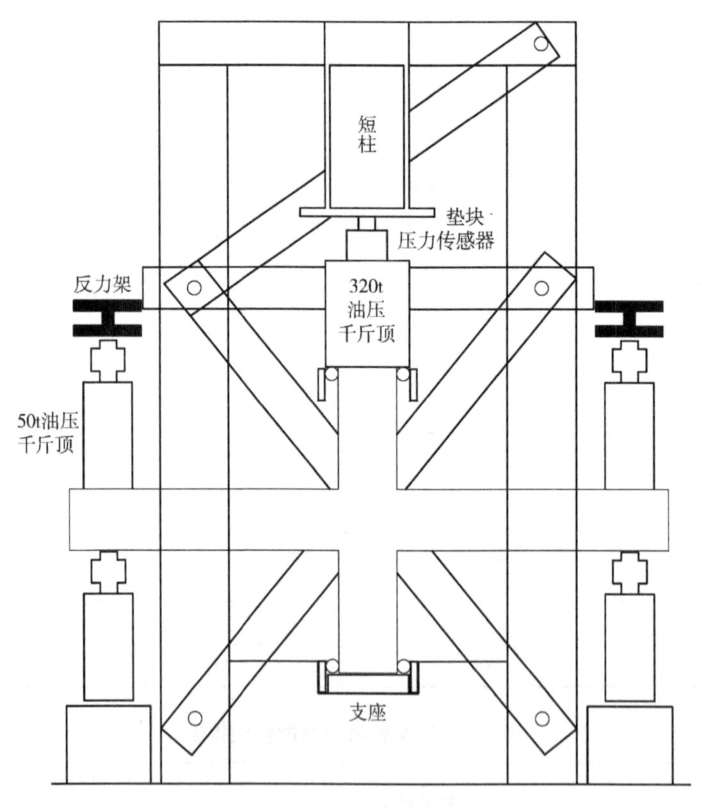

图3.6 加载装置示意图

相应的边界条件模拟简图如图3-7所示。

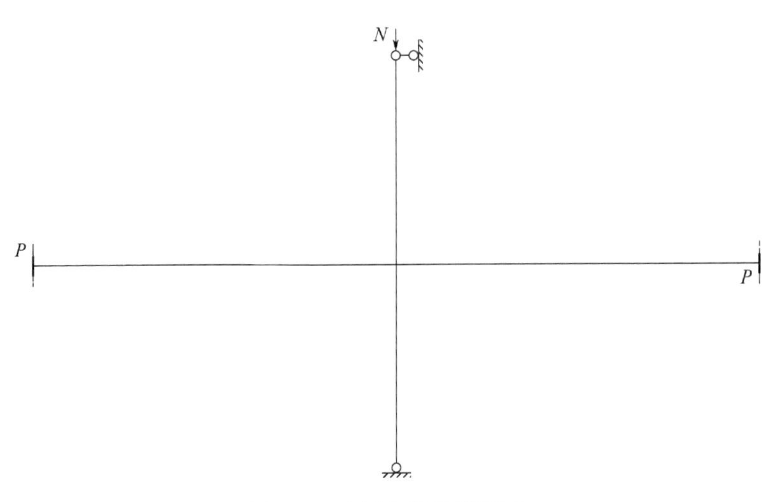

图 3.7　边界条件模拟简图

3.3.2　加载方法

采用荷载与位移混合控制的加载方法，首先由上柱端的油压千斤顶对试件施加轴压力至预定的轴压比值；随后，由两梁外端千斤顶一个向上、另一个向下反对称施加低周反复荷载，加载过程如图 3.8 所示。在加载初期，对试件预载调试仪表以保证其能正常工作，开始由荷载控制分级循环加载，考虑到抗震试验的重点是在弹性阶段之后，所以屈服前的荷载循环重复一次。当梁端达到屈服时，定义位移延性系数 $\mu_{\Delta}=1$，以后加载则用位移控制，取梁端屈服时位移的倍数来逐级加载，即 $\mu_{\Delta}=2, 3, \cdots\cdots$，梁端是否屈服由梁与节点交界的控制截面中受拉梁筋应变是否达到屈服应变来确定。在每级位移值下反复循环 3 次，直到第 n 次循环时，其荷载值已逐渐低于最高荷载值的 85%，则认为承载能力下降过低，强度已不能满足要求，作为破坏。

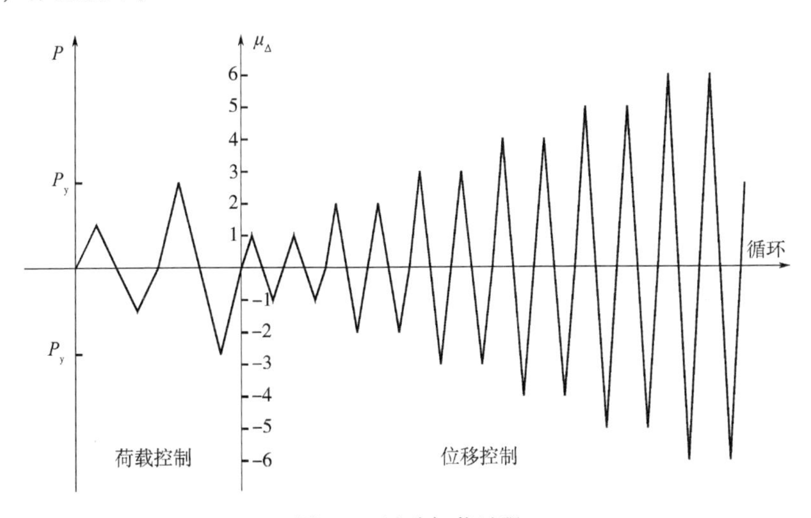

图 3.8　试验加载过程

3.4 量测内容及量测方法

3.4.1 量测内容

本次试验对以下内容进行量测：

1）柱顶轴压力。

2）靠近节点的梁、柱端部一定长度纵筋的应变以及贯穿节点梁、柱纵筋的应变。

3）节点核心区内各根箍筋受力方向及垂直受力方向各箍肢中的应变。

4）贯穿节点的梁筋相对于梁与节点交界面的滑移量。

5）加固角钢及粘贴钢板的应变。

6）组合体梁外端竖向荷载 P 与梁外端竖向位移 Δ 的 $P\text{-}\Delta$ 滞回曲线。

7）梁外端相对于节点区的竖向变形，梁柱塑性铰区的转动。

3.4.2 量测方法

1）柱顶荷载通过油压千斤顶油压表计数，可根据表盘显示出轴压力大小，在整个加载过程中应控制表盘数值保持不变，以保证轴压力恒定不变；两梁外端荷载数值由千斤顶与反力架之间的传感器量测，传感器与静态应变仪相连。

2）为了能够准确量测贯穿节点的梁上下纵筋、柱左右纵筋以及与节点相邻的梁、柱端塑性铰区纵筋在整个受力过程的应变状态，同时又不削弱钢筋及影响钢筋与混凝土之间的粘结作用，本次试验在上下梁筋及左右柱筋中各选出一根，在节点的上、下、左、右梁柱塑性铰区（取为400mm）范围内以及节点区内，以 50mm 间距贴应变片；为了对核心区全部箍筋的作用有更全面的认识，本次试验中量测了节点核心区箍筋的受力状态，各个试件均在节点核心区的所有箍筋的两个肢上均匀贴上 3 个应变片（图 3.9）应变片粘贴位置仅利用打磨机做稍许处理，以满足对钢筋不削弱及影响粘结作用的要求；贴片工作完成后，对应变片引出的线与应变片进行保护处理。

3）为了得到加固角钢与粘贴钢板在试件受力过程的受力情况，在梁上部左右两侧加固角钢两角肢与钢板上分别粘贴应变片，如图 3.9 所示。

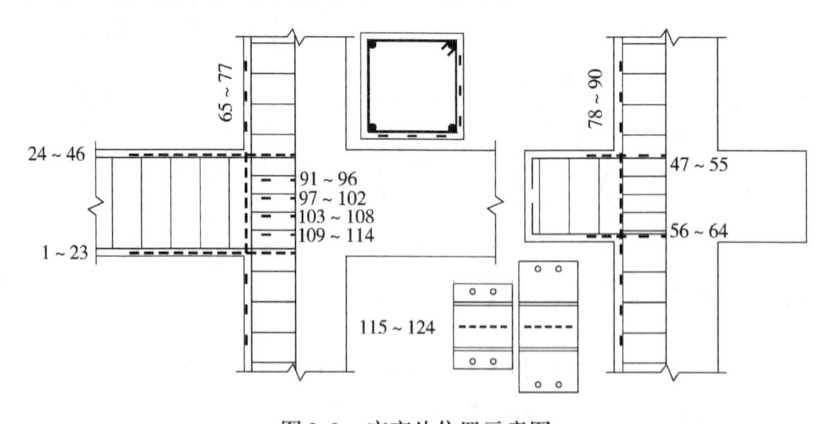

图 3.9　应变片位置示意图

4）观察梁筋在节点核心区的粘结滑移情况是判断节点有无发生锚固破坏的主要手段，并可据此分析滑移对梁端挠度的影响；为量测梁筋相对于节点边的滑移量，采用图3.10所示的量测方案，即在梁与节点两侧交界面的梁筋保护层中预留一20mm×25mm×25mm的方槽，在槽中部垂直焊接一根长度约70mm的薄钢片，柱体上通过膨胀螺栓预置一方形钢板垫块，将电子位移计安置在柱体垫块上，即可量测钢筋滑动量。

5）采用电子位移计量测加载截面处的位移，以在控制位移加载阶段依次控制加载程序；同时电子位移计通过X-Y函数记录仪记录整个试验荷载-变形曲线全过程，要求电子位移计保证精度要求外，尚要保证足够的量程，以满足构件非线性阶段量测大变形的要求；塑性铰区的转动用截面的平均曲率ϕ来表示，指在一定范围内两个截面的相对转动被长度去除，得到的单位长度上的平均转角，亦可用梁柱的相对转角表示。本试验采用第一种方式，梁塑性铰平均转角的测点布置在梁上下主筋的内侧靠近中间的位置，预埋小钢块外露，然后在其上焊接垂直钢片，并在柱面、钢片与钢片之间安装四个百分表，如图3.10所示，测量出上部的伸长和下部的缩短，可计算该塑性铰区范围内的截面平均曲率$\phi=\dfrac{|\Delta_1|+|\Delta_2|}{h'l}$，单位为rad/mm，式中：$\Delta_1$、$\Delta_2$为梁端塑性铰$l=1.5h_b$范围内梁上、下的位移变形值（图3.10），$\Delta_1=\Delta_{s_1}+\Delta'_{s_1}$，$\Delta_2=\Delta_{s_2}+\Delta'_{s_2}$，其余见图3.11；对于柱，取距梁面上下各1/2柱截面高度处。

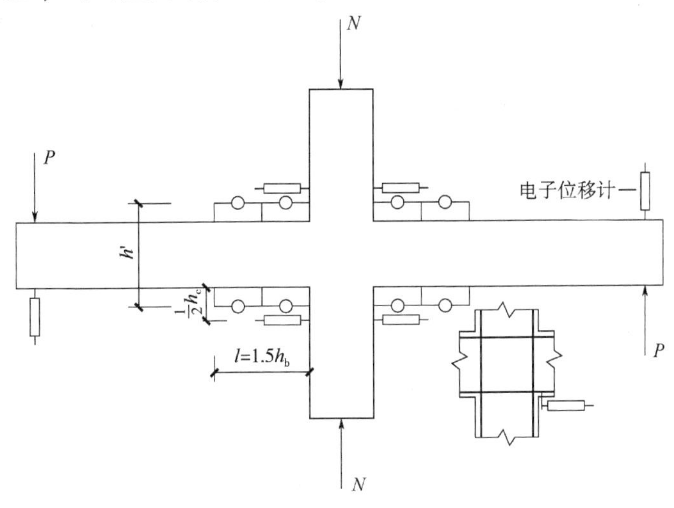

图3.10 梁柱节点组合体测点布置

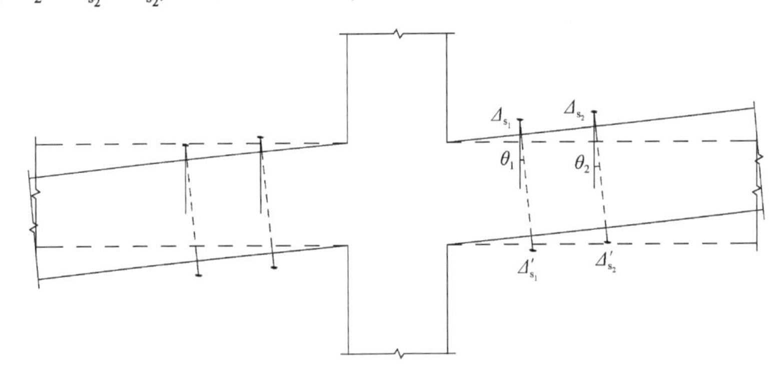

图3.11 梁端塑性铰弯曲变形图

3.5 试验现象与结果分析

目前国内外对于框架节点的研究途径有两种：一是采用数值分析方法，即通过有限元对框架节点的内力、变形等进行分析计算；钢筋混凝土有限元分析方法能够给出结构内力和变形发展的全过程，能够模拟裂缝的形成和扩展，以及结构的破坏过程及其形态；能够对结构的极限承载能力和可靠度做出评估；能够揭示结构的薄弱部位和环节，以利于优化结构设计。二是通过试验手段直接获得试验数据进行分析。框架节点受力状态比一般的梁、柱构件复杂，采用试验手段能有效地了解框架节点的受力性能与破坏形态。但也应该指出，目前的很多研究者以试验为研究方法，然后建立较大的试验结果数据库，再对试验数据进行回归分析得到各种强度计算公式，并引入许多参数进行修改，使公式的计算结果尽量与试验结果相接近。由于试验环境及试验控制条件所限制，试验所能提供的信息通常是有限的，应综合两种研究途径的优点，并作为相互验证。

3.5.1 试件 J-1

试件 J-1 为对比构件。

试验开始先在梁端施加 5kN 循环荷载，检验仪器设备是否正常工作，然后按荷载控制加载。当梁端荷载增加到 15kN，梁上出现有数条，但分布比较均匀且间距较大的受弯裂缝，除靠近节点区的裂缝已基本贯通整个梁截面外，其余较短。随着荷载继续增加，裂缝不断延伸，新裂缝不断出现，新出裂缝沿梁逐渐向加载端靠近。当荷载加至 25kN 时，靠近梁底的节点区出现裂缝，但仅延伸到直交梁附近，说明直交梁对节点起到较好的保护作用。当加载到 30kN 时，梁纵筋屈服，屈服位移为 9mm，试验进入位移控制阶段。随着位移增大，在梁未覆盖的节点核心区出现交叉裂缝，大部分发展至直交梁，少量越过直交梁底向柱体延伸。当梁端位移为 27mm 时，梁柱交界面处的裂缝已发展成较宽的垂直裂缝，同时节点区附近的梁上下表面出现水平裂缝与斜裂缝，并在梁柱交界面处有少量混凝土剥落。继续增大位移，裂缝发展主要集中在梁柱交界面处的垂直裂缝上，其他裂缝已基本停止发展。最后，当位移增大到 45mm 时，梁出现脱离柱体的趋势，说明梁筋发生严重的粘结滑移，承载能力开始退化，试验结束。

试件最终破坏形式为梁柱交界面较宽的垂直裂缝，理想的梁塑性铰并未形成，主要原因为屈服后的梁筋发生较严重的粘结退化，屈服区逐渐向节点内移，较大的塑性伸长与滑移使梁柱交界面出现较宽的垂直裂缝，后期的塑性变形主要集中在此垂直裂缝上，使原来塑性铰区受拉钢筋的应变只能维持在屈服应变的水平，最终导致梁筋未退化前已经形成的梁塑性铰发生退化。破坏形式如图 3.12 所示。

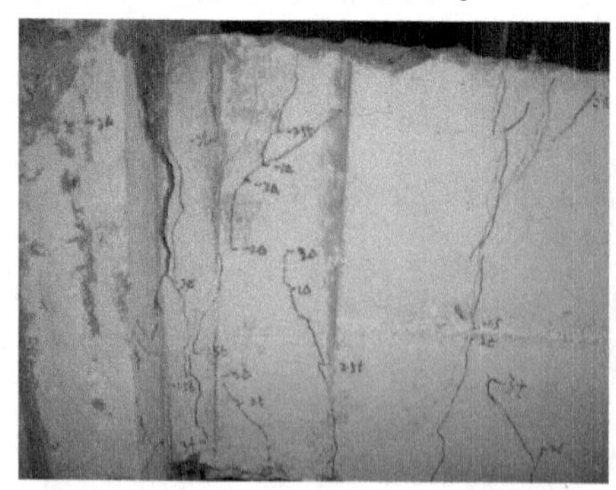

图 3.12　J-1 破坏形式

3.5.2 试件 RJ-1

试件 RJ-1 采用粘钢法加固框架梁，粘结钢板端部锚固通过植入柱体内部的焊接短钢筋实现，如图 3.13 所示。

加载到 15kN 时，试件出现裂缝，数量较少，延伸很短且靠近节点核心区。随着荷载增大，裂缝不断在远离核心区出现，但发展非常缓慢，分布比较均匀，间距也较大，除靠近梁柱交界面裂缝贯通外，其余随着荷载增加仅有少许延伸，说明粘结钢板很好地限制了裂缝发展。当加载至 30kN，梁筋屈服，屈服位移为 10mm，加载进入位移控制阶段。位移为 -10mm时，梁未覆盖的节点区开始出现斜裂缝，并延伸到直交梁。位移继续增加，节点区出现较多交叉裂缝，部分已经延伸到直交梁上，同时听到“啪、啪”的胶层断裂声，框架梁上的裂缝加速发展，已基本贯通整个截面，说明胶层断裂后钢板对梁混凝土的约束减弱。当位移增大到 30mm 时，节点区裂缝继续发展，梁柱交界面出现较宽的垂直裂缝，上柱垂直梁上表面的柱根部混凝土有稍许剥落，粘结钢板在较大位移下发生剥离，并随着位移增大脱离梁表面，如图 3.14 所示。最后，当位移为 40mm 时，节点区混凝土被较宽裂缝分成众多小块，梁柱交界面处较宽的裂缝使梁截面周围的混凝土剥落，柱根部尤甚，同时梁根部部分混凝土被压碎，试验结束，破坏如图 3.15 所示。

图 3.13 RJ-1 加固图

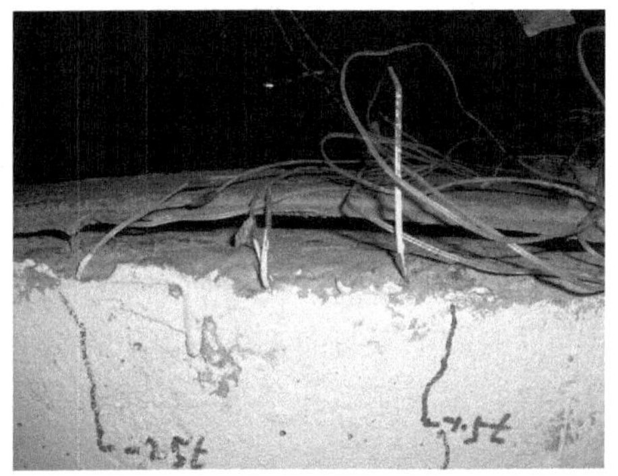

图 3.14 粘结钢板剥离

图 3.15 RJ-1 破坏形式

由于粘结钢板承担了部分框架梁上作用力，梁筋应力减小，且粘结钢板限制了梁裂缝的开展，梁破坏较轻，梁端未形成明显塑性铰。框架梁得到加强，而柱、节点区并未增强，试件的破坏主要集中在梁柱角部，并逐渐渗入节点核心区，核心区开裂、混凝土脱落。由此可见，单一构件加固增强并不能明显改善节点组合体性能。植入柱体的钢筋，同时起到钢板端部锚固作用与协助梁承担端部荷载的作用，但设计时为了满足锚固长度的要求，钢筋弯起角度过大导致其作用未能完全发挥，未能有效抑制梁柱界面裂缝，节点内梁筋仍发生粘结失效。因此，为了实现节点组合体整体性能提高，保证梁柱界面连接是十分必要的。

3.5.3 试件 RJ-2

试件 RJ-2 采用对拉螺栓固定角钢加固节点，角钢上焊接两块 10mm 厚的三角形钢板加肋，角钢与混凝土之间同时用结构胶粘结，以保证接触面密实，RJ-2 加固如图 3.16 所示。

图 3.16　RJ-2 加固图

加载到 15kN 时，角钢加固范围以外的梁侧面出现裂缝，与 J-1 试件对比，裂缝位置实现外移，当本循环加载结束时，靠近角钢的裂缝已上下贯通。随着荷载继续增加，新出裂缝逐渐向加载端靠近，已有裂缝继续延伸，但部分裂缝开始斜向发展，出现这种现象的原因是角钢加固使框架梁裂缝外移，弯矩作用随着向加载端靠近逐渐减弱，剪力成为主要控制因素。当荷载增加到 35kN，梁加固区出现裂缝，但距离加固区外边界较近，此时梁筋屈服，屈服位移为 8mm，开始位移控制加载。随着位移增大，裂缝逐渐向加固区渗透，加固区外的裂缝已基本上下贯通。当位移增大到 24mm 时，最初的贯通裂缝发展成较宽的主裂缝，并伴有混凝土剥落。继续增加位移，靠近加固区开始出现水平裂缝，主裂缝处的箍筋已清晰可见，同时梁上下表面都有混凝土剥落。当位移为 48mm 时，靠近加固区的梁上下截面混凝土被压碎，承载能力开始退化，角肢外部形成塑性铰，试验结束，破坏形式如图 3.17 所示。

图 3.17　RJ-2 破坏形式

试件最后破坏时梁端塑性铰实现外移，出现在加固区外缘，且加固区内的梁混凝土开裂较少，梁筋的粘结性能得到保护，节点区内梁筋的锚固长度增加，未发生粘结退化，梁柱交界面未出现裂缝，保证了梁对节点区的约束作用，最终节点的受力性能提高，同时裂缝已出现在靠近梁加载端，说明梁利用率较高。

3.5.4　试件 RJ-3

试件 RJ-3 采用穿过梁柱体的对拉螺栓固定角钢加固节点，在钻孔过程中梁上下表面的混凝土脱落，加固前先用修补胶补平，然后再用结构胶与螺栓将角钢固定，加固图见图 3.18。

图 3.18　RJ-3 加固图

加载到 15kN 时，裂缝在加固区外出现，但仅有一条。当加载到 20kN 时，裂缝已经在加固区出现，主要是由于加固时混凝土的损伤与固定螺栓位于梁中部，角钢未能对梁侧面混凝土形成很好的约束所致。继续增加荷载，新裂缝不断出现，部分已经上下贯通。加载到 35kN 时，梁筋屈服，屈服位移为 10mm，此时靠近加载端的裂缝已经斜向发展，加固区梁柱交界面附近已出现裂缝，试件进入位移控制阶段。随着位移增大，裂缝继续延伸，当位移为 20mm 时，框架梁未覆盖处的节点区出现裂缝，但很短，同时下柱体出现水平裂缝，最早出现的两条裂缝已经发展成较宽的裂缝。继续增大位移，靠近加固区出现水平裂缝，节点区的裂缝向下柱体延伸，当位移为 40mm 时，加固区附近出现三条较宽的主裂缝，分别分布在加固区内、加固区边缘与加固区外部，少量裂缝在直交梁底交叉向下柱体发展，下柱水平裂缝继续发展。继续增大位移，加固区外部两条主裂缝与水平裂缝将梁靠近上下表面一定距离内的混凝土分成众多小块，并有混凝土剥落，在位移为 50mm 第二循环结束时，力传感器在千斤顶回油过程中突然脱落，并将连接采集仪的数据线拉断，试验结束，此时虽然试件承载能力还没有明显退化，但靠近加固区的梁上下截面的混凝土已经被压碎，破坏形式见图 3.19。

图 3.19　RJ-3 破坏形式

试验在加载结束前由于传感器意外坠落中断，虽然试件并未达到极限破坏，但角肢外缘的混凝土已经被压碎，基本上实现塑性铰外移的目标。试件在受力过程中虽然在节点区出现裂缝，然而数量很少且发展不明显，说明角钢仍能对节点形成很好的保护作用，但在加固段出现一条较宽的裂缝，说明集中在梁柱截面中间的固定螺栓对梁柱侧面的混凝土约束减弱，其加固效果较 RJ-2 差。

3.5.5 试件 RJ-4

试件 RJ-4 采用角钢加固节点，为了模拟直交梁同时加固的情况，柱侧对拉螺栓用焊接钢板代替，钢板厚 10mm，分别与柱两侧角钢角肢焊接，使之形成一个整体，同时钢板与混凝土之间用结构胶粘结，如图 3.20 所示。

图 3.20 RJ-4 加固图

加载到 15kN 时，裂缝在加固区外出现，并且靠近加固区的裂缝已上下贯通。继续增加荷载，新裂缝不断出现，已有裂缝不断发展，当荷载为 30kN 时，加固区内出现裂缝，靠近加固区中部但延伸较短，此时靠近加载端的裂缝开始斜向发展。加载到 35kN 时梁筋屈服，屈服位移为 11mm，试验进入位移控制阶段。随着位移增大，新裂缝在加固区继续出现，并逐渐靠近节点区，当位移为 22mm 时，加固区附近的裂缝已经发展成较宽的主裂缝。增大位移，主裂缝上开始有少量混凝土剥落，并且在其周围出现一些斜向与水平裂缝，加固区外部裂缝已基本上下贯通，同时在下柱加固区外出现水平裂缝。当位移为 44mm 时，靠近加固区的梁上下截面的混凝土被压碎，其他裂缝已基本停止发展。继续增大位移，梁压碎的混凝土大量剥落，露出箍筋，承载能力开始退化，试验结束，位移为 55mm，破坏形式如图 3.21 所示。

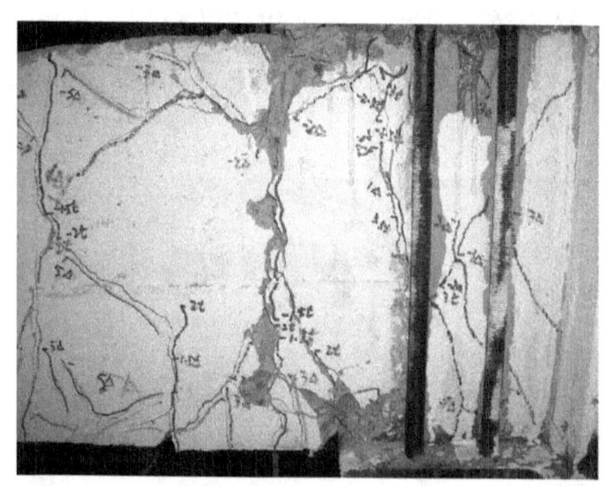

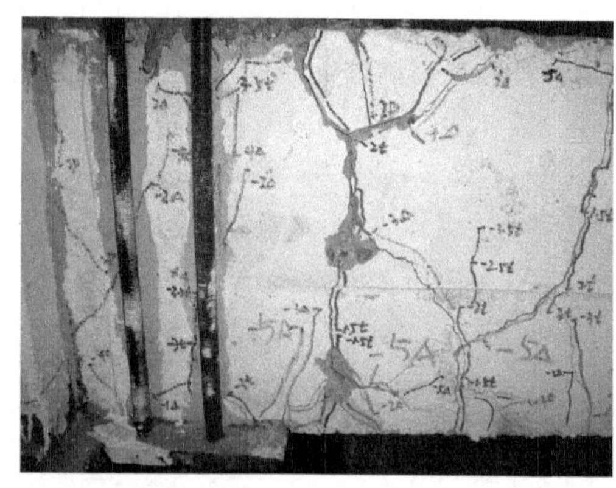

图 3.21 RJ-4 破坏形式

试件出现明显的塑性铰破坏，证明焊接钢板代替柱侧螺栓固定角钢是一种方便可行的、同时能加固框架梁与直交梁的方法，说明外移塑性铰法加固空间框架节点可以改善节点的抗震性能。在整个受力过程中节点区保持良好，未出现裂缝，效果与试件 RJ-2 相同。

3.5.6 试件 RJ-5

试件 RJ-5 采用角钢加固节点，角钢角肢长度为 140mm，小于理论塑性铰长度 175mm（有效截面高度的 1/2），如图 3.22 所示。

图3.22 RJ-5加固图

加载到10kN时试件开裂，但仅出现在右侧梁上。增加荷载，新裂缝不断出现在加固区外，并逐渐上下贯通，当加载至25kN时，下柱体出现水平裂缝。继续增加荷载，加固区出现水平裂缝，但是发展较短，荷载为35kN时，梁筋屈服，屈服位移为12mm，此时在靠近节点区的加固区出现裂缝，外部裂缝已基本上下贯通，试验进入位移控制阶段。随着位移增大，新裂缝在加固区继续出现，由于角钢角肢较小，梁柱交界面处也已开裂，下柱体上水平裂缝继续发展，当位移增大到24mm时，节点区出现裂缝，但开展较短，同时加固区外形成两条较宽的主裂缝。继续增大位移，新裂缝继续在节点区出现，并且延伸到直交梁下，同时加固区外出现斜向与水平裂缝，当位移为48mm时，主裂缝上开始有混凝土剥落，节点区裂缝在直交梁底延伸形成交叉裂缝。当位移增大到60mm时，靠近加固区的梁混凝土被主裂缝、水平裂缝与斜向裂缝分成众多小块体，并有部分被压碎，试件承载能力开始退化，试验结束，破坏形式见图3.23。

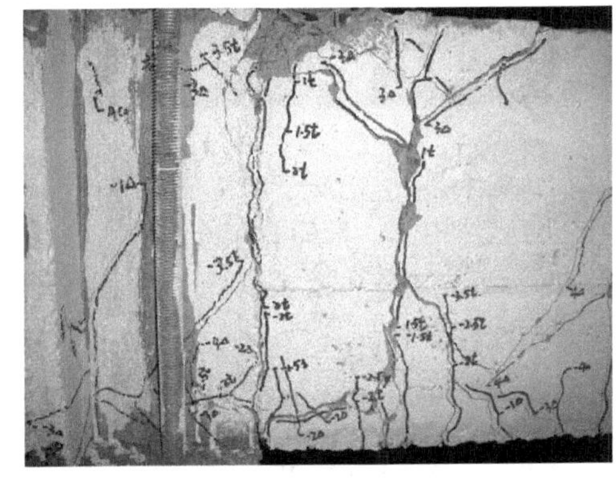

图3.23 RJ-5破坏形式

由于加固区小于理论塑性铰长度的一半，梁筋锚固长度增加减少，对梁筋的粘结性能改善相对减弱，故节点区出现少量细微裂缝，但塑性铰实现外移。且梁柱交界面未出现明显的上下贯通裂缝，保证了梁对节点提供较强的约束作用，使节点的受力性能得到较大改善，与长肢长试件相比并未发现明显的不足之处。

3.5.7 试件RJ-6

图3.24 RJ-6加固图

试件RJ-6采用角钢加固节点，为方便工程应用，角钢未焊接三角形肋板，如图3.24所示。

加载到15kN时出现裂缝，并且在角钢角肢端部与进入加固区稍许距离的位置亦出现裂缝。

增加荷载，新裂缝不断出现，已有裂缝不断延伸，少量裂缝已经上下贯通，当荷载为25kN时，角钢角肢端部的裂缝在离开梁底面一定距离（稍高于梁纵筋）处出现水平裂缝，但延伸较短。继续增加荷载，下柱体出现水平裂缝，当加载到35kN时，加固区继续出现新裂缝，并且已靠近节点区，此时梁筋屈服，屈服位移为9mm，试验进入位移控制阶段。随着位移增大，裂缝继续延伸，大部分已上下贯通，当位移为18mm时，节点区出现裂缝，并且越过直交梁底斜向柱体延伸，此时加固区外形成一条较宽的主裂缝。继续增大位移，主裂缝上开始出现混凝土剥落，同时在主裂缝周围出现众多斜向与水平裂缝，将梁混凝土分成小块体，梁顶面混凝土在循环位移加载作用下局部掀起，节点区裂缝在直交梁底斜向发展形成交叉裂缝。当位移为54mm时，梁顶面掀起的混凝土剥落，露出梁筋，梁塑性铰形成，试验结束，破坏形式见图3.25与图3.26。

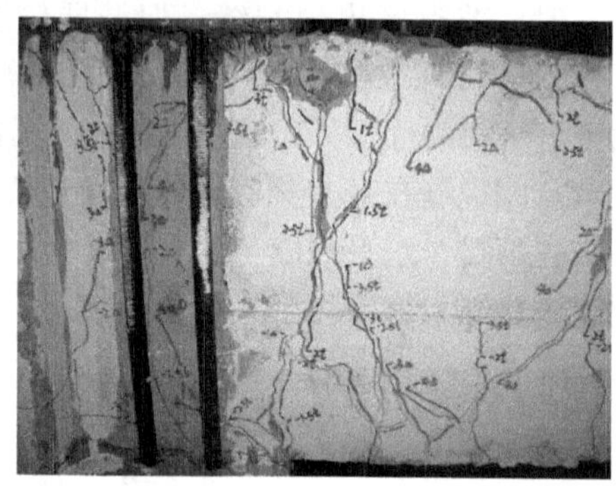

图3.25　RJ-6破坏形式

与加肋试件相比，未加肋试件同样实现了塑性铰外移，说明为了便于实际工程应用，可以选择不加肋加固方式。试验结束后将加固角钢取下，观察加固区混凝土破坏情况（图3.27），在梁表面与梁柱交界面处均未发现开裂，说明梁筋粘结性能与梁柱连接得到保证，节点受力性能得到改善。

图3.26　梁塑性铰

图3.27　加固区混凝土

3.5.8　试件RJ-7

先对试件RJ-7加载进行预裂，按照梁筋不发生屈服的原则。加载到10kN时出现裂缝，数量少且延伸短。增加荷载，新裂缝不断出现，梁柱交界面亦出现，当加载到20kN时，少量裂缝已经上下贯通，最大梁筋应变已接近屈服应变，加载结束。

试件 RJ-7 同时加固框架梁与节点，先在框架梁上粘结 1300mm × 120mm × 4mm 钢板，然后用角钢加固节点，角钢置于钢板上部，提供钢板端部锚固，角钢利用对拉螺栓固定，如图 3.28 所示。由于预裂裂缝宽度较小，加固时未做灌缝处理，所以加固区外裂缝在加载之初就已张开，但直到荷载为 20kN 时，部分裂缝才稍有新的延伸。增加荷载，开始出现新的裂缝，但由于粘结钢板的约束开展较短，同时下柱体开始出现水平裂缝，当荷载为 30kN 时，加固区内预裂裂缝张开。继续增加荷载，裂缝继续缓慢发展，新出裂缝已经十分接近加载端，并且在此区段的裂缝开始斜向发展，当荷载为 60kN 时，梁筋屈服，屈服位移为 13mm，此时加载端附近斜向发展的裂缝已发展成交叉裂缝，加固区内始终未出现新裂缝，下柱体上出现三条平行的水平裂缝，试验进入位移控制阶段。随着位移增大，加固区开始有新的裂缝出现，在直交梁底下柱体上出现斜向发展裂缝，同时可以听到“啪、啪”的胶层断裂声音，当位移为 26mm 时，左侧梁底锚固粘结钢板的膨胀螺栓被拔出，钢板脱离混凝土，梁加固区内外迅速出现众多斜向与水平裂缝，并在加固区外形成两条较宽的主裂缝，此时节点区出现裂缝，并斜向下柱体发展，与前期出现的斜向裂缝形成交叉裂缝。继续增大位移，右侧梁顶面膨胀螺栓亦被拔出，加固区附近出现较宽的主裂缝，并有混凝土剥落，露出箍筋。最后，梁粘结钢板已基本与混凝土脱离，试件承载能力退化严重，试验结束，位移为 52mm，破坏形式见图 3.29。

图 3.28　RJ-7 加固图

图 3.29　RJ-7 破坏形式

同时加固框架梁与节点，组合体整体性能的改善均好于只加固节点或者框架梁。与 RJ-1 相比，梁柱角部未发生破坏，取而代之则是外移塑性铰破坏；与 RJ-2 相比，屈服荷载与极限荷载均有较大程度的提高。因此，采用此法加固节点与框架梁可以实现高承载能力下节点保持完好，但要做好粘结钢板的锚固，否则会造成框架梁的迅速破坏。

3.5.9 试件 RJ-8

先对试件 RJ-8 加载进行预裂，按照梁筋不发生屈服的原则，加载到 10kN 时试件开裂，裂缝数量少且延伸短。继续增加荷载，新裂缝不断出现，已有裂缝不断延伸，当加载到 20kN 时，少量裂缝已经上下贯通，最大梁筋应变已接近屈服应变，预裂结束。

试件 RJ-8 同试件 RJ-5 一样采用小于理论塑性铰长度的角钢加固节点，如图 3.30 所示。预裂裂缝随着荷载增加重新张开，当荷载为 10kN 时，出现新裂缝。增加荷载，加固区裂缝也开始沿预裂轨迹延伸，当荷载为 25kN 时，下柱体出现水平裂缝。继续增加荷载，新裂缝不断出现，已有裂缝不断延伸，大部分裂缝已上下贯通，当荷载为 35kN 时，梁筋屈服，屈服位移为 10mm，试验进入位移控制阶段。随着位移增大，裂缝不断出现并延伸，当位移为 20mm 时，加固区外出现一条较宽的主裂缝，此时节点区出现裂缝。继续增大位移，主裂缝上开始出现混凝土剥落，加固区附近出现斜向与水平裂缝，当位移为 40mm 时，在第一条主裂缝两侧又各出现一条主裂缝。最后，主裂缝上混凝土大量剥落，露出箍筋，梁表面靠近加固区的混凝土被压碎，试件承载能力严重退化，试验结束，位移为 60mm，破坏形式见图 3.31。

图 3.30 RJ-8 加固图

图 3.31 RJ-8 破坏形式

采用角钢加固带有初始损伤的节点，虽然裂缝较直接加固试件开展早且快，但随着荷载增加逐渐趋于稳定发展，最后主裂缝出现后破坏主要集中在此区域，节点受到很好的保护。

3.5.10 试件 RJ-9

为了研究对遭受实际地震作用的节点进行加固的情况，RJ-9 先进行预裂，遵循完全破坏的原则。加载到 10kN 时，试件出现裂缝。增加荷载，裂缝不断出现并延伸，少量裂缝已经上下贯通，当荷载为 25kN 时，节点区出现裂缝，并且斜向延伸到下柱体。继续增加荷载，节点区继续出现新裂缝，并有裂缝自直交梁底斜向柱体延伸，当荷载为 30kN 时，梁筋屈服，屈服位移为 11mm，此时大部分裂缝已经上下贯通，试验进入位移控制阶段。随着位移增大，裂缝在节点区发展，当位移为22mm时，靠近梁柱交界面的梁侧面出现水平与斜向裂缝，垂直于梁顶面的上柱柱根部混凝土被掀起，节点区裂缝已延伸至直交梁上。继续增大位移，梁侧面与底面开始有混凝土剥落，梁柱交界面出现较宽的裂缝，当位移为44mm时，柱根部掀起的混凝土已脱离柱体，同时节点区亦有大块混凝土欲剥落，梁由于梁柱交界面较宽的裂缝出现较大转动，试验结束，破坏形式如图3.32所示。

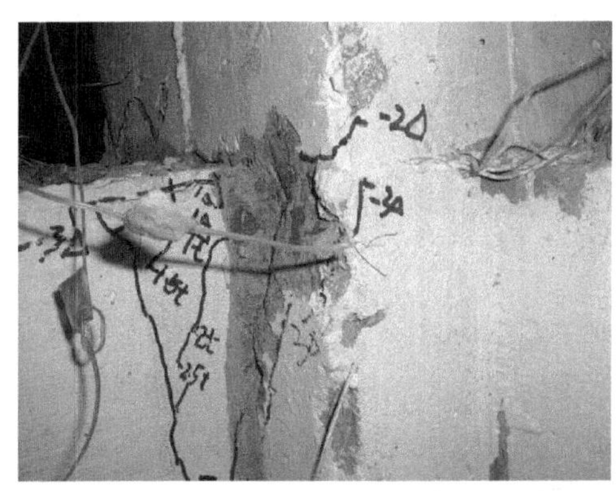

图3.32 RJ-9 预裂破坏形式

试件RJ-9加固前先将欲脱落的和松动的混凝土部分去掉，并用刷子刷干净，然后用修补胶补平，对于较宽裂缝，特别是梁柱交界面处，先用修补胶将裂缝四周封上，留出注胶口与出口，用针管注入环氧树脂密封，最后用角钢加固，如图3.33所示。加固区外未密封裂缝随着荷载增加沿着预裂轨迹不断发展，当荷载为20kN时，裂缝越过预裂轨迹开始新的延伸，下柱出现水平裂缝。继续增加荷载，新裂缝开始出现，节点区预裂裂缝重新开裂，并经过直交梁底斜向下柱体延伸，当荷载为35kN时，加固区外裂缝已基本上下贯通，试件屈服，屈服位移分别为12mm与－10mm，屈服位移不同是由于预裂时破坏程度不同造成的，试验进入位移控制阶段。随着位移增大，加固区开始出现裂缝，当位移为－20mm时，加固区外形成一条较宽的主裂缝，同时节点区有少量预裂裂缝张开。继续增大位移，主裂缝附近开始出现水平与斜向裂缝，并伴有混凝土剥落。最后，加固区附近的梁上下表面的混凝土部分被压碎剥落，主裂缝上混凝土剥落也较为严重，露出箍筋，试验结束，位移分别为60mm与－50mm，破坏形式见图3.34。

图3.33 RJ-9 加固图

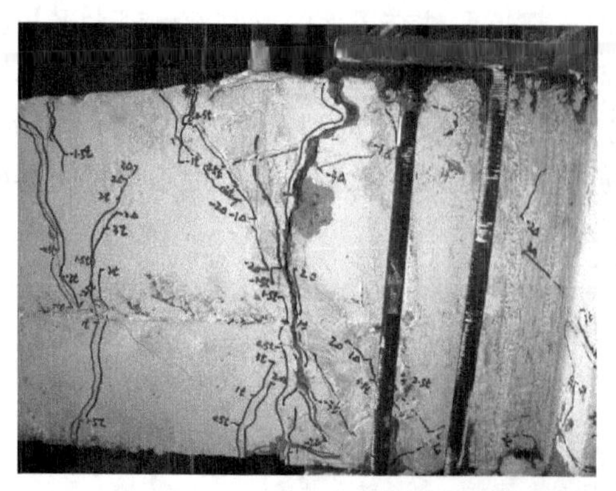

图 3. 34　RJ-9 加固后破坏形式

对于完全破损的节点，经结构胶修复后采用角钢加固，梁端塑性铰实现外移，其承载能力与抗震性能均高于原始试件，加固段与节点区仅有少量预裂裂缝重新张开，梁筋的粘结性能得到改善，未出现明显的滑移，避免了梁柱交界面较宽裂缝与节点受剪破坏。但是与未预裂和部分预裂试件相比，节点的整体性能明显降低。

3. 6　抗震性能分析

3. 6. 1　滞回曲线

钢筋混凝土结构或构件在外力作用下，随着荷载的增加，将逐渐经历混凝土开裂、钢筋屈服、钢筋与混凝土粘结退化与滑移、混凝土局部酥裂剥落直至破坏的过程，结构或构件受扰产生变形时，试图恢复原有状态的能力称为恢复力，加载不同阶段，恢复力与变形之间的关系不同，在地震这种不断交替方向的作用下的恢复力与变形之间的关系更为复杂。

恢复力与变形之间的关系曲线叫作恢复力特征曲线，其形状取决于结构或构件的材料性能及受力状态。构件在周期反复荷载作用下的恢复力曲线具有滞回性能并呈环形，称之为滞回曲线或滞回环。滞回曲线或称恢复力曲线，综合反映了钢筋混凝土框架节点在低周反复荷载作用下受力性能的变化，包括裂缝的开闭、钢筋的屈服强化、局部混凝土的压碎和剥落以及钢筋与混凝土之间的粘结退化和滑移，可以用于定性地比较和衡量结构构件的承载力、刚度和耗能能力等抗震性能，是进行结构抗震弹塑性动力反应分析的主要依据。滞回环形状的变化还能反映节点变形机理的变化。通过对滞回曲线的分析，可多方面对结构的承载力、刚度、耗能等抗震性能进行综合评价，很好地描述节点的整个非弹性性质，是结构进行非线性理论分析的基础。根据试验结果得到的各个试件的梁端荷载-位移滞回曲线如图 3. 35 所示。

对比试件 J-1 在加载之初保持较好的线弹性，无残余变形，耗能能力很小。加载至 9mm（30kN）时，滞回曲线形成饱满的滞回环，但在 18mm（33kN）时滞回曲线开始出现“捏缩”现象，并且随着梁端位移增大这种现象愈加明显。当位移增大到 36mm（38kN）时，滞回曲线在加载时出现水平段，表明刚度几乎为零。最后，滞回曲线呈倒 S 形并逐渐倒向位移轴，加载初始刚度越来越小。

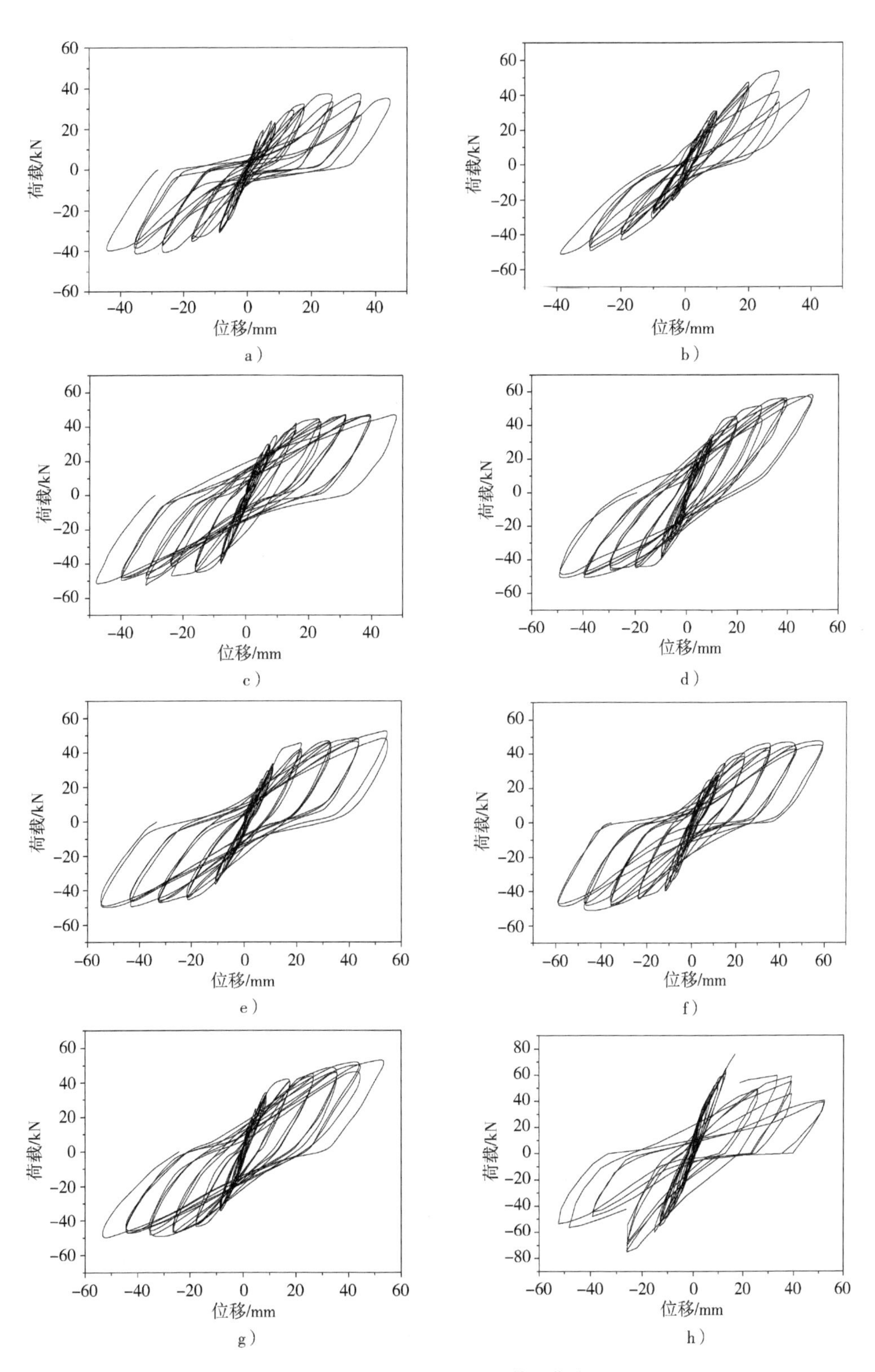

图 3.35　梁端荷载-位移滞回曲线

a）J-1　b）RJ-1　c）RJ-2　d）RJ-3 e）RJ-4　f）RJ-5　g）RJ-6　h）RJ-7

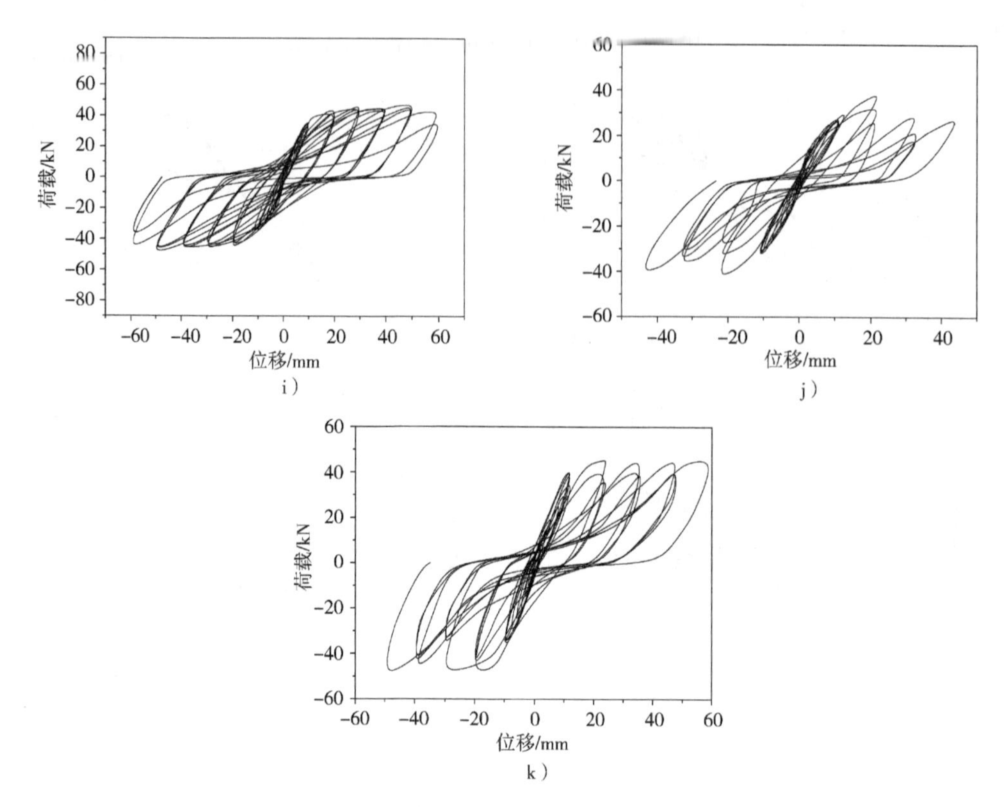

图 3.35　梁端荷载-位移滞回曲线（续）

i）RJ-8　j）RJ-9 预裂　k）RJ-9 加固

试件 RJ-1 一直到 10mm（30kN）始终表现出良好的线弹性性质，到 20mm（47kN）时滞回曲线形成饱满的滞回环，表现出良好的耗能能力。到位移为 30mm 的最后一个循环阶段（37kN）滞回曲线出现捏缩现象。直到试件破坏（40mm），曲线捏缩现象都不严重。

试件 RJ-2 与试件 RJ-3 具有类似的滞回曲线形状，加载之初一直保持较好的线弹性，基本无残余变形，耗能能力很小。到 8mm（RJ-2）、10mm（RJ-3）（35kN）时滞回曲线形成饱满的滞回环，并且随着位移的增大，滞回环愈加饱满，直到加载结束，曲线都未出现捏缩现象。

试件 RJ-4、试件 RJ-5 和试件 RJ-6 具有类似的滞回曲线形状，位移分别为 11mm、12mm 和 9mm（35kN）时滞回曲线趋于饱满，并且随着位移的增大，滞回曲线表现出良好的耗能性能，但在加载后期，曲线开始出现明显的捏缩现象。

试件 RJ-7 一直到 7.4mm（45kN）始终保持线弹性，到 13mm（64kN）时滞回曲线形成饱满的滞回环。当位移为 17mm（76kN）时，锚固粘结钢板的膨胀螺栓拔出，试件承载力突降，滞回曲线出现断点，并在接下来的位移循环过程中曲线出现明显的捏缩现象。当位移增大到 53mm（40kN）时，曲线在加载时出现水平段。最后，滞回曲线呈倒 S 形。

试件 RJ-8 的形状与试件 RJ-5 类似，到 10mm（36kN）滞回曲线形成饱满的滞回环。但在 40mm（45kN）曲线开始出现捏缩现象，并随着位移增大愈加明显。最后，当位移为 50mm（47kN）曲线出现水平段。

试件 RJ-9 预裂为另一个对比试件，随着加载依次出现饱满的滞回环、滞回曲线捏缩，最后在加载时出现水平段，刚度严重退化，曲线呈倒S形。

试件RJ-9加固在12mm（41kN）时形成饱满的滞回环，但在36mm（46kN）曲线发生捏缩，并逐渐明显。最后，当位移为60mm（47kN）时出现水平段，滞回曲线逐渐倒向位移轴。

对比所有试件的滞回曲线，可以得到以下几点：

1）三种不同的角钢锚固形式中焊接钢板低于对拉螺栓，是因为对柱截面混凝土施加预压作用力较弱所致，而其他两种形式无明显差别。

2）当选取的角肢长度小于理论塑性铰长度的一半时，加固节点的滞回性能明显减弱。

3）角钢是否加肋对加固节点的滞回曲线影响不明显。

4）部分预裂对加固效果无影响，而完全破坏则影响显著，但仍好于原始节点。

5）同时加固节点与框架梁，效果明显好于单一加固。

根据对以上试件的滞回曲线对比与描述可以看出，钢筋混凝土框架节点滞回曲线的发展过程如下：加载之初保持较好的线弹性，基本无残余变形，耗能能力很小；随着变形增大形成饱满的滞回环，并逐渐趋于饱满，呈梭形；继续增大位移，滞回曲线出现捏缩现象，呈弓形；最后，曲线在加载时出现水平段，表明刚度严重退化，曲线过渡到耗能能力最差的倒S形。

影响这一发展过程的主要有节点区的钢筋粘结滑移与梁柱连接界面开裂，节点组合体在反复荷载作用下，穿过节点的梁筋，一侧受拉而另一侧受压，钢筋的应力差要由钢筋与混凝土之间的粘结力来平衡，当粘结应力不足时就会发生粘结滑移，梁筋传递剪力的能力丧失；而且当节点内梁筋发生较严重的粘结退化时，梁筋屈服区将向节点内转移，梁筋有效锚固长度减小，粘结应力增大，使节点内梁筋处于高拉应变状态而产生较大的塑性伸长和滑移，这将导致梁柱交界面交替出现一条较宽的垂直裂缝，因此节点组合体在开始反向加载时，梁筋首先在节点内要完成近乎自由的滑动，已张开的裂缝也要完成闭合过程，从而使节点组合体在加载初期刚度几乎为零。基于上述原因，节点的滞回曲线会出现捏缩现象和水平段，耗能能力变得很差。加固后的试件节点内的梁筋得到有效的保护，锚固长度增加，梁筋粘结性能加强；同时加固使破坏外移，避免梁柱交界面出现裂缝，梁实现对节点的持续约束，节点组合体的抗震性能改善，滞回曲线表现为饱满的滞回环。由于预裂试件内部的损伤无法修复，特别是完全破坏的试件，这些试件的滞回曲线出现了捏缩现象，甚至出现水平段，但试件的耗能能力和抗震性能在加固后仍有很明显的改善。

3.6.2 骨架曲线

骨架曲线即滞回曲线的外包络线，是每次循环的荷载—位移曲线达到最大峰点的轨迹，在任何一时刻的运动中，峰点不能越出骨架曲线，只能在到达骨架曲线以后沿骨架曲线发展。在骨架曲线上还反映了构件的开裂强度（对应于开裂荷载）和极限强度（对应于极限荷载），反映了试件的开裂、屈服、极限承载力及加载过程中力和侧移的相对变化规律。集中表现试件在各个阶段的性质，是分析试件弹塑性地震反应的重要依据。各个试件的骨架曲线如图3.36所示。

从骨架曲线对比图中可以明显地看出以下几点：

1）加固后节点的强度和延性都显著提高。

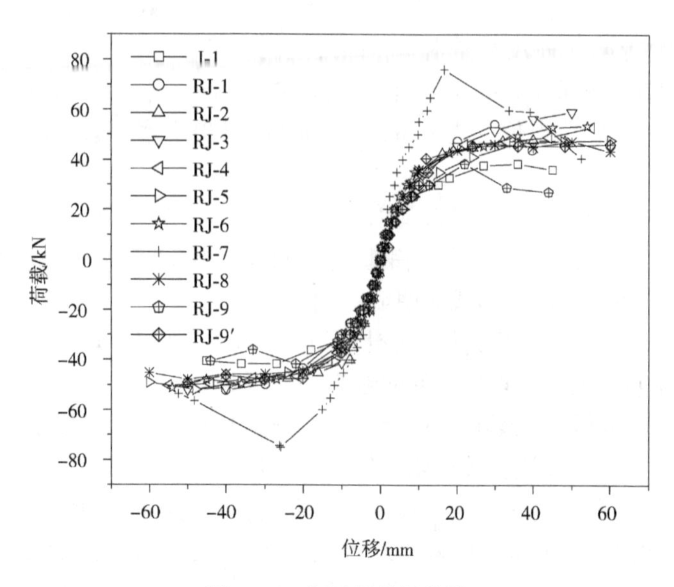

图 3.36　各试件骨架曲线

2）与其他加固节点相比，同时加固节点与框架梁节点的骨架曲线显著提高，但在加载后期由于锚固钢板的膨胀螺栓拔出，曲线迅速下降。

3）除 RJ-7 由于锚固失效外，其他加固节点骨架曲线都未出现明显的下降段。

4）三种角钢锚固形式的骨架曲线相差不大。

5）随着肢长增大骨架曲线升高。

6）预裂节点的骨架曲线略低于直接加固节点，但完全破坏节点与部分预裂节点的骨架曲线基本重合。

3.6.3　强度退化与刚度退化

结构的退化性质反映了结构累积损伤的影响，是结构动力性能的重要特点之一。所谓强度退化是指在循环荷载作用下，当保持相同的峰点位移时，常常出现峰值荷载随循环次数增加而降低的现象，称作强度退化；所谓刚度退化是指在循环荷载作用下，当保持相同峰值点荷载时，峰点位移值往往随循环次数的增加而增加，称作刚度退化。节点在反复荷载的作用下，由于混凝土的开裂，钢筋与混凝土之间的粘结滑移以及材料的积累损伤等的综合作用，强度退化和刚度退化的现象十分严重，下面引入两个系数来评价结构的退化性质。

1. 承载力降低系数

强度退化可以用承载力降低系数 λ_i 来衡量，根据《建筑抗震试验方法规程》规定，对于试件承载力降低性能，应用同一级加载各次循环所得荷载降低系数进行比较，其计算公式为

$$\lambda_i = \frac{F_j^i}{F_j^{i-1}} \tag{3-1}$$

式中　F_j^i——位移延性系数为 j 时，第 i 次循环峰值点荷载值；

F_j^{i-1}——位移延性系数为 j 时，第 $i-1$ 次循环峰值点荷载值。

根据试验数据，在力控制阶段加载仅进行了一次循环，因此下面对试件承载力降低系数的计算中，仅给出了位移控制阶段的计算值。图 3.37 表示出各节点的承载力降低系数曲线，

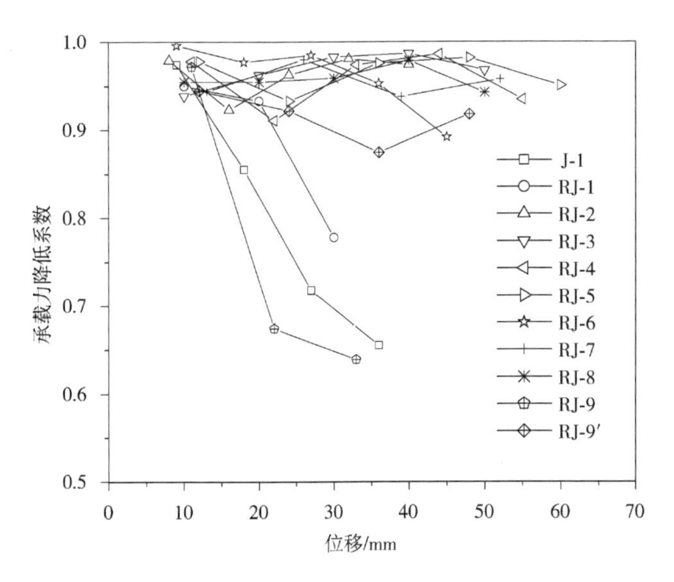

图 3.37　各节点承载力降低系数曲线

从图中可以看出，未经加固的节点组合体随着位移的增大，强度退化很明显；而经角钢加固后的试件，如 RJ-2、RJ-3、RJ-4、RJ-6、RJ-7，承载力降低系数曲线仅在临近加载结束时表现出下降趋势，可见对节点进行角钢加固迫使破坏外移不仅缓和了混凝土的累积损伤，还改善了贯穿节点区梁纵筋的粘结滑移，有效地改善了节点的承载性能；对于角肢长度较小的 RJ-5 与 RJ-8 则随着加载逐渐减小，但下降总量不大；而 RJ-1 则因只加固框架梁，且在加载后期破坏渗入节点核心区时承载力降低系数大幅减小。

2. 环线刚度

结构强度或刚度的退化率是指在控制位移阶段做等幅低周反复加载时，每施加一循环荷载后强度或刚度降低的速率，反映了结构在一定变形条件下，强度或刚度随反复荷载次数增加而降低的特性。退化率的大小反映了结构承受荷载作用的能力，当退化率较小时，说明结构有较大的耗能能力。一般钢筋混凝土框架节点刚度的量化指标有使用阶段的节点刚度和环向刚度。在低周反复荷载作用下，保持相同峰值点荷载时，峰值位移随循环次数增加而增大的现象，称为刚度退化。表现在滞回曲线上，构件在屈服阶段卸载时，卸载曲线不能回到零点而出现残余变形；随后施加反向荷载，曲线斜率较上一循环降低，出现刚度退化。这种情况随加载次数的增加变得更为显著。试验结构构件在低周反复荷载作用下，刚度退化的特性可以取同一级变形下的环线刚度表示，其计算公式如下：

$$K_l = \frac{\sum_{i=1}^{n} F_j^i}{\sum_{i=1}^{n} u_j^i} \tag{3-2}$$

式中　K_l ——环线刚度（kN/mm）；

F_j^i ——位移延性系数为 j 时，第 i 次循环峰值点荷载值；

u_j^i ——位移延性系数为 j 时，第 i 次循环峰值点变形值；

n ——循环次数。

各节点在不退化同梁端位移下的环线刚度曲线如图 3.38 所示。节点组合体经角钢加固

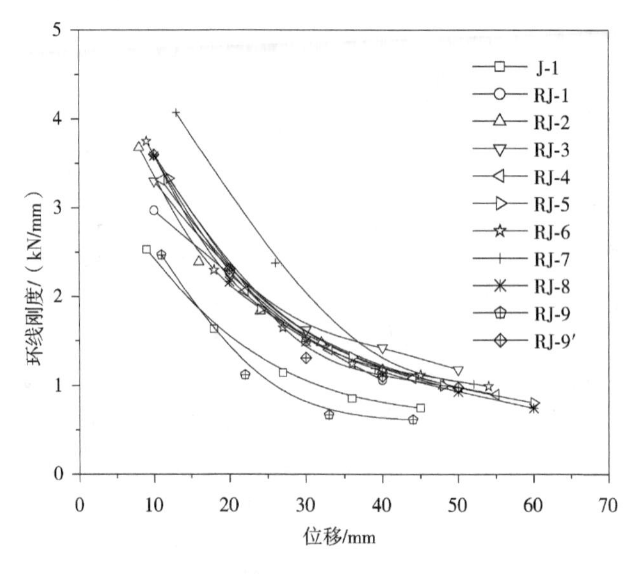

图 3.38 各节点环线刚度曲线

后，刚度退化性能也得到改善，但程度不如强度退化改善那么明显。由于各加固节点进入屈服阶段相差不大，环线刚度-位移曲线无明显差别，但 RJ-7 却由于同时加固节点与框架梁使屈服阶段大大推迟，故其曲线明显高于其他曲线。

3.6.4 耗能能力

能量耗散能力以荷载-变形滞回曲线所包围的面积来衡量，当构件进入弹塑性状态时，其抗震性能主要取决于构件耗能的能力。滞回曲线中加荷阶段荷载位移曲线下方所包围的面积即为结构吸收能量的大小（结构变形产生的应变能）；而卸载时的曲线与加载时的曲线所包围的面积即为结构所耗散的能量。这些能量是通过材料的内摩擦、局部损伤（如开裂、塑性铰转动等）而将能量转换成热量散发到空气中。众所周知，要使节点组合体性能全面符合抗震要求，除应保证组合体在反复加载过程中承载力不发生退化，刚度不发生过度退化之外，还应使组合体有较好的耗能能力。根据《建筑抗震试验方法规程》规定，试件的能量耗散能力应以荷载-位移曲线所包围的面积来衡量，如图 3.39 所示，能量耗散系数采用如下计算公式：

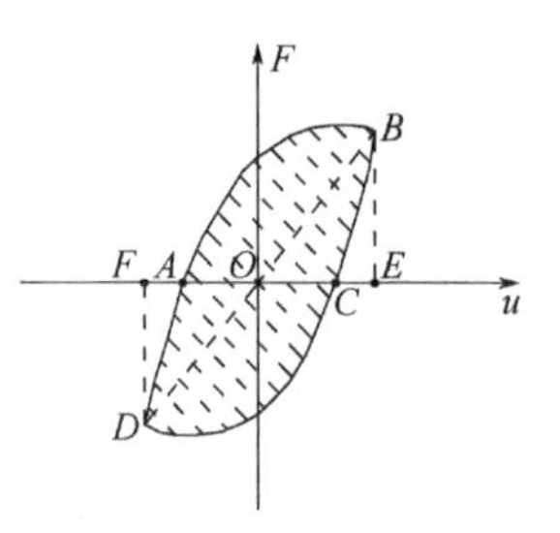

图 3.39 荷载-位移曲线所包围的面积

$$E = \frac{S_{(ABC+CDA)}}{S_{(OBE+ODF)}} \tag{3-3}$$

各试件在位移控制阶段第一循环面积计算的累积总耗散能量与第一循环的能量耗散系数分别见图 3.40、图 3.41。由图 3.40 可以看出，各试件的总耗能曲线有相同的变化趋势，即曲线的斜率有不断变大的趋势，加固试件尤为明显，说明节点在角钢加固作用下实现了更大的变形和荷载峰值，符合抗震要求；同时可以看出，加固节点的耗散能量总量远远大于未加固节点，说明加固节点的耗能能力显著增强；但试件 RJ-1 却由于仅加固框架梁而发生抗震能力很差的剪切破坏，耗能能力反而低于未加固试件，因此在框架结构加固中节点加固显得尤为重要。

图 3.41 中曲线的对比分析表明，各试件的能量耗散系数随梁端位移的增大，从最初的弹性阶段逐渐发展到一个快速上升阶段，其后开始缓慢下降。从图中可以看出，未加固节点能量耗散曲线处于加固节点之下，并在加载后期显得愈发明显，这说明采用角钢加固节点组合体对于能量耗散效率有提高作用。同时可以发现，加固与未加固试件之间的能量耗散系数差值随着位移增大而逐渐增大，这也说明试件的破坏方式与滞回曲线的形状已明显改善。

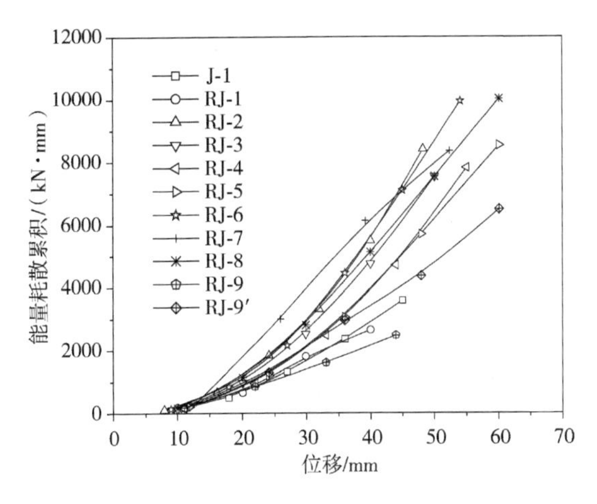

图 3.40 各试件能量耗散累积

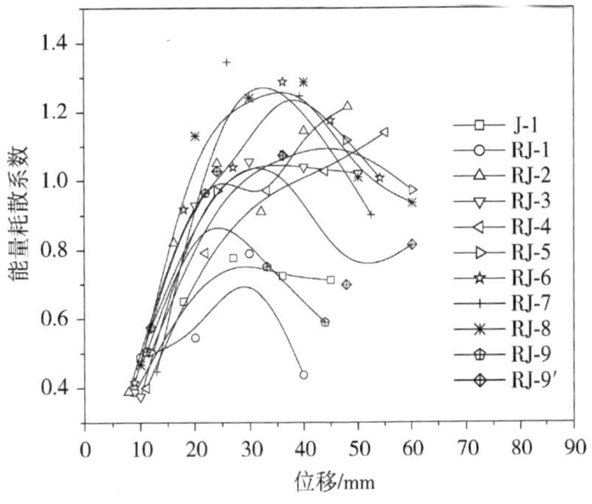

图 3.41 各试件能量耗散系数

3.7 应变分析

3.7.1 梁纵筋应变

节点区梁筋在反复荷载作用下的粘结滑移问题一直是节点抗震性能研究的重点，本试验受拉，说明梁筋在节点区已发生严重的粘结失效，发生滑移。而加固节点在反复荷载作用下拉压应变都在不断增加，梁筋保持较好的粘结性能，同时还发现加固节点的梁筋在整个加载过程中应变都未达到屈服应变。因此，采用角钢加固节点组合体可实现破坏外移，梁筋应力水平降低，粘结性能显著提高。梁筋荷载-应变曲线如图 3.42 所示。

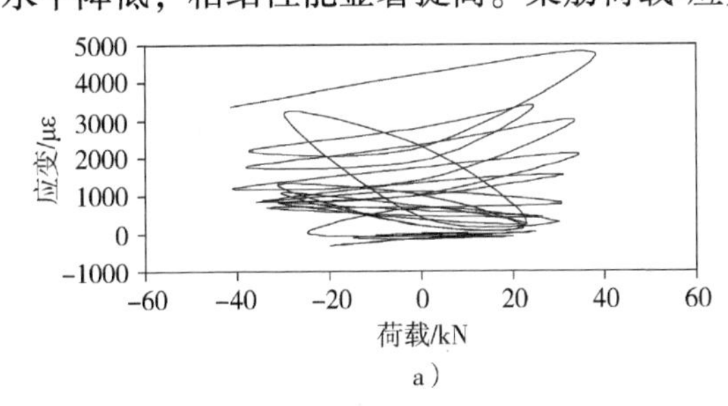

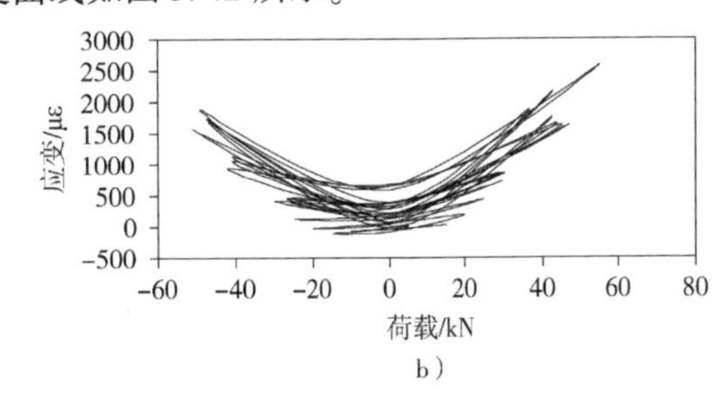

图 3.42 梁筋荷载-应变曲线

a) J-1 (34 号) b) RJ-1 (37 号)

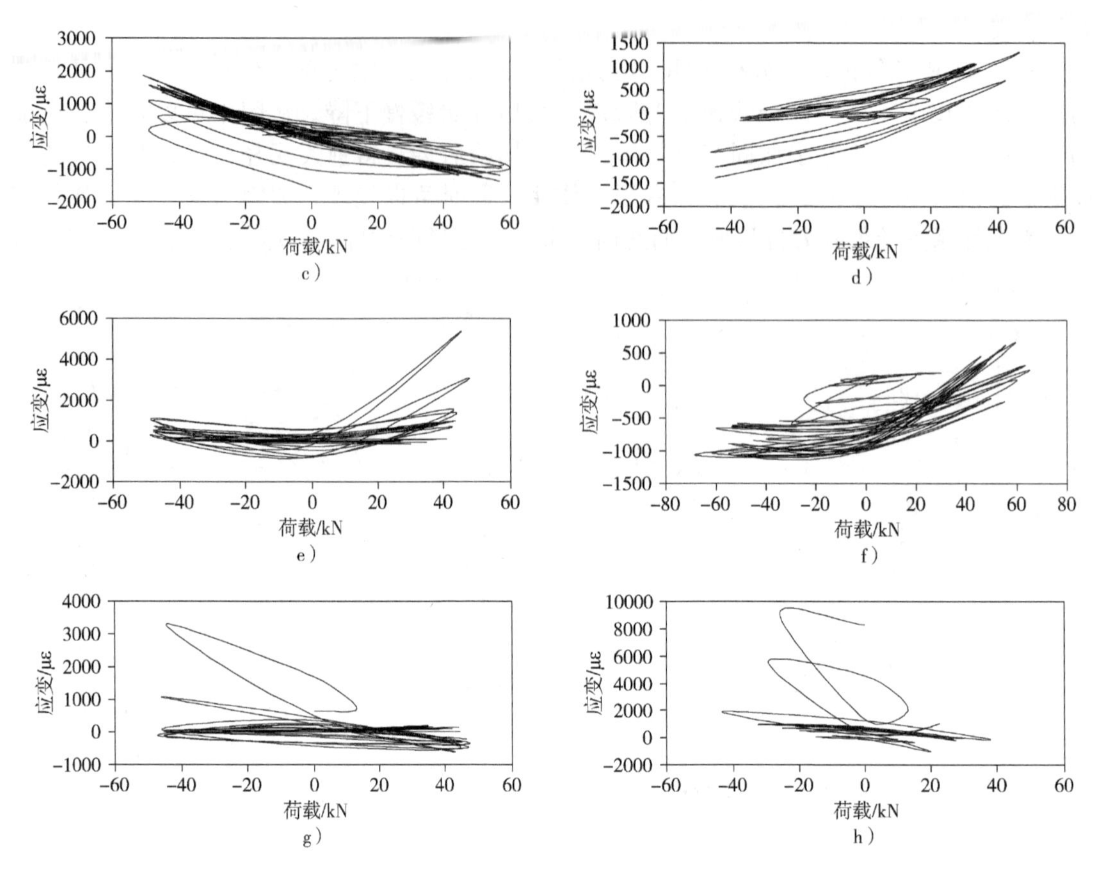

图 3.42　梁筋荷载-应变曲线（续）

c）RJ-3（38 号）　d）RJ-4（9 号）e）RJ-5（34 号）　f）RJ-7（9 号）

g）RJ-8（32 号）　h）RJ-9 预裂（15 号）

3.7.2　柱纵筋应变

图 3.43 为试件柱纵筋的荷载-应变曲线。从图中可以看出，柱纵筋都未超过屈服应变，说明钢筋处于弹性范围内；同时纵筋荷载-应变曲线中拉压应变都在不断增大，未有向另一方向移动的趋势，说明钢筋粘结性能保持完好，未发生滑移。因此，试验结果与加固设计原则相一致，节点组合体的破坏发生在梁端，满足强柱弱梁的原则。

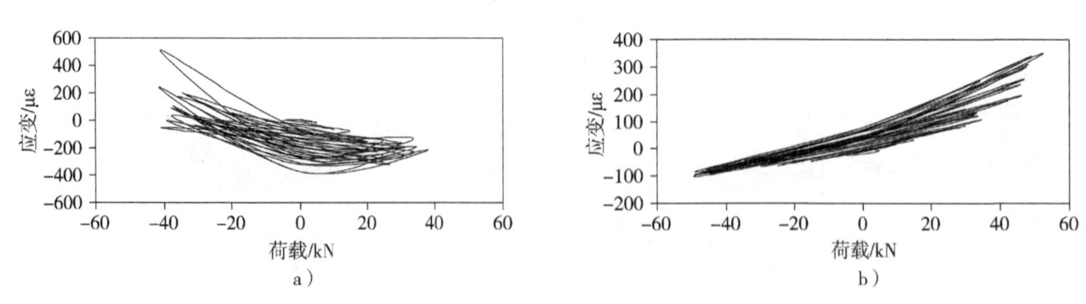

图 3.43　柱纵筋荷载-应变曲线

a）J-1（6 号）　b）RJ-4（24 号）

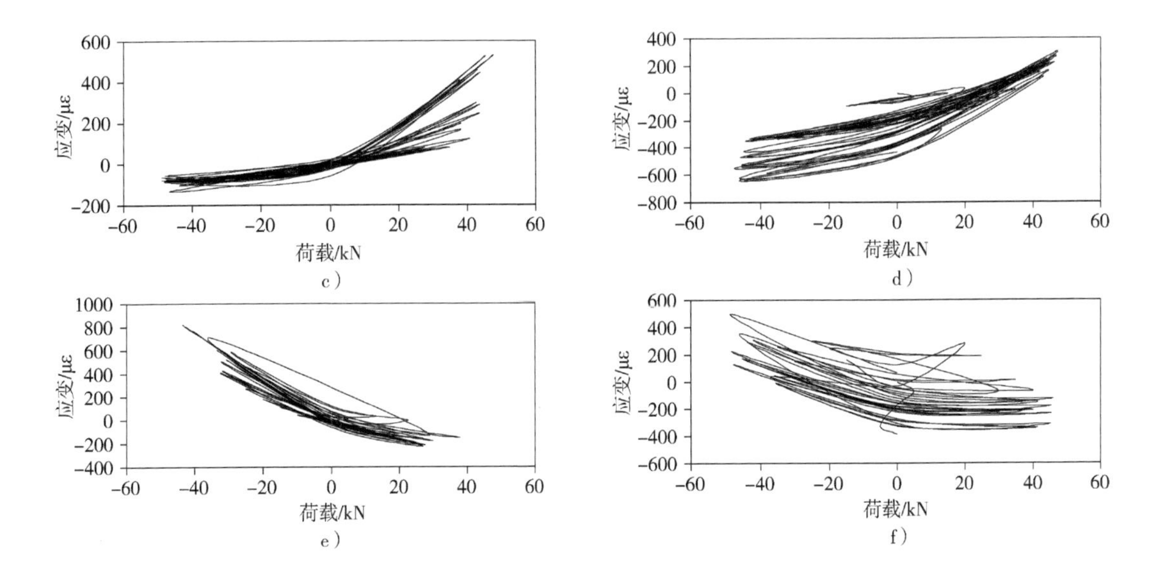

图 3.43 柱纵筋荷载-应变曲线（续）

c）RJ-5（20号） d）RJ-8（9号） e）RJ-9 预裂（5号） f）RJ-9 加固（5号）

3.7.3 节点箍筋应变

节点核心区将承受组合体梁、柱端传递来的弯矩、剪力与轴力，这些力通过梁、柱纵筋传递到节点核心，使节点承受不同的受力模式，而这些受力模式与节点核心区配筋数量有关，当节点核心区开裂后，箍筋可以抵抗节点中的水平剪力，防止节点在主对角线斜向平面产生拉伸剪切破坏，提高节点的受剪承载力，同时箍筋可以约束节点核心区混凝土，使其成为“约束混凝土”，从而提高混凝土的抗压强度。图 3.44 为节点核心区箍筋荷载-应变曲线。

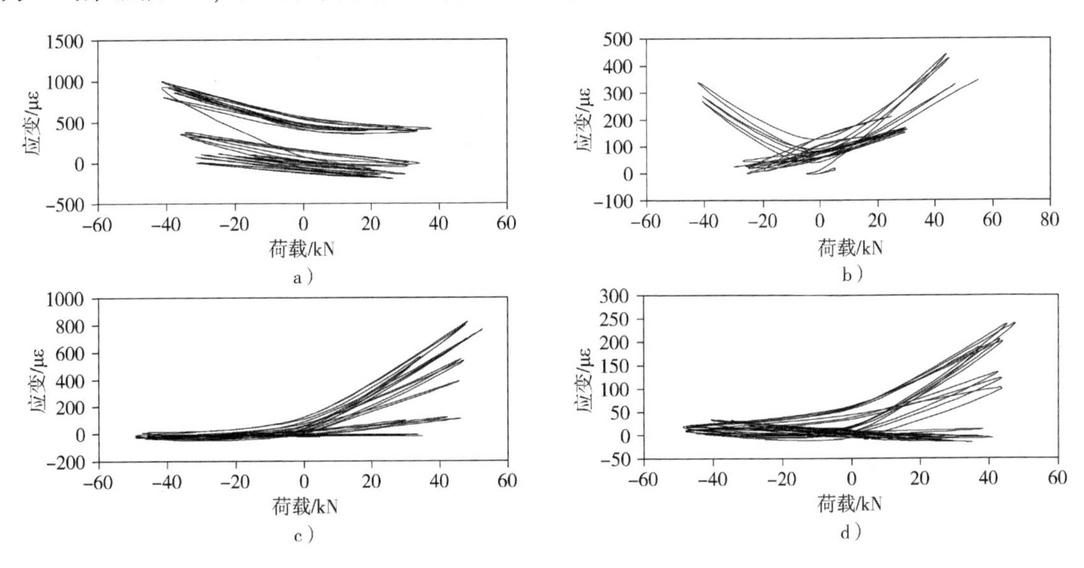

图 3.44 节点核心区箍筋荷载-应变曲线

a）J-1（13号） b）RJ-1（7号） c）RJ-4（21号） d）RJ-5（4号）

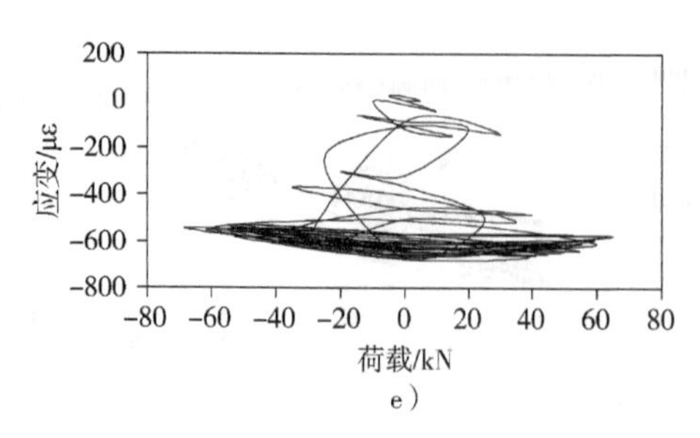

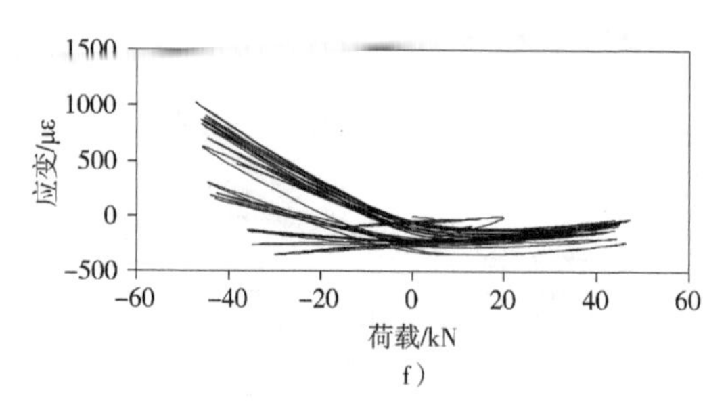

图 3.44　节点核心区箍筋荷载-应变曲线（续）

e）RJ-7（3 号）　f）RJ-8（4 号）

图 3.44 为节点核心区箍筋荷载-应变曲线。从图中可以看出，节点区未加固试件曲线呈 K 字形，表明在反复荷载作用下节点核心区产生与加载方向相一致的剪切变形，核心区混凝土在节点剪力作用下发生膨胀、开裂，导致箍筋在反复作用下均受拉，造成这种现象的原因是核心区混凝土开裂后体积膨胀，箍筋因约束膨胀而受拉，但当卸载时裂缝无法完全闭合，从而阻止了箍筋的变形恢复，使核心区箍筋仍然保持一部分受拉变形，并且随着节点核心区开裂加剧箍筋无法恢复的变形逐渐增大，在图中表现为 K 字形曲线沿应变轴正方向不断移动。但节点加固试件并未形成明显的 K 字形曲线，而是在反复荷载作用下存在拉、压变化，说明角钢加固迫使破坏外移有效地保护了节点核心区，阻止了混凝土的开裂，达到了加固的目的。

3.7.4　直交梁纵筋应变

直交梁在地震作用力作用下对节点核心区混凝土具有约束作用，可以提高节点的抗剪强度，但迄今为止的研究多针对简单的平面节点，未能全面反映节点在框架中的真实情况。因此，对直交梁在反复荷载作用下纵筋受力性能的研究显得尤为重要。

图 3.45 为直交梁纵筋荷载-应变曲线。从图中可以看出，直交梁纵筋应变的变化趋势类似于节点核心区箍筋，说明直交梁纵筋可以约束核心区混凝土，限制节点剪切变形，提高节点抗剪能力。

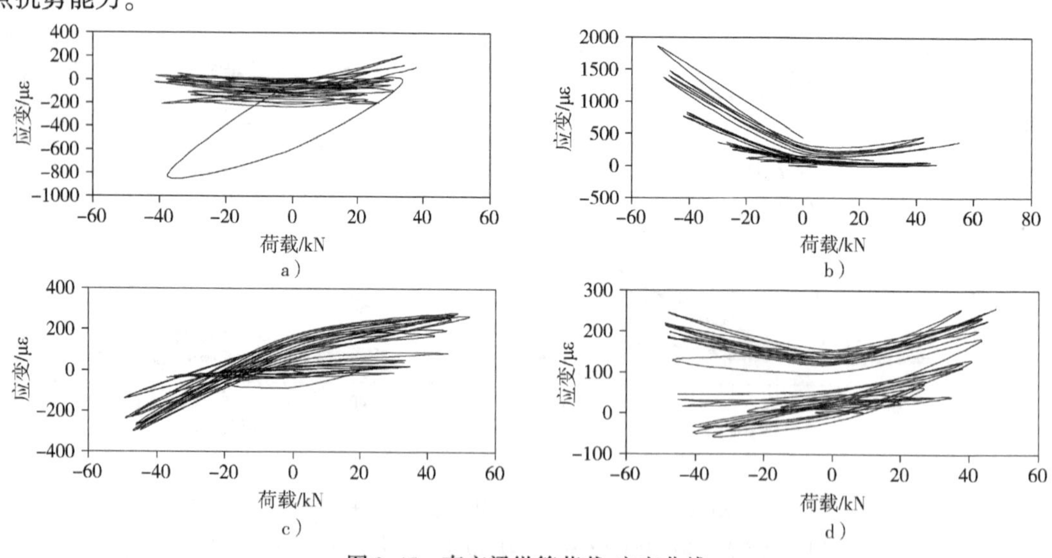

图 3.45　直交梁纵筋荷载-应变曲线

a）J-1（14 号）　b）RJ-1（6 号）　c）RJ-4（13 号）　d）RJ-5（13 号）

3.7.5　角钢与螺栓应变

图3.46为加固角钢的荷载-应变曲线，位置为右侧角钢中间。图3.47为试件RJ-10螺栓的荷载-应变曲线，分别为平行与垂直于螺栓横断面。从图3.46可以看出，角钢应变都未超过1000με（试件RJ-6角钢未加肋，在加载后期应变突增），说明加固试件在反复荷载作用下并未发生较大变形，靠近节点核心区加固段保持完好，实现破坏外移，达到了保护节点区与梁柱连接的加固目的。同时可以发现，角钢角肢长度大于理论塑性铰长度的角钢应变基本上都为拉应变，而小于理论塑性铰长度的则为压应变，造成这种现象的原因为：长角肢角钢加固试件在反复荷载作用下的转动处于加固区外，混凝土压碎区与较宽主裂缝都出现在加固区外，因此角钢主要约束逐渐向加固区渗透的裂缝开展；而短角肢角钢加固试件加固区仍在理论塑性铰范围内，因此角钢要与框架梁一起发生转动，虽然混凝土压碎区位于加固区外，但主裂缝同时在加固区内外形成，角钢在正向加载时受压产生压应变，而在反向加载时要同时承受两主裂缝之间回缩的混凝土作用，这与发生的破坏现象相一致。

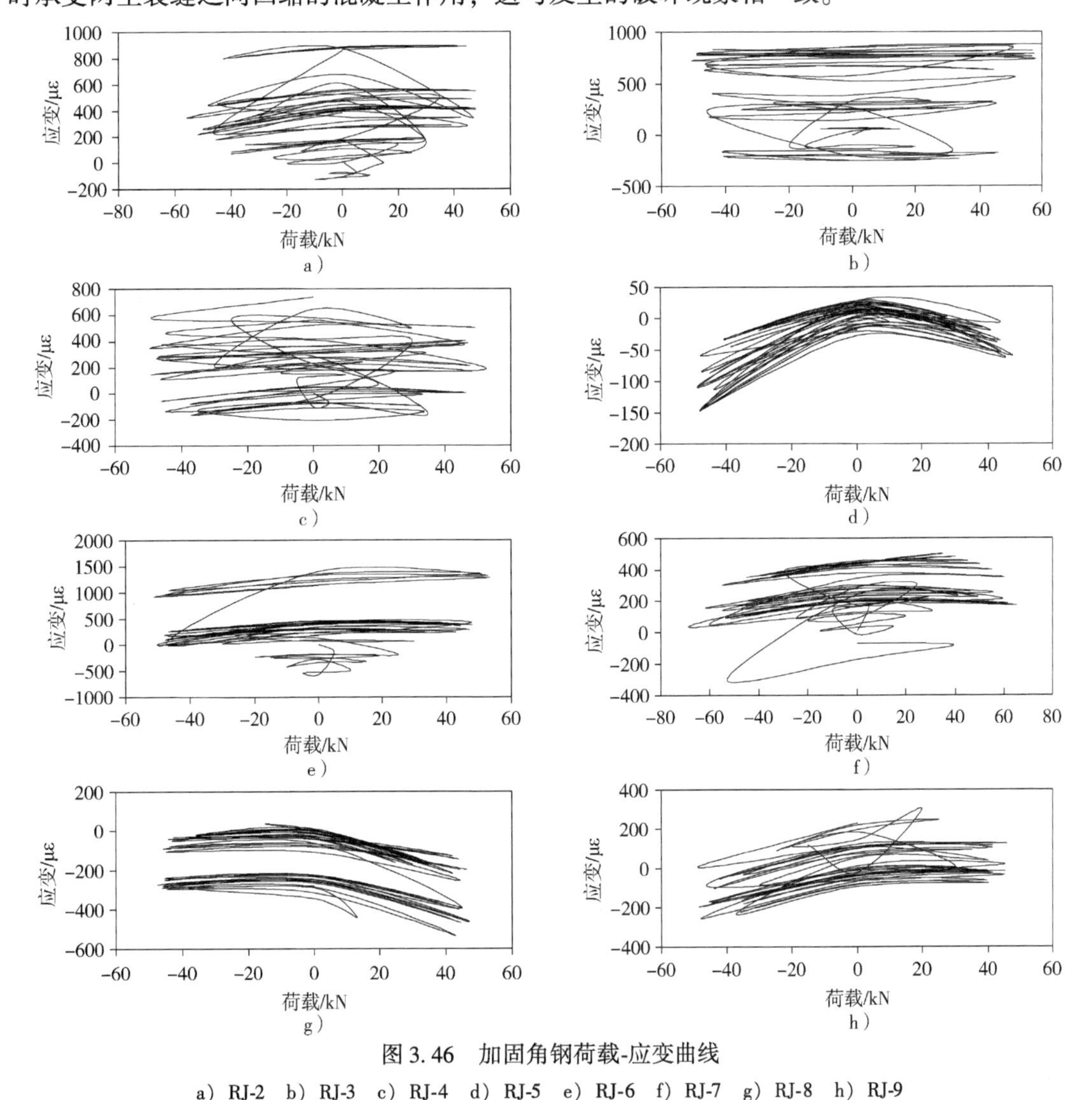

图3.46　加固角钢荷载-应变曲线

a）RJ-2　b）RJ-3　c）RJ-4　d）RJ-5　e）RJ-6　f）RJ-7　g）RJ-8　h）RJ-9

从图 3.47 可以看出，螺栓同时具有剪应力与拉应力，这说明四个角钢在螺栓连接下实现了很好的协同工作。

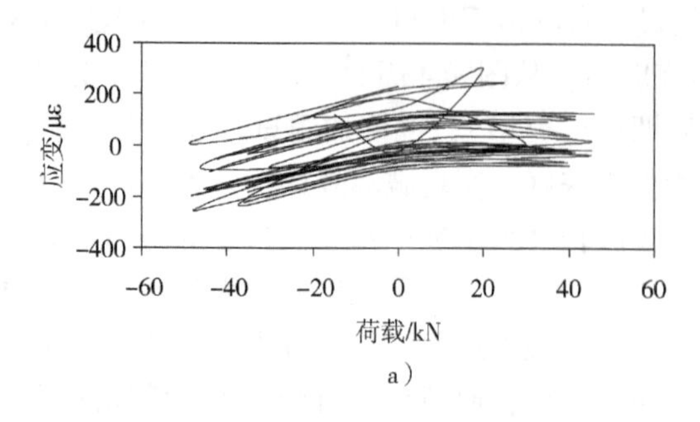

a）

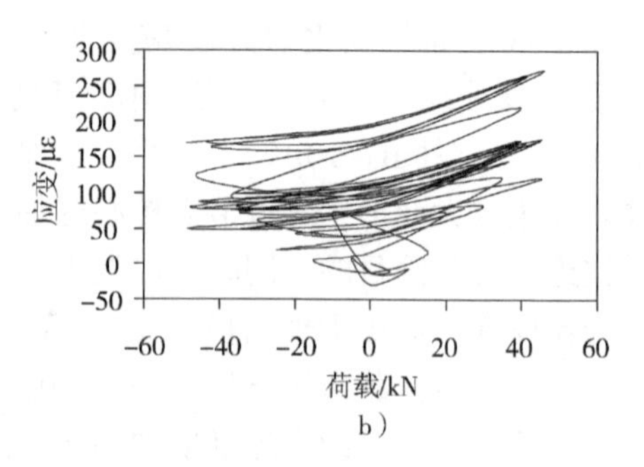

b）

图 3.47 试件 RJ-10 螺栓荷载-应变曲线

a）平行于横断面 b）垂直于横断面

3.8 节点内梁筋粘结性能分析

结构或构件超过弹性极限后，在没有明显强度和刚度退化的情况下的变形能力称为延性，延性系数是塑性极限变形值和屈服变形值的比值。延性可以反映结构、构件非线性变形能力，是评价结构、构件抗震性能的重要因素。对节点的延性要求，主要是对邻近核心区的梁端和柱端而言的，要求梁端和柱端有较大的变形能力，即使出现塑性铰也不致产生梁柱剪切破坏。对节点核心区并不要求有很大的延性，而是要有较大的强度和刚度，以保证梁上塑性铰出现之前不发生核心区剪切破坏和锚固破坏。震害与试验都表明，梁筋在节点内的粘结性能丧失将不仅导致刚度的严重降低和由此产生的节点组合体耗能能力的减少，而且也会由于塑性铰区混凝土的破损使梁受弯破坏，因此，必须研究节点梁筋的粘结性能。

图 3.48 为位移延性系数-滑移曲线，从图中可以看出，未加固试件的滑移量远大于加固试件，且在加载后期滑移增长速度明显加剧，但加固试件变化非常缓慢。试件 RJ-7 在进入位移控制阶段时滑移大于其他试件，这是由于试件 RJ-7 同时加固节点与框架梁，当进入位移控制阶段时荷载远大于其他试件。

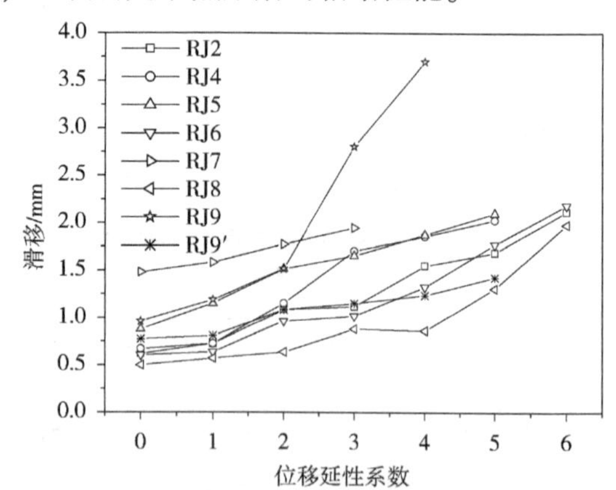

图 3.48 位移延性系数-滑移曲线

注：试件 J-1、RJ-1 与 RJ-3 量测滑移量的电子位移计在采集过程中出现问题，故未得到滑移。

影响钢筋粘结性能的参数很多，包括混凝土强度等级和水灰比、混凝土保护层厚度、钢筋外形和直径、锚固长度、配筋率和受荷工况等，虽然影响因素多且复杂，但在加固处理中多是不易进行的。混凝土保护层厚度与锚固长度是两个比较容易实现的参数，角钢加固很好地保护了加固区混凝土，使混凝土保护层持续工作，同时角钢加固使破坏外移，钢筋锚固长度增加，这些都有利于节点内梁筋的粘结性能，使节点组合体在反复荷载作用下保持较好的延性。

3.9　小结

本章首先全面描述了角钢加固框架节点的试验现象，并对产生的试验结果进行了详细的分析。接着对采集的试验数据进行归类处理，并将所得的滞回曲线、骨架曲线、环线刚度、耗能能力等反映节点抗震性能的参数进行类比分析。最后分析了节点内钢筋和加固材料的应变变化规律，了解节点在整个受力过程中各种材料参与工作的情况，以便对加固节点的受力性能和抗剪增强机理作进一步分析。

第 4 章　单榀框架节点试验设计及结果分析

4.1　试验目的

针对目前我国存在诸多既有框架亟需抗震加固的现状，可通过加固节点近区域以达到外移梁端塑性铰，改善框架结构的抗震性能的目的。因此，设计本试验的目的如下：

1）评定采用角钢加固的框架受力性能的改善。

2）验证角钢加固梁柱界面连接的有效性。

3）验证梁端塑性铰是否外移。

4）观察加固段、节点核心区混凝土裂缝开展情况。

5）利用节点核心区箍筋、梁柱纵筋及加固角钢应变的变化测量，分析加固后节点及其核心区各组成部分的受力变化，为加固后的受力机理分析提供试验支持。

4.2　试件设计

4.2.1　设计背景

设计试件以某实际工程为背景，该工程为两层两跨框架结构，在设计时未考虑地震作用，节点近区域的梁、柱端和节点核心区箍筋均未加密，不符合现行规范要求，应对其进行抗震加固。由于该工程框架节点区的抗震缺陷在实际工程中具有典型意义，能够反映大批既有房屋的真实抗震性能，试验所用模型试件即从该框架中取出一榀作为原型进行设计。

4.2.2　框架试件设计

由于试验所选框架原型尺寸巨大，若选择足尺试件，势必导致试验规模巨大，对加载装置的要求将超过现有试验设备的能力，同时试件制作费与试验费也将随之大幅增加。出于试验设备承受能力和经济性的考虑，国内外试验研究中采用的框架截面尺寸一般为原型的 1/4 ~ 1/2。我国《建筑抗震试验方法规程》中规定：框架试体与原型的比例可取原型结构的 1/8，但过大的缩尺比例将不可避免地降低试验结果的准确性，综合考虑经济性与拟真度的要求，确定试验框架的缩尺比例为 1∶2.5。

本文共制作框架模型两榀。模型框架的尺寸与配筋详图如图 4.1 和图 4.2 所示。框架试件的模型相似系数见表 4-1，模型与原型的尺寸与配筋对比见表 4-2。

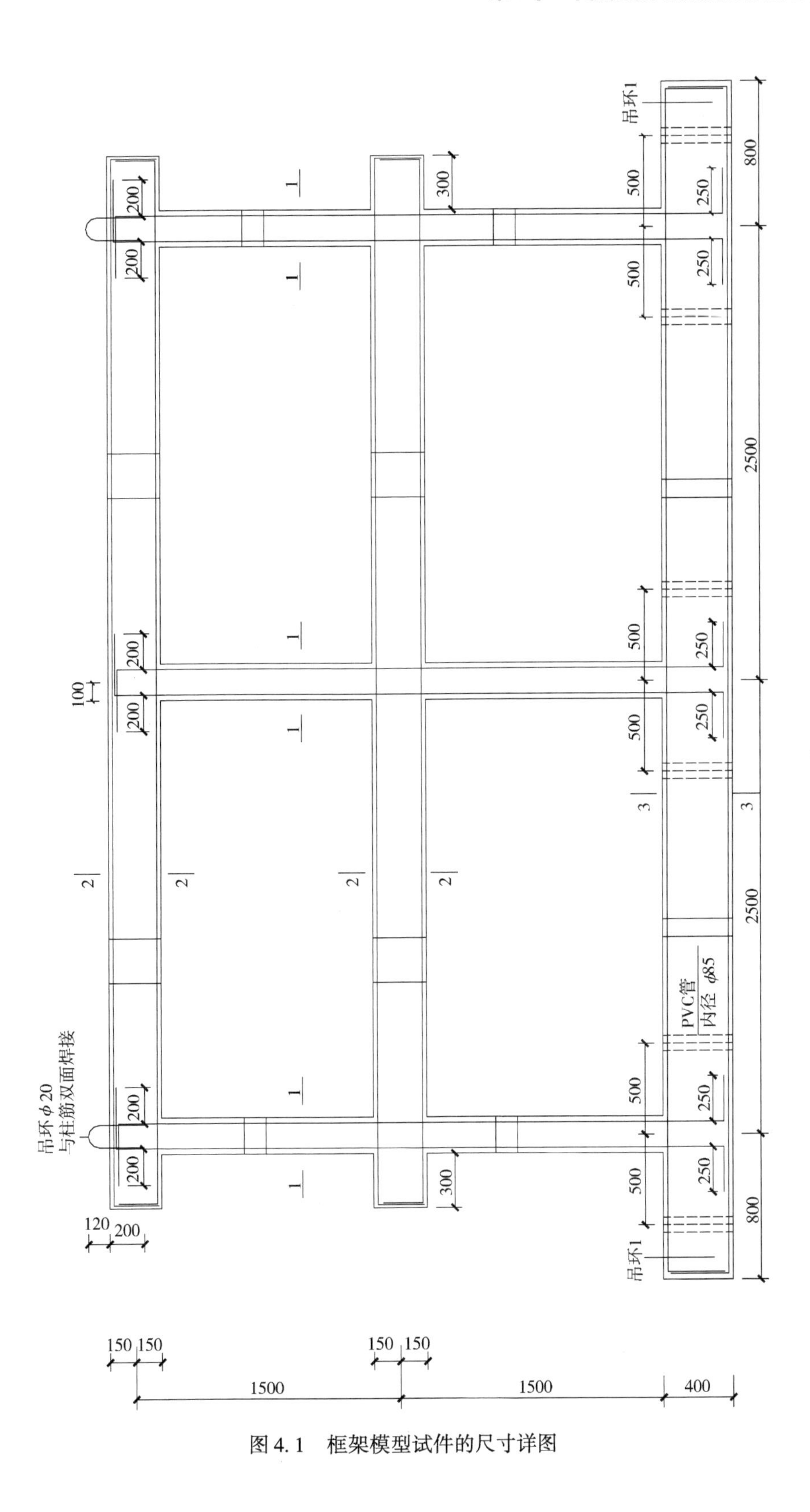

图4.1　框架模型试件的尺寸详图

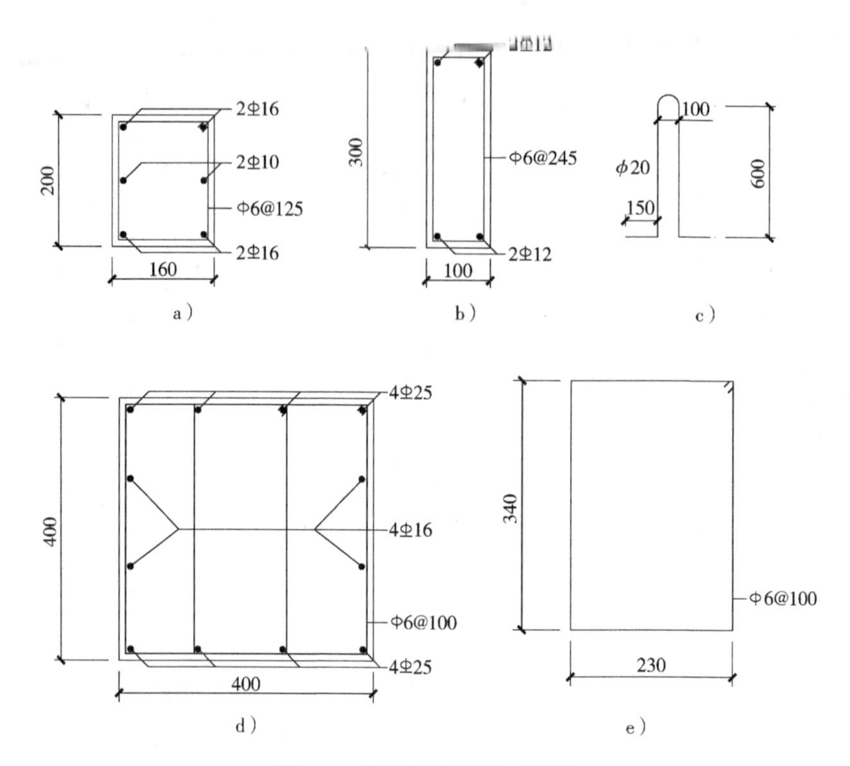

图 4.2　框架试件的截面详图

a) 1—1 剖面　b) 2—2 剖面　c) 吊环　d) 3—3 剖面　e) 箍筋

表 4-1　框架模型试件相似系数

类型	几何特征				材料性能				荷载	
	几何尺寸	线位移	角位移	面积	应力	应变	弹性模型	泊松比	集中荷载	力矩
量纲	L	L	—	L	FL^{-2}	—	FL^{-2}	—	F	FL
相似系数	S_L	S_δ	S_β	S_A	S_σ	S_ε	S_E	S_ρ	S_P	S_M
	1/2.5	1/2.5	1	1/6.25	1	1	1	1	1/6.25	1/15.63

注：1. F，L 表征力量系统的力、长度基本量纲。

2. S 为模型相似系数，$S_i = i_m/i_p$，i_m为模型结构物理量，i_p为原型结构物理量。

3. S_A、S_σ、S_ε、S_E、S_ρ分别为混凝土（钢筋）的相应相似系数。

表 4-2　框架模型试件详细参数　（单位：mm）

	层高	梁跨度	梁截面	柱截面	梁		柱	
					纵筋	箍筋	纵筋	箍筋
模型	1500	2500	100×300	160×200	2⌀12	2Φ6@245	2⌀16	2Φ6@125
原型	3900	6300	250×750	400×500	2⌀25	Φ8@200	4⌀25	Φ8@200

4.2.3　试件加固

两榀框架的编号为 KJ1、KJ2，其中 KJ1 为对比框架，不加固。

框架试件加固的原则为“强剪弱弯、强柱弱梁、强节点弱构件”，采用角钢、钢板与螺杆对节点近区域进行加固。底层预先在基础梁上植筋（ϕ16 螺杆），顶层则在梁顶部布置钢板，钢板厚度同角钢角肢厚度，并在钢板上套丝以固定螺杆，其余均为 L160 × 14 等肢角钢对拉进行加固，加固试件见图 4. 3。

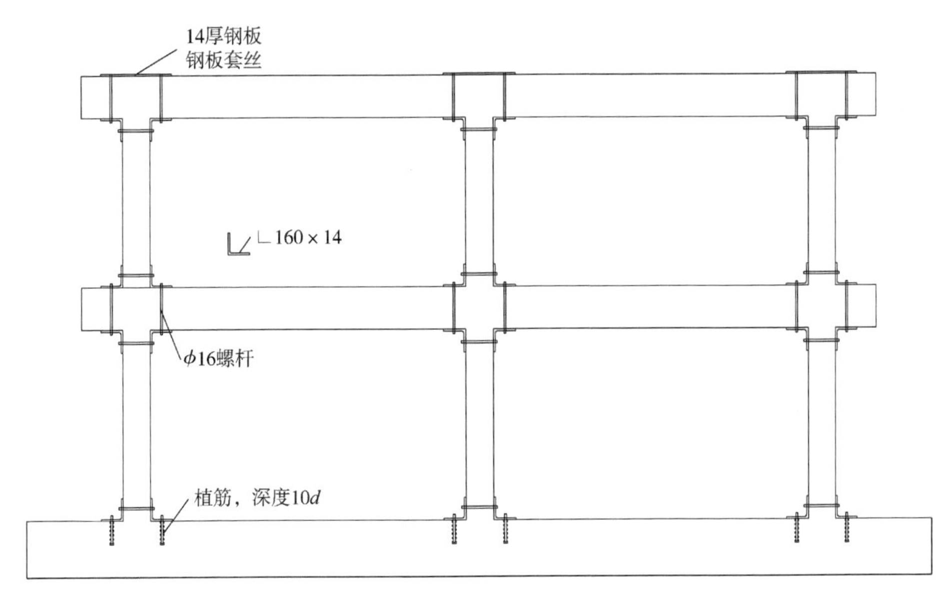

图 4. 3　框架试件加固详图

4. 2. 4　材料性能

试验所用混凝土、钢筋、角钢、对拉螺栓与结构胶的材料性能分别见表 4-3、表 4-4。

表 4-3　混凝土材料的力学性能

混凝土强度等级	f_{cu}/MPa	E_c/（×10^4 MPa）
C20	28. 6	3. 16

表 4-4　钢材的力学性能试验结果

种类	直径 d 或厚度/mm	f_y/MPa	f_u/MPa
HPB235	6. 5	302. 5	457. 5
HRB335	10	405	457. 5
HRB335	12	470	627. 5
HRB335	16	482. 5	645
HRB400	25	437. 5	610
螺栓	16	443	552
角钢	14	239	425

4.3 试验加载装置及加载方法

4.3.1 加载装置

试验框架为两层两跨结构，地震荷载在该结构上的作用通常可近似为倒三角分布，因此框架试验确定为多质点加载低周反复试验。为真实模拟地震荷载的作用，采用两个水平电液伺服往复作动器分别作用于层高位置，保持一定比例加载，以实现地震荷载的倒三角形分布。框架模型试件加载装置布置如图 4.4 所示。

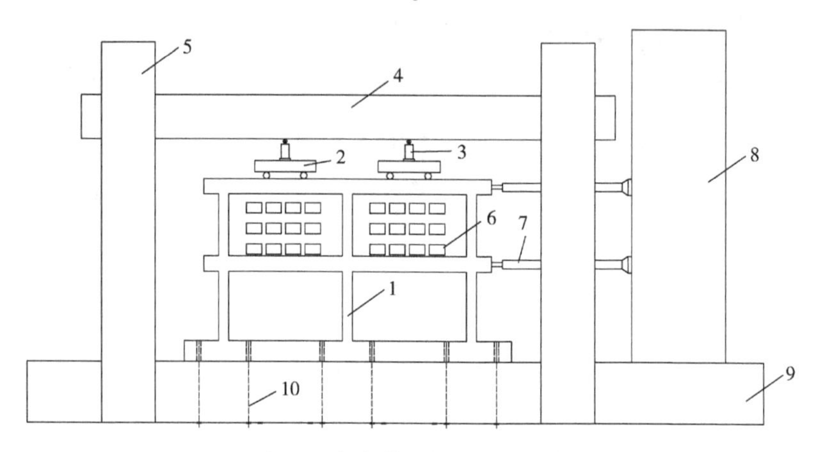

图 4.4 框架模型加载装置示意

1—试件 2—分配梁 3—千斤顶 4—反力梁 5—反力架 6—沙袋
7—水平电液伺服往复作动器 8—反力墙 9—混凝土台座 10—固定锚栓

框架试验的目的主要在于观察框架整体与节点的抗震性能，因此真实顶层框架梁实际所承受的均布垂直荷载可简化为三分点加载，一层框架梁则采用沙袋施加均布荷载。该集中荷载由千斤顶通过分配梁提供，顶层千斤顶的反力由龙门架的反力横梁提供。

整个试验装置用地脚螺栓固定在试验台座上。

4.3.2 加载制度

试验中试件竖向荷载由竖向荷载加载器一次施加，在试验中保持恒定。框架试件顶层每三分点与一层均布荷载施加的竖向荷载均为 15kN。水平低周反复荷载由英国 MTS 系统施加，每级荷载循环 5 次。

水平荷载的加载规则为：以顶层作动器为控制点，以位移控制，上下两作动器推力比为 2:1，每级荷载增幅为 5mm。当试件承受荷载下降至最大荷载的 85% 时即认为达到破坏荷载。

4.4 量测内容及量测方法

4.4.1 量测内容

本次试验对以下内容进行量测：

1）框架梁竖向压力。

2）节点核心区箍筋、梁柱纵筋及加固角钢、螺杆应变的变化测量。

3）水平荷载-变形曲线。

4）梁柱塑性铰区的转动。

4.4.2　量测方法

1）梁荷载通过液压千斤顶液压表计数，可根据表盘显示出轴压力大小，在整个加载过程中应控制表盘数值保持不变，以保证轴力恒定不变。

2）为了能够准确量测节点核心区箍筋、梁柱纵筋及加固角钢的应变，在相应位置粘贴应变片，具体见图4.5。

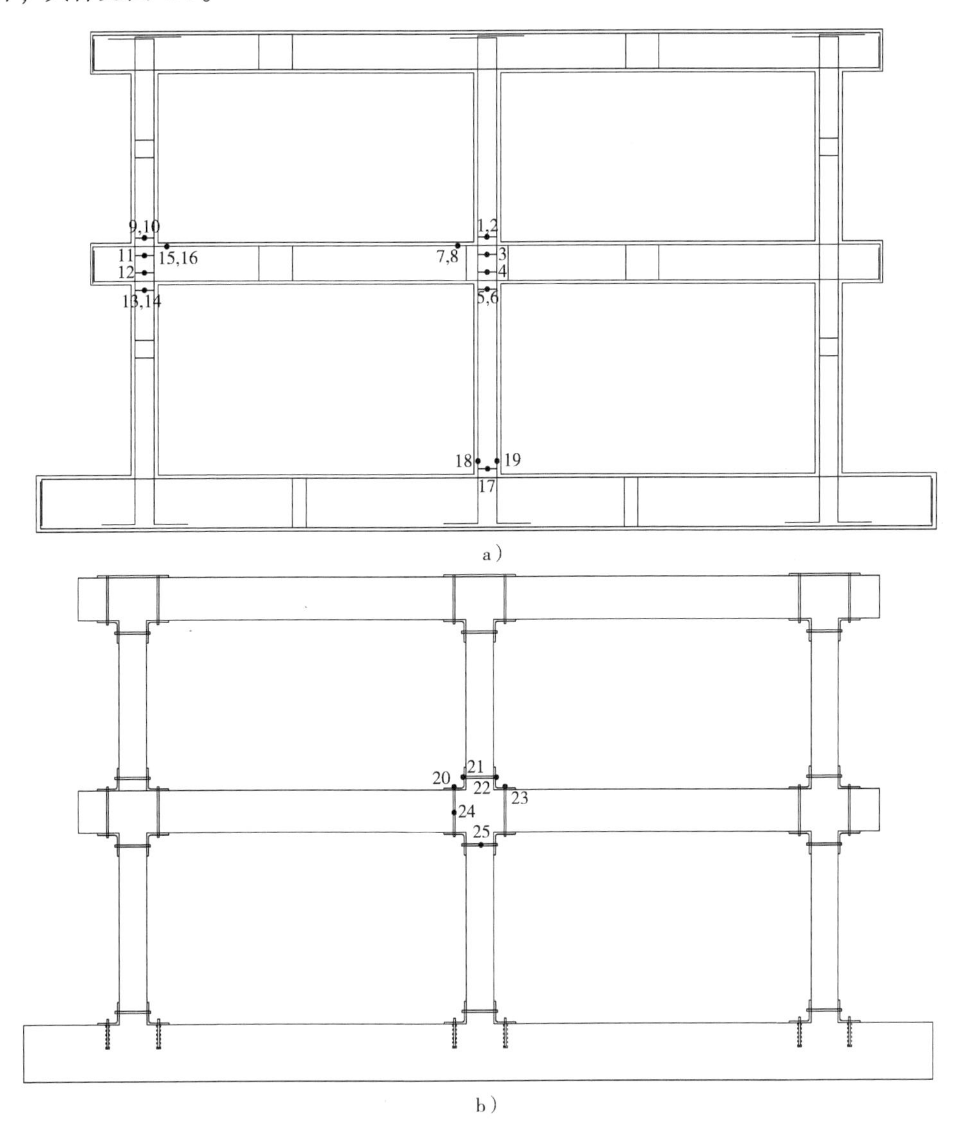

图4.5　框架试件测点布置

a）钢筋测点布置示意图　b）角钢与螺杆测点布置示意图

3）水平荷载-变形曲线根据作动器自动记录。

4）塑性铰区的转动用截面的平均曲率 φ 来表示，指在一定范围内两个截面的相对转动角除以长度，得到的单位长度上的平均转角，亦可用梁柱的相对转角表示，本试验采用第一种方式，梁塑性铰平均转角的测点布置在梁上下主筋的内侧靠近中间的位置，预埋小钢块外露，然后在其上焊接垂直钢片，并在柱面、钢片与钢片之间安装四个百分表，如图 4.6 所示。测量出上部百分表的伸长和下部百分表的缩短，可计算该塑性铰区范围内的截面平均曲率 $\varphi=\dfrac{|\Delta_1|+|\Delta_2|}{h'\times l}$（rad/mm），式中：$\Delta_1$、$\Delta_2$ 为梁端塑性铰 $l=1.5h_b$ 范围内梁上、下的位移变形值，如图 4.7 所示，$\Delta_1=\Delta_{s_1}+\Delta'_{s_1}$，$\Delta_2=\Delta_{s_2}+\Delta'_{s_2}$，对于柱，取距梁面上下各 1/2 柱截面高度处。

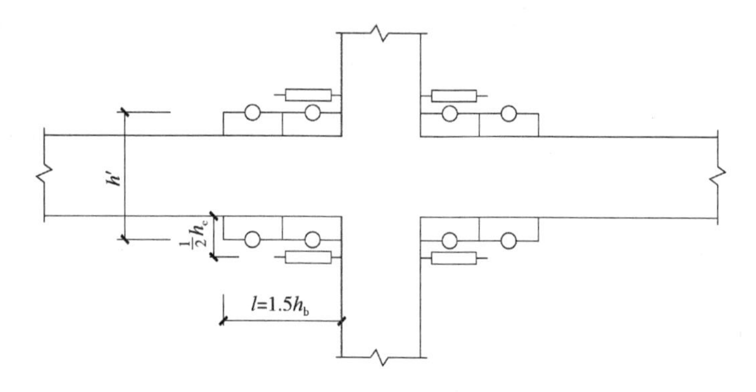

图 4.6　梁柱节点组合体测点布置

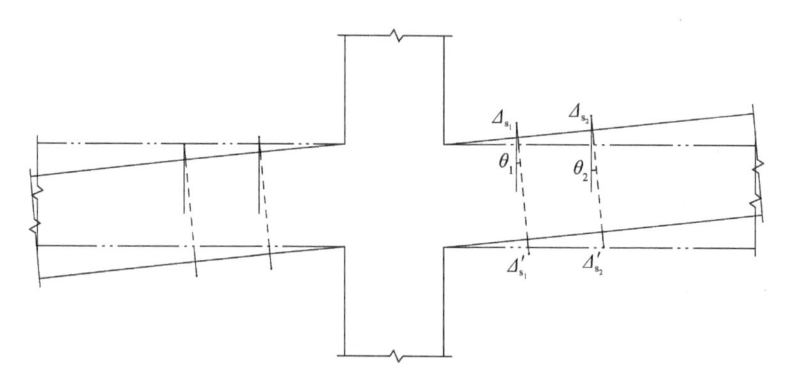

图 4.7　梁端塑性铰弯曲变形图

4.5　框架试件实况检测

对浇筑的两榀试件，在自然环境中未加保护措施的情况下放置两年，以模拟既有框架结构的实际状况，在进行试验前对试件混凝土强度、碳化深度及钢筋是否锈蚀按照现行规范要求进行检查检测。经检查检测，KJ1、KJ2 混凝土强度推定值分别为 24.4MPa、24.5MPa，碳化深度约 8.5mm，未发现钢筋锈蚀。

4.6　试验现象与结果分析

本文研究重点为框架中节点，以下试验过程描述以框架第一层中、边节点和框架梁的试验现象为主。试验中以顶层MTS作动器为控制点，称为S1，文中各加载步荷载幅值以S1为代表。

4.6.1　试件KJ1

试件KJ1为对比构件，具体试验过程如下：

1）试验开始前先进行预加载，检验仪器设备是否正常工作，然后按位移控制加载。S1加载至5.0mm时，中柱柱脚出现水平裂缝，宽约0.10mm；S1加载至-10.0mm时，两边柱各出现一条裂缝，距柱根分别约100mm（靠近加载点，后称近柱）、200mm（远离加载点，后称远柱），此时柱脚处均出现裂缝。

2）S1加载至15.0mm时，近柱距柱脚约150mm、200mm处水平开裂，中柱距柱脚约100mm、200mm处水平开裂；S1加载至-15.0mm时，中柱节点出现斜裂缝，梁（靠近中节点）出现竖向裂缝，中柱距柱脚约100mm、220mm处水平开裂，近柱距柱脚约50mm、200mm处水平开裂，中柱距柱脚约300mm水平开裂。

3）S1加载至20.0mm时，中柱节点出现反向斜裂缝，但与上级荷载裂缝未形成交叉，同时中节点右上角出现一条水平裂缝，并与梁上裂缝贯通，靠近中柱节点左下角的梁出现较短竖向裂缝，近柱距柱脚约300mm处水平开裂，远柱距柱脚约100mm、200mm、400mm处水平开裂；S1加载至-20.0mm时，中柱节点斜裂缝向两侧延伸，并在节点左上角出现一条水平裂缝，近柱距柱脚约500mm处水平开裂，中柱距柱脚约400mm处水平开裂，远柱距柱脚约100mm、350mm、450mm处水平开裂。

4）S1加载至25.0mm时，中柱节点新出现一条较短斜裂缝，与之前斜裂缝平行，近柱距柱脚约40mm水平开裂，中柱距柱脚约300mm处水平开裂，柱脚、距柱脚约100mm、200mm处裂缝宽度分别为0.40mm、040mm、0.15mm，远柱距柱脚约100mm、200mm处裂缝宽度分别为0.30mm、0.20mm；S1加载至-25.0mm时，靠近中柱节点两侧梁新增竖向裂缝，节点核心区斜裂缝宽度约0.10mm，近柱距柱脚约50mm、200mm处裂缝宽度分别为0.22mm、0.10mm，中柱距柱脚约100mm、220mm处裂缝宽度分别为0.40mm、0.30mm，远柱距柱脚约100mm、200mm处裂缝宽度分别为0.15mm、0.22mm。

5）S1加载至30.0mm时，近柱距柱脚约400mm、500mm水平开裂；S1加载至35.0mm时，中柱节点核心区左下角出现一条水平裂缝，近柱、中柱、远柱裂缝宽度不断增大，最大分别为0.40mm（距柱脚100mm处）、1.0mm（柱脚）、0.60mm（距柱脚100mm处）；S1加载至-35.0mm时，中柱节点核心区出现两条斜裂缝，对角主交叉斜裂缝形成，第一条斜裂缝宽度约0.40mm，中柱距柱脚约450mm处水平开裂。

6）S1加载至40.0mm时，中柱节点核心区出现两条斜裂缝，近柱已有水平裂缝开始斜向发展，中柱距柱脚约450mm处水平开裂；S1加载至-40.0mm时，近柱距柱脚约600mm处水平开裂。

7）S1加载至-45.0mm时，远柱距柱脚约600mm处水平开裂；S1加载至-50.0mm处时，近柱节点核心区出现斜裂缝，梁在梁高范围内出现两条斜裂缝。

8）S1 加载至 55.0mm 时，近柱、中柱、远柱最大裂缝宽度分别约 1.2mm、0.8mm、1.0mm；S1 加载至 -55.0mm 时，近柱、中柱节点核心区最大裂缝宽度分别约 0.6mm、0.6mm。

9）S1 加载至 -60.0mm时，近柱、远柱均有多条斜裂缝，中柱仅有两条竖向裂缝，柱脚一定范围内均有混凝土局部压碎、剥落现象，近柱、中柱梁柱交界处的梁上均有大块混凝土剥落，塑性铰形成，此时荷载已下降至最大荷载的 85%，构件破坏。

KJ1 节点的裂缝分布如图 4.8 所示，其破坏特征包括以下几点：

a）

b）

图 4.8　KJ1 节点裂缝分布

a）中节点　b）边节点

1）中节点梁柱交界处的梁上形成塑性铰，边节点梁端约一倍梁高范围内产生较宽斜向裂缝，裂缝间梁保护层混凝土压碎，局部脱落。

2）边节点和中节点梁根部有弯曲裂缝产生，但未形成通缝，且裂缝宽度较小。

3）中节点核心区裂缝分布较细密，有对角连通斜裂缝产生。

4.6.2　试件 KJ2

试件 KJ2 为加固构件，具体试验现象如下：

1）试验开始前先进行预加载，检验仪器设备是否正常工作，然后按位移控制加载。S1 加载至 5.0mm 时，近柱距柱脚约 200mm 处水平开裂，中柱距柱脚约 180mm 处水平开裂。

2）S1 加载至 10.0mm 时，近柱距柱脚约 480mm 处水平开裂，中柱距柱脚 280mm、400mm 处水平开裂，远柱距柱脚约 320mm 处水平开裂；S1 加载至 -10.0mm 时，近柱距柱脚约 180mm、360mm 处水平开裂，中柱距柱脚约 180mm、400mm 处水平开裂，远柱距柱脚约 200mm、400mm 处水平开裂。

3）S1 加载至 15.0mm 时，近柱距柱脚约 400mm、600mm 处水平开裂，中柱距柱脚约 360mm 处水平开裂，边柱距柱脚约 480mm 处水平开裂；S1 加载至 -15.0mm 时，近柱距柱脚约 400mm 处水平开裂，中柱距柱脚约 300mm、400mm、600mm 处水平开裂，远柱距柱脚约 180mm、200mm、300mm 处水平开裂。

4）S1 加载至 20.0mm 时，节点核心区出现较短斜裂缝，中柱距柱脚约 480mm 处水平开裂；S1 加载至 -20.0mm 时，中柱节点出现反向较短斜裂缝，但与上级荷载裂缝未形成交叉，近柱距柱脚约480mm、530mm处水平开裂，中柱距柱脚约580mm处水平开裂，远柱则为原来裂缝的水平延伸。

5）S1加载至25.0mm时，近柱距柱脚约220mm处斜向开裂，远柱距柱脚约320mm除裂缝宽约0.18mm；S1加载至-25.0mm时，远柱节点核心区出现较短斜裂缝。

6）S1加载至30.0mm时，节点核心区在原斜裂缝两侧各出现一条较短斜裂缝，近柱、远柱框架梁加固角钢角肢外缘各出现两条较短竖向裂缝，近柱距柱脚约710mm处水平开裂，边柱距柱脚约780mm处水平开裂；S1加载至-30.0mm时，近柱、远柱框架梁加固角钢角肢外缘对应位置出现竖向裂缝，对应裂缝未贯通。

7）S1加载至35.0mm时，节点核心区斜裂缝发展成主斜裂缝，近柱距柱脚约650mm处水平开裂；S1加载至-35.0mm时，中柱节点核心区斜裂缝不断延伸，对角主交叉斜裂缝形成。

8）S1加载至-40.0mm时，远柱节点核心区斜裂缝向两侧延伸，并在其上部平行出现一条短斜裂缝，近柱距柱脚约710mm处水平开裂；S1加载至45.0mm时，远柱节点核心区出现两条斜裂缝，与之前出现的斜裂缝形成交叉斜裂缝。

9）S1加载至55.0mm时，近柱、远柱框架梁竖向裂缝贯通，远柱距柱脚约400mm处水平开裂，距柱脚约780mm处竖向开裂；S1加载至-55.0mm时，近柱距柱脚约180mm处裂缝宽约0.80mm；随着位移不断增加，裂缝不断开展，中柱节点核心区对角主斜裂缝宽度不断增大。

10）S1加载至-100.0mm时，中柱节点核心区混凝土大块剥落，远柱框架梁加固角钢角肢外缘梁保护层混凝土剥落，塑性铰形成，此级荷载已下降至最大荷载的85%，构件破坏。

外移塑性铰法与碳纤维加腋组合法极限荷载对比见表4-5。

表4-5 外移塑性铰法与碳纤维加腋组合法极限荷载对比

加固方法	构件编号	S1极限位移/mm	S1极限荷载/kN		
			正向	反向	平均
外移塑性铰法	KJ1	60	108.4	110.8	109.6
	KJ2	100	138.9	128.9	133.9
	KJ2/KJ1	1.67	1.28	1.16	1.22
碳纤维与加腋组合法	KJ-1	45	62.5	61.3	61.9
	KJ-2	70	79.4	74.1	76.8
	KJ-2/KJ-1	1.56	1.27	1.21	1.24

由表4-5不难看出，外移塑性铰法与文献［3］采用的方法试验现象、加固效果基本一致。

KJ2节点的裂缝分布如图4.9所示，其破坏特征包括以下几点：

1）加固范围内的梁柱及其交界面未发生开裂。

2）中节点形成对角主斜裂缝，其交汇处有大块保护层混凝土剥落。

3）梁塑性铰出现在加固角钢的外侧，塑性铰实现外移。

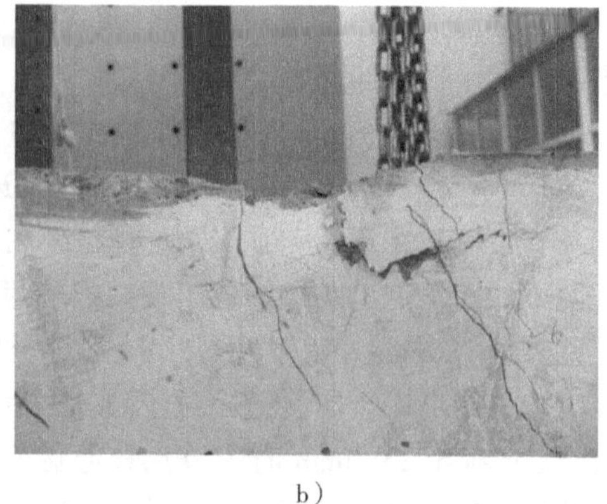

a） b）

图 4.9 KJ2 节点裂缝分布

a）中节点 b）边节点

4.7 抗震性能分析

4.7.1 滞回曲线

根据试验结果得到的各个试件的梁端荷载-位移曲线如图 4.10 所示。

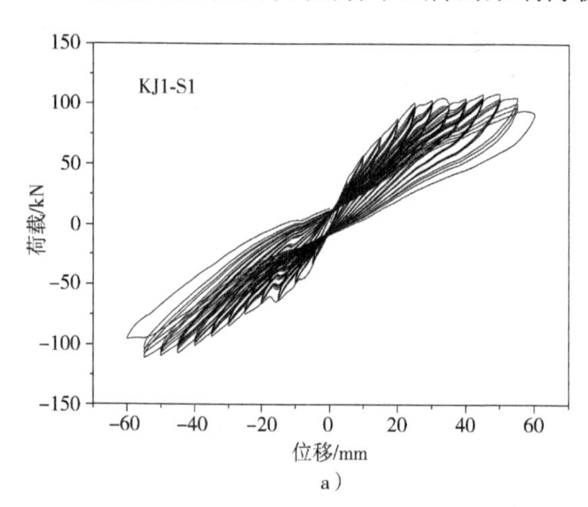

a）

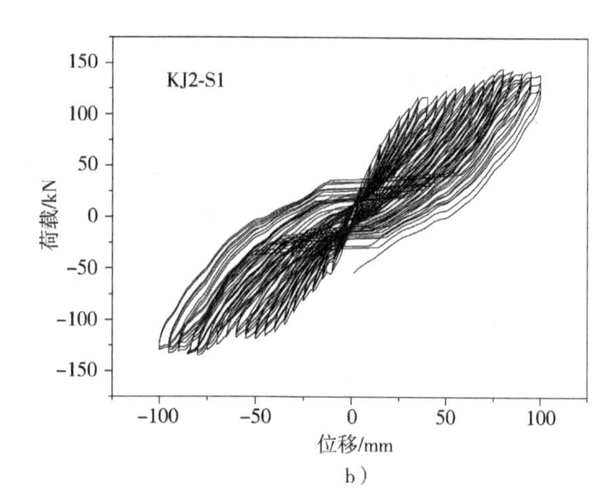

b）

图 4.10 梁端荷载-位移滞回曲线

a）KJ-1 b）KJ-2

由于顶层作动器 S1 的位移、荷载均远大于底层作动器 S2，在对比分析中，作动器 S1 的滞回、骨架曲线基本上能够反映出框架模型在承载力、变形以及滞回耗能方面的性能，因此本小节以研究作动器 S1 的滞回、骨架曲线为主。

由图 4.10 可以发现，钢筋混凝土框架滞回曲线的发展过程如下：加载之初保持较好的线弹性，基本无残余变形，耗能能力很小；随着变形增大形成饱满的滞回环，并逐渐趋于饱满，呈梭形；继续增大位移，裂缝不断延伸、宽度不断增大，滞回曲线出现捏缩现象，呈弓形；最后，曲线在加载时出现水平段，表明刚度严重退化，曲线过渡到耗能能力最差的倒 S

形。同时由于加载中每级荷载共循环多次，从滞回曲线可以发现，在同一位移量值加载步的各级循环中，第一次循环所达到的荷载峰值最大，并且第二次循环峰值与之相比有较大落差，而后面循环之间荷载峰值相差较小。这说明在水平低周反复荷载作用下，结构损伤主要发生在第一次循环，因此第 1、2 次循环之间结构强度退化较为明显。并且注意到，在同一加载步，各次循环滞回曲线所包围的面积随峰值荷载的降低而减小，说明结构的耗能能力随循环次数的增加而不断下降。

对比两榀框架的滞回曲线，可以得到以下几点：

1）对比框架 KJ1 延性较差，表现出脆性破坏的特征，而加固框架 KJ2 则随着位移的增加荷载不断增大，这说明节点近区域加固角钢能承担一部分外荷载，框架的承载能力得到了较大的提高。

2）通过两榀框架滞回曲线形状的对比，可以发现在 KJ1 加载后期同一级位移加载下，KJ2 荷载峰值较高，滞回环形状较 KJ1 饱满，而 KJ1 由于剪切破坏，其滞回环“捏缩”现象较明显。因此，KJ2 滞回环包裹面积明显大于 KJ1，这说明节点近区域经加固后破坏外移，其抗震耗能能力有明显改善。

外移塑性铰法与碳纤维加腋组合法耗能能力对比见表 4-6。

表 4-6　外移塑性铰法与碳纤维加腋组合法耗能能力对比

加固方法	构件编号	S1 极限位移/mm	S1 耗能	S1 抗震加固系数
外移塑性铰法	KJ1	60	14367.25	2.79
	KJ2	100	48934.86	
	KJ2/KJ1	1.67	3.41	
碳纤维与加腋组合法	KJ-1	45	9021.34	2.84
	KJ-2	70	31795.31	
	KJ-2/KJ-1	1.56	3.52	

由此可见，加固框架相对于对比框架在承载力和抗震性能方面均有较大幅度的提高，表明加固节点近区域实现梁塑性铰外移这一加固方法是行之有效的。

4.7.2　骨架曲线

各个试件的骨架曲线如图 4.11 所示。

从骨架曲线对比图中可以明显地看出，加固后框架的强度和延性都有显著提高。

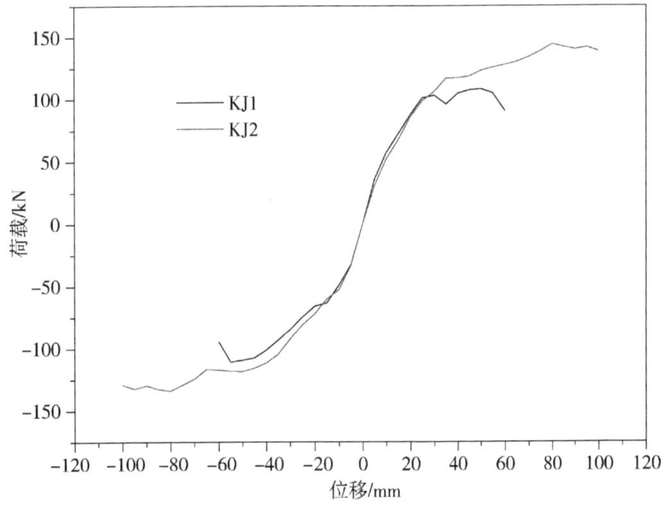

图 4.11　各试件骨架曲线

4.7.3　强度退化与刚度退化

1. 承载力降低系数

根据试验数据，图 4.12 表示出两榀框架的承载力降低系数曲线。从图中可以看出，未经加固的框架随着位移的增大，强度退化很明显，而经角钢加固后的试件，承载力降低系数曲线基本上呈一直线，可见对节点进行角钢加固迫使破坏外移不仅缓和了混凝土的累积损伤，还改善了贯穿节点区梁纵筋的粘结滑移，有效地改善了节点的承载性能。

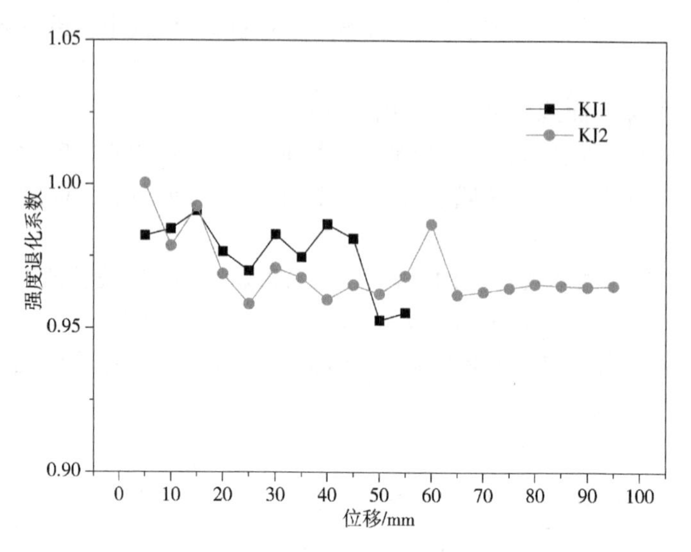

图 4.12　两榀框架的承载力降低系数曲线

2. 环线刚度

各节点在不同退化情况下梁端位移下的环线刚度曲线如图 4.13 所示。框架节点经角钢加固后，刚度退化性能也得到改善，但程度不如强度退化改善那么明显。

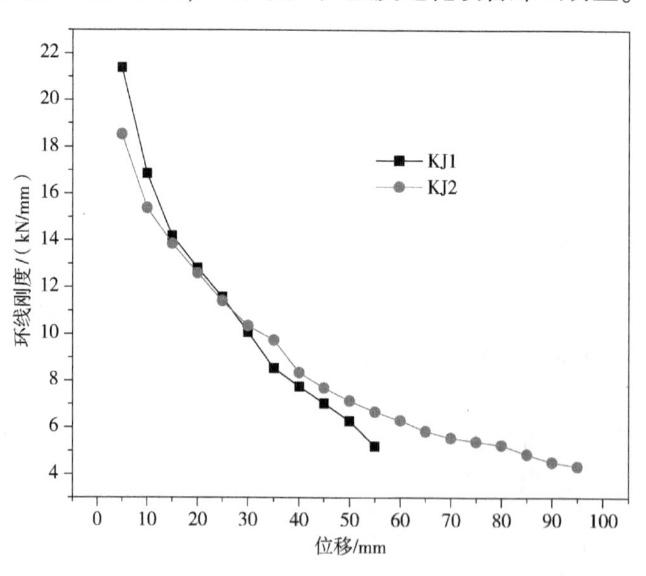

图 4.13　各节点环线刚度曲线

4.7.4　耗能能力

各试件在位移控制阶段第一循环面积计算的累积总耗散能量与第一循环的能量耗散系数

分别见图4.14、图4.15。由图4.14可以看出，两榀框架的总耗能曲线有相同的变化趋势，即曲线的斜率不断变大，加固试件尤为明显，说明节点在角钢加固作用下实现了更大的变形和荷载峰值，符合抗震要求；同时可以看出加固节点的耗散能量总量远远大于未加固节点，说明加固节点的耗能能力显著增强。

由图4.15可以看出，两榀框架的能量耗散系数随梁端位移的增大，从最初的弹性阶段逐渐发展到一个快速上升阶段，其后开始缓慢下降。从图中可以看出，未加固节点能量耗散曲线处于加固节点之下，并在加载后期显得愈发明显，这说明采用角钢加固节点组合体对于能量耗散效率有提高作用。同时可以发现，加固与未加固试件之间的能量耗散系数差值随着位移增大而逐渐增大，这也说明试件的破坏方式与滞回曲线的形状已得到明显改善。

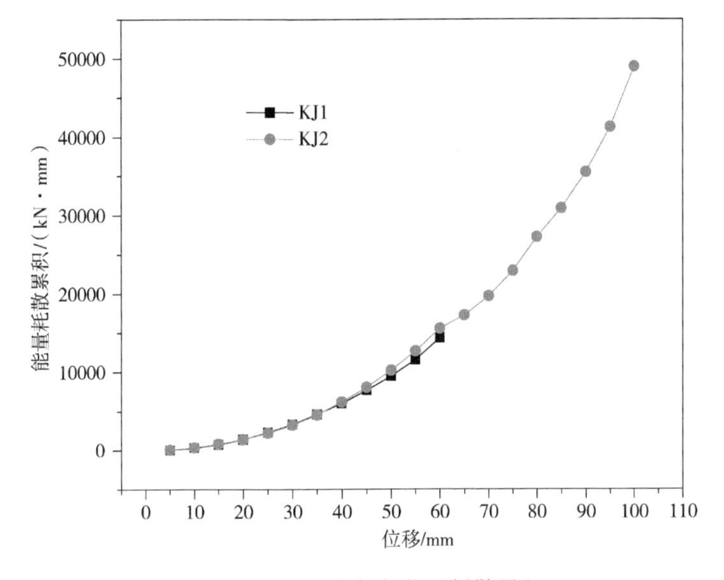

图4.14　各试件框架能量耗散累积

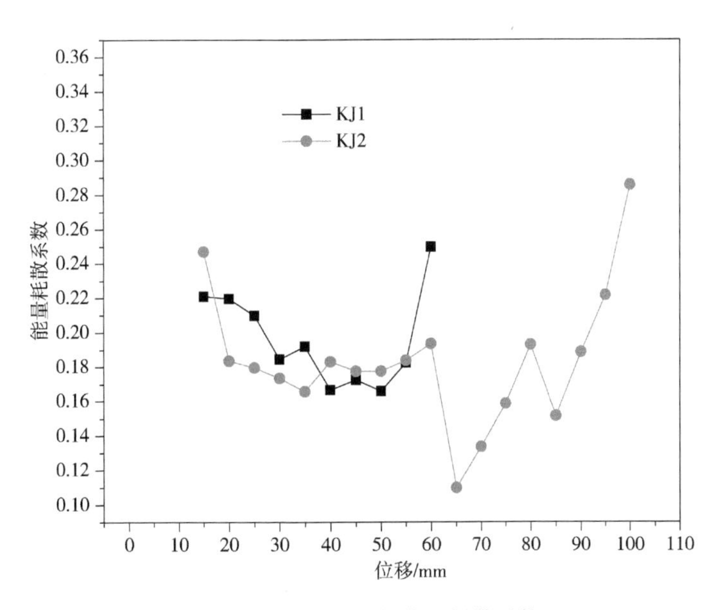

图4.15　各试件框架能量耗散系数

4.8 应变分析

由于构件长期暴露在室外，连接应变片的电线严重腐蚀，故仅对加固框架的加固角钢和对拉螺杆的应变进行分析。

4.8.1 加固角钢的位移-应变

图4.16为加固角钢的位移-应变曲线，位置为中节点上部的两侧角钢。由图4.16可以看出，角钢应变都未超过1000$\mu\varepsilon$，说明加固试件在反复荷载作用下并未发生较大变形，靠近节点核心区加固段保持完好，实现破坏外移，达到了保护节点区与梁柱连接的加固目的。

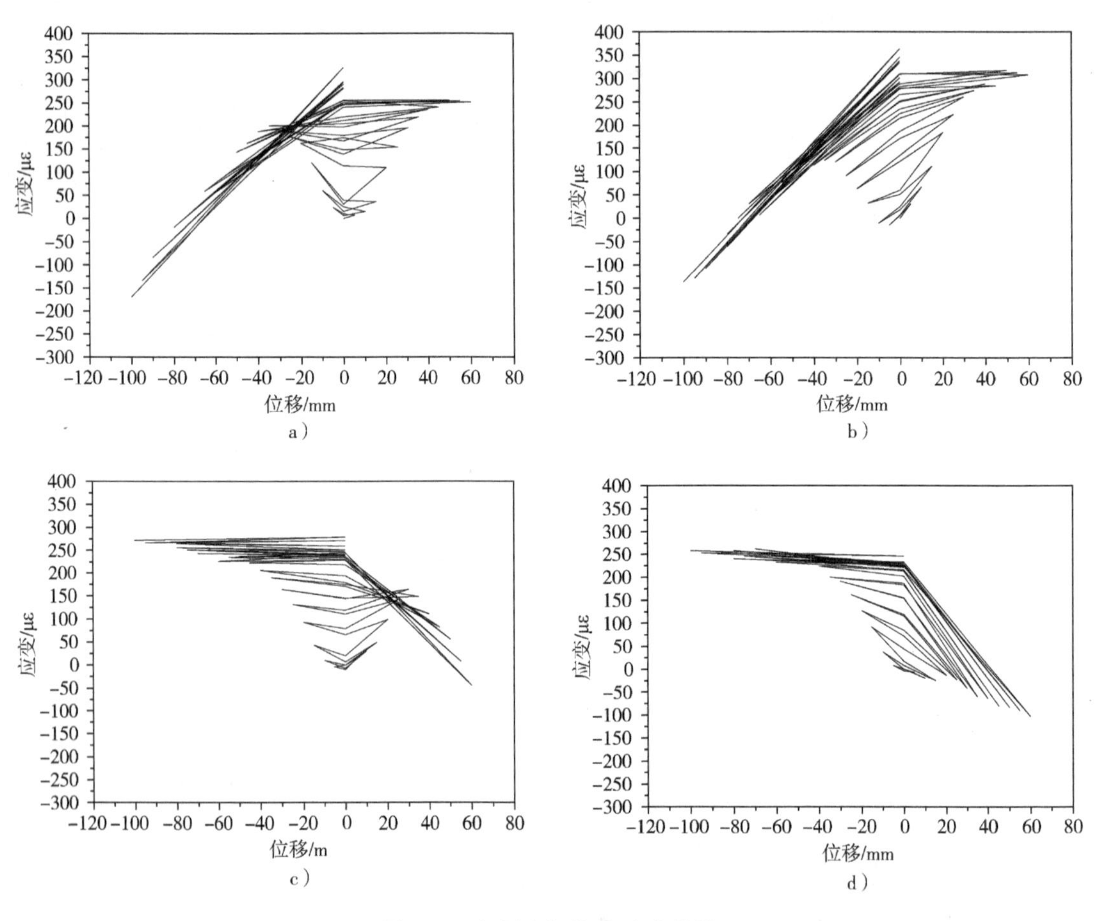

图4.16 加固角钢位移-应变曲线

a) RJ-2 b) RJ-3 c) RJ-4 d) RJ-5

4.8.2 螺栓应变

图4.17为加固框架螺栓的位移-应变曲线，分别为竖向与水平螺栓。由图4.17可以看出，螺栓同时具有剪应力与拉应力，说明四个角钢在螺栓连接下实现了很好的协同工作。

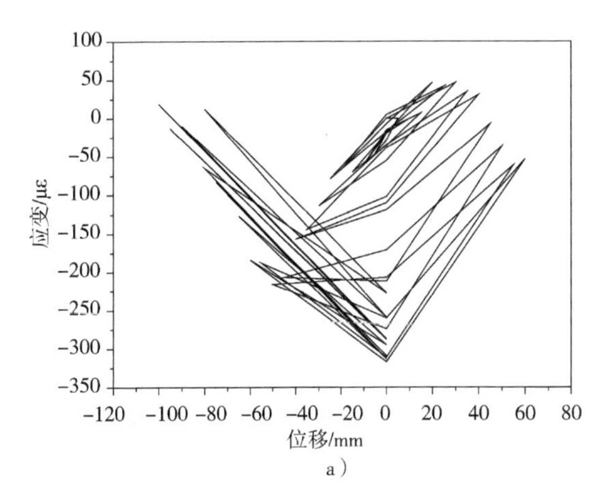

a）

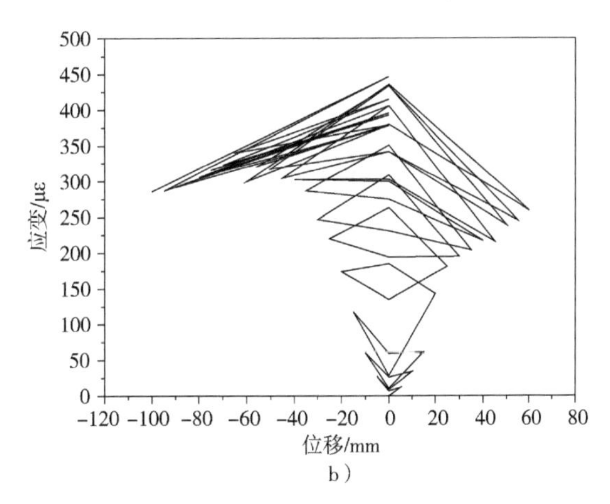

b）

图4.17　加固框架螺栓位移-应变曲线

a）竖向螺栓　b）水平螺栓

4.9　小结

本章首先全面描述了角钢加固平面框架的试验现象，并对产生的试验结果进行了详细的分析。接着对采集的试验数据进行归类处理，并将所得的滞回曲线、骨架曲线、环线刚度、耗能能力等反映节点抗震性能的参数进行了类比分析。最后分析了加固材料的应变变化规律及加固材料参与工作的情况，以便于对加固节点的受力性能和抗剪增强机理进行分析。

第5章　加固框架节点的受力机理分析

5.1　框架节点抗震加固的几点认识

框架结构延性保障的先决条件是构件的延性，在采用一系列措施保障构件延性的基础上，再通过有效合理的连接，同时在结构体系选择合理、刚度分布合理的条件下就能基本保证结构的延性。一般来说，合理的框架结构抗震设计应使其成为梁铰型屈服机制，以充分利用梁塑性铰区的非弹性变形来消耗地震能量。因此，在框架节点抗震加固设计时，应遵循上述延性设计原则。

（1）节点核心区　对于节点核心区并不要求有很大的延性，而应有较大的强度和刚度，以保证梁上塑性铰出现之前不发生核心区剪切破坏和锚固破坏。

（2）梁端　在梁端出现塑性铰后，随着地震作用的反复循环作用，剪力的影响逐渐增加，剪切变形相应加大，塑性铰退化。梁端上下纵筋配置比或加固后梁上下截面强度比相差较大时，塑性转动能力不同，发生截面屈服过早或破坏过重而影响反向作用时强度和变形能力正常发挥。

（3）柱端　柱截面曲率延性比梁曲率延性小得多，在柱端出现塑性铰时，框架结构不易实现较大的位移延性。随着轴压比增大，柱截面延性减小。

（4）贯穿节点核心区的梁筋　一方面由于锚固长度较短，另一方面与混凝土之间的剪力又较大，因此节点内梁纵筋易发生粘结破坏，引起节点强度、刚度和延性的降低。

（5）梁柱界面连接　地震作用下，梁柱界面往往由于受到较大作用力而最早开裂，与裂缝相交的梁筋屈服后逐渐向节点内转移，发生粘结破坏，由此产生的塑性伸长和滑移导致梁柱界面出现较宽的垂直裂缝，出现梁柱界面连接破坏，节点耗能性能快速下降。

根据以上分析，框架节点抗震加固延性设计原则应满足两个层次的要求：“抗”与“耗”。“抗”是指节点核心区、梁柱界面连接、梁端和柱端在地震作用下必须保持其应具备的承载力而不发生破坏；“耗”是指充分利用梁塑性铰非弹性变形来耗散地震能量，这实际上相当于要求节点在达到预期变形值前，节点剪切强度不低于考虑了强化效应的梁端、柱端传递给节点的剪力，柱端具有必要的延性，梁柱界面连接应保持完好。因此，在节点抗震加固设计中，增强承载力和刚度应与延性要求相适应，不适当地将结构的某一部分增强，可能会造成结构的另一部分相对薄弱（如梁柱界面），从而违背了框架结构的抗震设计原则。

5.2　角钢对加固节点的作用

角钢加固节点设计方法的基本思想是基于外移梁塑性铰以改变结构单元的受力机制，通过外加角钢的强度、刚度和两个角肢之间可靠的连接避免低延性、强度快速退化的不利节点破坏机制。在节点附近的梁柱端布置角钢，可以有效地减小节点弯矩和剪力，梁塑性铰出现在距柱面一定距离处，节点延性提高。

节点加固前后弯矩、剪力和角钢对梁端的等效作用见图 5.1 ~ 图 5.3，梁自由端作用一

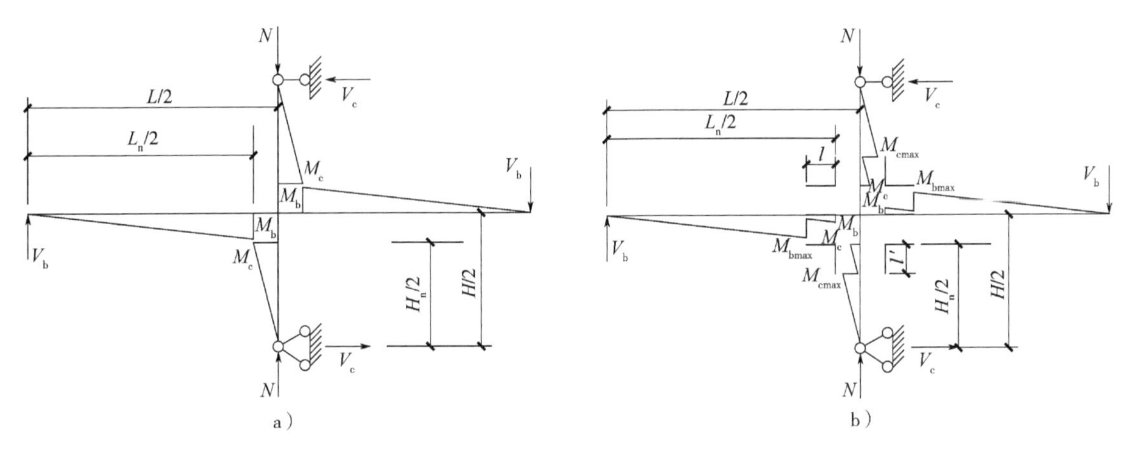

图 5.1　节点弯矩简图

a）未加固节点　b）加固节点

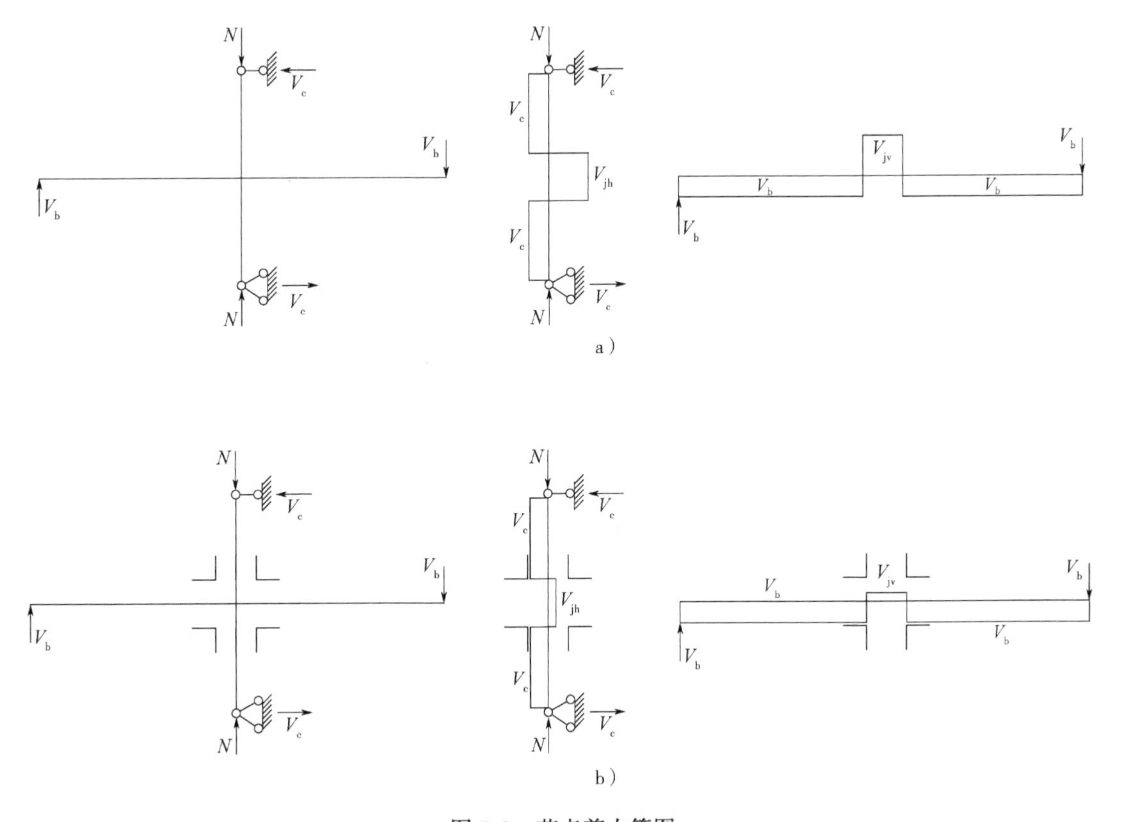

图 5.2　节点剪力简图

a）未加固节点　b）加固节点

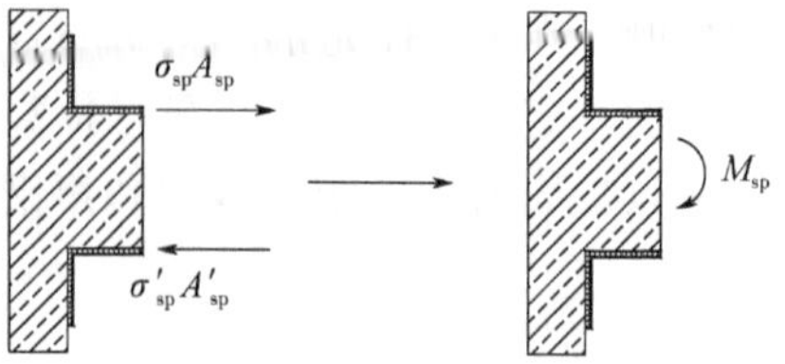

对反对称集中力 V_b，当梁柱端弯矩 M_b、M_c 对节点产生的作用达到主拉应力的临界值时，节点则超过承载能力而发生剪切破坏。基于 M_b、M_c，由图 5.1a 可以分别得到 V_b 与 V_c 的计算公式：

$$V_b = 2M_c \frac{(1 + h_j/H_n)}{L} \tag{5-1}$$

$$V_c = 2M_b \frac{(1 + b_j/L_n)}{H} \tag{5-2}$$

图 5.3　角钢对梁端的等效作用

式中，h_j 和 b_j 分别为节点的高度和宽度，$H_n = H - h_j$，$L_n = L - b_j$。

节点周围梁柱端经角钢加固后，角钢将承担部分作用力，则加固段梁柱截面所受作用力减小，节点受到的作用力降低。当梁塑性铰在角肢外缘形成时，此处弯矩值最大。如果设计合理，梁塑性铰早于节点发生不利破坏，且位于距柱面 l 处。因此，基于最大弯矩 M_{bmax} 和 M_{cmax}，可以分别得到加固节点 V_b 与 V_c 的计算式，见图 5.1b。

$$V_b = 2M_{cmax} \frac{[1 + (h_j + 2l')/(H_n - 2l')]}{L} \tag{5-3}$$

$$V_c = 2M_{bmax} \frac{[1 + (b_j + 2l)/(L_n - 2l)]}{H} \tag{5-4}$$

角钢在可靠的锚固条件下与被加固梁柱截面协同工作，共同承担拉压作用，因此角钢承担的作用可以转化为一等效作用 M_{sp}，如图 5.3 所示，可以得到：

$$M_{sp} = \min(\sigma_{sp}A_{sp}, \sigma'_{sp}A'_{sp})h_b \tag{5-5}$$

则加固节点柱面处梁弯矩 M_b 为：

$$M_b = M_{bmax} \frac{L_n}{L_n - 2l} - M_{sp} \tag{5-6}$$

同理可以得到加固节点柱端弯矩 M_c：

$$M_c = M_{cmax} \frac{H_n}{H_n - 2l'} - M'_{sp} \tag{5-7}$$

由节点周围的弯矩 M_b、M_c 和 V_b、V_c，可以得到节点剪力 V_{jh} 和 V_{jv} 的计算式：

$$V_{jh} = 2M_{bmax}\left[\frac{1}{L_n - 2l}\left(\frac{L_n}{h_j} - \frac{L}{H}\right)\right] - 2\frac{M_{sp}}{h_j} \tag{5-8}$$

$$V_{jv} = 2M_{cmax}\left[\frac{1}{H_n - 2l'}\left(\frac{H_n}{b_j} - \frac{H}{L}\right)\right] - 2\frac{M'_{sp}}{b_j} \tag{5-9}$$

5.3　加固角钢对框架节点的抗剪增强机理

5.3.1　节点核心区增强机理

节点核心区在反复荷载作用下，两个对角受到垂直和水平方向的压力，另两个对角受到两个方向的拉力，因此节点核心区受到一个斜向压力和正交的斜向拉力。当斜向拉力超过核心区混凝土抗拉强度时，就会产生斜向裂缝，当荷载反向时，将会在另一个方向产生斜裂缝，从而形成交叉斜裂缝。随着反复荷载的不断增加，核心区中部将陆续出现多条交叉斜裂缝，将核心区分割成若干菱形小块，最终形成贯通节点核心的对角主斜裂缝，核心区发生通裂。核心区通裂时，其中与裂缝相交的箍筋大多已进入屈服，随着反复荷载的进一步增加，核心区剪切变形成倍增长，裂缝不断加宽，导致混凝土保护层起壳、剥落。最终核心区混凝土大块剥落，剪切变形急剧增大，核心区的承载能力和刚度均不断降低。

当节点箍筋配置较多时，核心区斜向拉力超过混凝土抗拉强度时，同样会出现交叉斜裂缝。随着反复荷载的增加，裂缝间的箍筋处于弹性状态，斜裂缝缓慢发展，对角混凝土压应变不断增加。当斜向压力超过混凝土极限压应力时，角部混凝土被压碎，此时箍筋仍未进入屈服阶段。随着荷载进一步增加，角部压碎的混凝上不断退出工作，梁端混凝土受压区高度下移，截面内力臂减小，部分箍筋屈服，节点刚度退化，变形增加。最终节点发生斜向压溃破坏。

由此可以看出，为了确保节点免于发生剪切破坏，节点核心区的混凝土强度和箍筋配置量应处于较高水平，以形成有效的斜压杆机制和桁架机制共同承担节点剪力。

加固节点在反复荷载作用下，经过可靠锚固的角钢与梁柱协同工作，并可以承担加固截面上的大部分作用力，节点核心区周围作用的钢筋拉力和受压区压力将外移至角钢角肢端部，如图5.4所示。与未加固节点受力图（图2.4）相比可以看出：由于角钢的存在，原来作用在梁柱角部混凝土较大的压应力外移至角肢外缘，使原来在节点核心区形成的斜压杆扩展到梁柱加固段，并分别沿对角方向形成两个斜压杆，斜压杆面积增大，加固节点抗剪能力增强；同时还可以发现加固节点梁柱纵筋有效锚固长度增加，贯穿节点钢筋的粘结性能得到改善，且钢筋周围的粘结应力减小，传到核心区的应力减小。

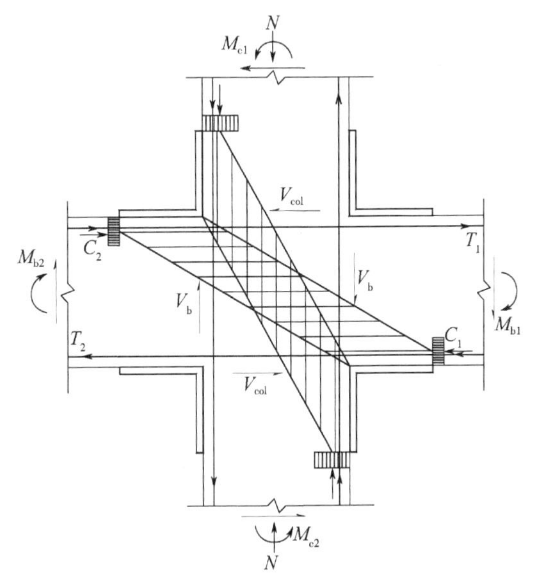

图5.4　角钢加固节点受力机理

因此，节点经角钢加固后，梁柱纵筋传到核心区的应力减小，节点内斜向压力和正交的斜向拉力减小，节点核心区剪切裂缝受到限制，桁架机制作用大大削弱，避免了箍筋配置较少的节点发生剪切破坏；斜压杆随着受压区外移伸入梁柱截面内，斜压杆作用范围增大，斜压杆机制增强，节点抗压能力加强，避免了混凝土强度等级较低的节点发生斜向压溃破坏，同时还可以相对减小节点的实际轴压比。

5.3.2　贯穿节点核心区梁筋粘结性能

节点在反复荷载作用下，贯穿节点核心区的梁筋一侧受压，一侧受拉，这样在梁筋与周围混凝土之间产生了很强的粘结应力，梁筋处于十分不利的粘结受力状态，如图5.5a所示。在节点的高粘结应力区，钢筋和混凝土的共同作用相对较差，钢筋容易发生滑移。

梁筋粘结应力主要由胶结力、摩阻力和机械咬合力三部分组成。胶结力很小，钢筋与混凝土一旦发生相对滑动就会丧失；在开始发生相对滑动时摩阻力开始起作用，随着反复荷载

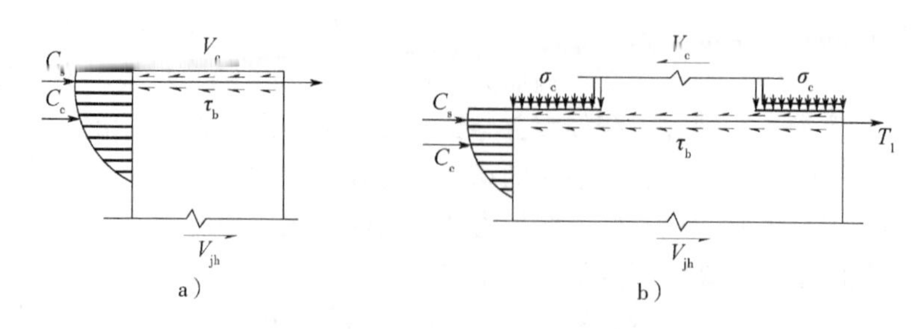

图 5.5　贯穿节点核心区梁筋加固前后粘结受力状态
a）加固前　b）加固后

作用钢筋与混凝土接触面逐渐磨细，其作用慢慢减弱；而机械咬合力则起到变形钢筋横肋的锥楔作用，是梁筋粘结强度的主要来源，随着相对滑动不断增大，横肋在周围混凝土中由径向和纵向劈裂而形成的内裂缝不断发展，当肋间混凝土被压碎或被剪断时，粘结强度进入下降段，滑移迅速增长。贯穿节点核心区梁筋的粘结滑移将对节点组合体产生以下影响：

1）梁端转动变形与节点变形不一致，即产生了一个附加的转动变形角，影响框架在地震作用下的抗侧向力刚度，加大结构的侧移。

2）梁筋屈服区不断向节点内“渗透”，粘结应力逐步降低，桁架机制传递节点剪力的作用逐渐减弱。

3）粘结滑移和塑性伸长使梁筋从节点中不断滑出，在梁柱两侧界面交替出现一条较宽的垂直裂缝，导致梁端屈服区的塑性变形不能得到充分发育，使已经形成的梁端塑性铰发生退化。

4）当滑移使受拉一侧拉力中的相当一部分传到对面一侧，需要该梁端截面受压区混凝土增加一个附加压力来平衡，这将使斜压杆机制中的压力有较大幅度的增长，从而使节点变形增大。

由此可见，贯穿节点核心区梁筋的粘结锚固性能对节点受剪承载力的影响不大，而对节点耗能能力却有很大影响。因为当发生梁筋粘结破坏时，梁端压力是经过混凝土受压区传到节点核心区，而非梁受压区钢筋的粘结应力来传递，于是对角斜压杆承担的剪力增加，同样经由粘结应力传入节点内对角拉应力减小，节点核心区则因混凝土良好的抗压性能使其在一定程度上处于较为有利的受力状态。

现代抗震理论强调，在地震作用下，钢筋混凝土框架结构除应满足保证结构承载能力、刚度不发生过度退化的要求外，还应使结构具有较好的塑性变形性能耗散地震输入的能量。因此，需要采取加固措施推迟或抑制梁筋的粘结退化，提高节点组合体的延性、耗能性能和再加载刚度，减小节点组合体的变形。利用角钢加固节点后贯穿节点核心区梁筋的粘结受力状态见图 5.5b，σ_c表示锚固角钢的对拉螺栓收紧后对加固截面的混凝土产生的预加压应力。可以看出加固节点梁筋的粘结性能在以下几个方面得到改善：

1）混凝土保护层。由于混凝土抗拉强度远小于抗压强度，受拉区混凝土会早早开裂退出工作，在低周反复荷载作用下，梁端混凝土不断开裂、闭合，在这一过程中，即使钢筋与混凝土之间的粘结应力达不到极限粘结强度，钢筋与外部混凝土之间仍会出现纵向劈裂裂缝，发生粘结破坏。而经角钢加固后，角钢在对拉螺栓锚固下与梁截面协同工作，承担了梁端大部分作用，保护层混凝土在角钢覆盖下未出现裂缝，使有效保护层厚度增加，机械咬合力的承载面积得到保证，梁筋粘结强度增大。

2）钢筋的锚固长度。随着高强材料的应用，则梁、柱的截面尺寸不断减小，钢筋锚固长度随之减小。试验表明，随着钢筋相对锚固长度 l_a/d 增加，平均粘结强度降低，这是因为锚固长度较大时，应力分布很不均匀，高应力区相对较短，故平均粘结应力较低；锚固长度较小时，高应力区相对较大，应力丰满，平均粘结应力相对提高。经角钢加固后梁筋高粘结应力区主要分布在角肢端部，节点核心区则较低，梁筋的粘结性能得到改善。

3）侧向压力。当钢筋的锚固区有侧向压力作用时，钢筋与混凝土之间的摩阻力和机械咬合力增加，粘结强度将提高。试验表明，有侧压力时粘结强度的提高系数 $\varphi_c = 1 + \sigma_c/f_c \leq 1.4$，式中，$\sigma_c$、$f_c$分别为侧向压应力和混凝土的轴心抗压强度。但侧向压力过大，反而会使混凝土产生沿钢筋的劈裂，降低粘结强度。

5.3.3 梁柱连接界面

节点在低周反复荷载作用下，梁柱交界面处作用有较大的弯矩和剪力，处于十分不利的受力状态，极易出现界面裂缝。由于梁筋在节点内锚固区域的滑移及相邻的梁截面上的拉伸，会在梁柱界面裂缝引起固端转角而造成显著的梁端位移，它对整个梁柱构件的变形便显得十分重要。为了防止在反复循环荷载作用下形成过大的层间位移，界面裂缝必须得到严格的控制，以减少柱面处混凝土的破坏和钢筋对节点核心区域的屈服渗透，较好地保持节点组合体的强度。

对节点进行加固时，梁、柱可以简单有效地进行处理，但是梁柱连接往往被忽视或得不到有效的加固。因为梁柱连接角部、梁端和柱端处会出现严重的应力集中，使加固材料与混凝土之间的界面产生很大的剪应力，由于节点角部的特殊位置，这个剪应力会使角部的加固材料有剥离梁柱表面的趋势，即节点角部应力很大，导致节点的加固在施加荷载的早期就已失效，角部加固材料剥离失去增强作用，梁柱连接界面被削弱并最终发生破坏。

由此可以看出，在节点加固过程中，梁柱连接处的加固材料不仅要有足够的强度，更应该有足够的刚度来限制变形发展，防止由于过大变形引起加固材料剥离而发生梁柱连接界面破坏，使框架梁失去对节点核心区的约束作用。角钢不仅具有整体性好、截面稳定性高的特点，而且其形状可以很好地与节点吻合，避免在节点角部弯起。因此，采用角钢加固节点，利用对拉螺栓锚固，角钢与混凝土表面之间的作用力可以由对拉螺栓承担，从而使角钢与加固截面协同工作，梁端、柱端与梁柱连接同时得到增强，节点组合体延性提高。

5.4 加固节点剪力评估

混凝土结构按照是否符合平截面假定，可分为 B 区与 D 区，前者截面变形符合平截面假定，后者为集中荷载作用处、支座处或构件几何形状突变处，将产生复杂的应力场，不符合平截面假定。对于受力复杂的框架节点，由于整个节点均属 D 区，其设计计算公式为试验与分析所得的经验公式，并满足一定的构造要求以达到设计目标。经验公式多为有限的试验数据回归所得，无法在理论上得到很好的解释，所以现行规范的强度计算公式无法对节点进行剪力评估，亦无法评估加固后的节点。

钢筋混凝土框架节点在较大的剪力作用下，如抗剪强度或刚度不足时，则会造成节点角部混凝土压碎或核心区混凝土挤碎，产生混凝土软化效应，混凝土强度降低，导致节点抗剪强度不足而发生剪切破坏，框架结构丧失承载能力，直接危及整个建筑物的安全性。因此，需要一个可行、有效的节点剪力评估模型，对节点和加固节点进行抗剪强度评估。

5.4.1 Hakuto 剪力衰减模型

框架节点在低周反复荷载作用下，当斜向拉力超过混凝土抗拉强度时，核心区出现斜向裂缝。在荷载反向时，就会在另一个方向产生斜裂缝，从而形成交叉斜裂缝。随着裂缝不断发展，核心区混凝土的承载能力和刚度都逐渐降低，所以节点抗剪强度随着位移延性系数 μ 的增加而减小。于是新西兰学者 Hakuto 针对核心区没有配置箍筋的梁柱中节点，提出了一条简易的梁柱节点剪力的衰减曲线，如图 5.6 所示。

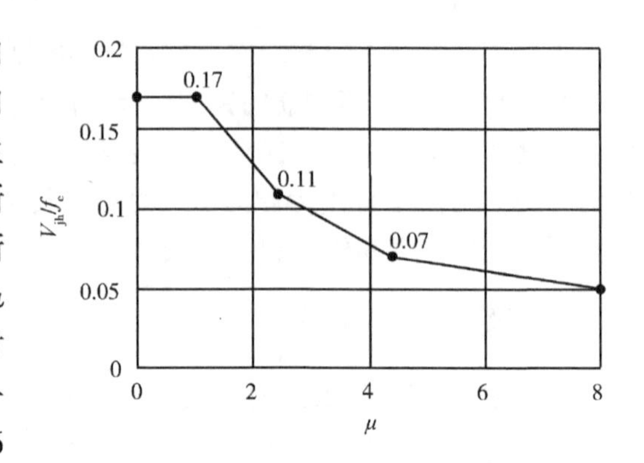

图 5.6　Hakuto 梁柱中节点剪力衰减曲线

可以看出：节点水平剪应力 V_{jh} 在 $\mu=1$ 时约等于 $0.17f_c'$；在 $\mu=1\sim4$ 时节点剪应力快速由 $0.17f_c'$ 折减至 $0.11f_c'$；在 $\mu=4\sim6$ 时节点剪应力折减速度变缓，当节点剪应力 V_{jh} 小于 $0.05f_c'$ 时，节点的位移延性系数已经达到 8。

然而 Hakuto 所提出的剪力衰减模式是根据核心区无箍筋配置的梁柱中节点的试验资料分析而来，且在试验过程中节点组合体上并未施加轴向力。因此，此模式不适用于施加高轴力的无箍筋节点或箍筋配置较多的节点的评估。

为方便工程应用，Hakuto 提出了 V_{jh} 简化计算公式，如下：

$$V_{jh} = 1.0\sqrt{f_c'}\text{MPa}(\text{或 }12\sqrt{f_c'}\text{psi}) \tag{5-10}$$

式中，f_c' 为混凝土抗压强度。此公式较为保守，且只适用于 $f_c'>30\text{MPa}$ 的情况。

5.4.2 软化拉压杆模型

混凝土结构在开裂之前，荷载在结构内部进行传递时会形成一系列相互联系的压应力区和拉应力区，在开裂之后由于裂缝的分割形成一个由受拉钢筋和未开裂的受压混凝土块相连的内部复杂受力体系。因此，可以把混凝土结构视为由压杆和拉杆构成的拉压杆模型。从框架节点的角度而言，可将承担压力的核心区混凝土定义为压杆，承担拉力的箍筋和梁柱纵筋定义为拉杆，拉压杆交汇于结点。由此可见，拉压杆理论是建立在反映钢筋混凝土结构内部真实的传力机制的自然模型之上的方法，而且满足塑性下限定理（所有与静力容许应力场对应的荷载中的最大荷载为极限荷载），即只要拉压杆模型代表混凝土结构内部真实可靠的传力机制，并且能满足平衡条件和力的边界条件，且不破坏极限条件，则该理论体系就能保证结构设计的合理与安全。

在反复荷载作用下，框架节点承受很大的剪力，核心区产生多条斜向裂缝，将节点分成多个区域，使得节点核心区像是由许多断面不规则的条状混凝土杆所组成，由于各混凝土杆的断面积不相等，因而产生局部应力集中现象，造成裂缝间局部应力高于平均应力而提前挤碎，使混凝土平均抗压强度低于单轴抗压强度，发生混凝土抗压软化现象。黄世建教授

(2002) 综合拉压杆理论与混凝土软化效应提出了软化拉压杆模型评估节点剪力，该模型将节点分为对角机制、水平机制和垂直机制三个机制，通过拉压杆件结点之间的平衡方程、边界条件和材料本构关系剪力方程进行计算。但是，满足以上条件需要 11 个方程式，求解需要借助电脑。于是李宏仁将软化拉压杆模型进一步简化，以便于应用。

框架节点对角混凝土抗压强度 $C_{\mathrm{d.n}}$ 定义如下：

$$C_{\mathrm{d.n}} = K\zeta f_c' A_{\mathrm{str}} \tag{5-11}$$

式中，K 为拉压杆指标；ζ 为软化系数；A_{str} 为对角压杆有效面积。

1. 拉压杆指标 *K*

拉压杆指标代表多个传力路径分散节点内应力所造成的强度放大效应，以水平和垂直拉杆来模拟抗剪机制的贡献。当节点内无任何拉杆存在时对角压力仅有混凝土压杆传递，当水平和垂直拉杆同时存在时，拉杆之间可以形成次压杆，有更多的混凝土参与作用，这样对角抗压强度得以提升。拉压杆指标可以采用下式近似计算：

$$K = K_{\mathrm{h}} + K_{\mathrm{v}} - 1 \tag{5-12}$$

式中，K_{h} 和 K_{v} 分别为水平与垂直拉杆指标，分别由以下两式计算：

$$K_{\mathrm{h}} = \frac{1}{1 - 0.2(\gamma_{\mathrm{h}} + \gamma_{\mathrm{h}}^2)} \tag{5-13}$$

$$K_{\mathrm{v}} = \frac{1}{1 - 0.2(\gamma_{\mathrm{v}} + \gamma_{\mathrm{v}}^2)} \tag{5-14}$$

式中，γ_{h} 为当节点仅以对角与水平机制抗剪时，水平机制所占单位传力比例；γ_{v} 为当节点仅以对角与垂直机制抗剪时，垂直机制所占单位传力比例。计算公式如下：

$$\gamma_{\mathrm{h}} = (2\tan\theta - 1)/3 \quad (0 \leqslant \gamma_{\mathrm{h}} \leqslant 1) \tag{5-15}$$

$$\gamma_{\mathrm{v}} = (2\cot\theta - 1)/3 \quad (0 \leqslant \gamma_{\mathrm{v}} \leqslant 1) \tag{5-16}$$

式中，θ 为对角压杆倾角。

2. 混凝土软化系数 *ζ*

混凝土软化系数采用 Hsu 和 Zhang 建议的计算公式，如下：

$$\zeta = \frac{5.8}{\sqrt{f_c'}} \frac{1}{\sqrt{1 + 400\varepsilon_{\mathrm{r}}}} \leqslant \frac{0.9}{\sqrt{1 + 400\varepsilon_{\mathrm{r}}}} \tag{5-17}$$

式中，ε_{r} 为垂直对角压杆方向的平均拉应变。

考虑到拉杆钢筋维持在弹性范围，可将水平和垂直钢筋的屈服应变 ε_{h}、ε_{v} 假定为 0.002，同时近似取对角压杆轴向压应变 ε_{d} 为 −0.001，则根据应变协调方程 $\varepsilon_{\mathrm{r}} + \varepsilon_{\mathrm{d}} = \varepsilon_{\mathrm{h}} + \varepsilon_{\mathrm{v}}$ 可得 $\varepsilon_{\mathrm{r}} = 0.005$，代入式 5-17 可得下式：

$$\zeta = \frac{3.35}{\sqrt{f_c'}} \leqslant 0.52 \tag{5-18}$$

3. 对角压杆有效面积 A_{str}

节点对角压杆面积定义为节点有效宽度 b_{j} 乘以对角压杆深度 a_{s}。b_{j} 按照文献取值，而在塑性铰产生前，可表示如下：

$$a_{\mathrm{s}} = \sqrt{a_{\mathrm{b}}^2 + a_{\mathrm{c}}^2} \tag{5-19}$$

式中，a_{b}、a_{c} 分别为梁、柱的压力区深度。在梁端产生后可令 $a_{\mathrm{b}} = 0$，a_{c} 可由下式计算：

$$a_{\mathrm{c}} = \left(0.25 + 0.85 \frac{N}{A_{\mathrm{g}} f_c'}\right) h_{\mathrm{c}} \tag{5-20}$$

式中，N为柱轴压力，以受压为正，A_g为柱断面面积，h_c为柱断面深度。

4. 对角压杆倾角 θ

在软化拉压杆模型中，假设对角压杆角度为定值，其建议计算公式如下：

$$\theta = \tan^{-1}\left(\frac{h'_b}{h'_c}\right) \tag{5-21}$$

式中，h'_b为梁最外层上下纵筋中心之间的距离，h'_c在中节点中为柱两侧最外层纵筋中心之间的距离，在边节点中为柱最外层纵筋中心到梁纵筋弯起延长段中心之间的距离。

由此，可以得到节点水平剪力计算公式：

$$V_{jh} = C_{d,n} \times \cos\theta \tag{5-22}$$

5.4.3 角钢加固节点剪力评估

在强烈地震作用下，框架节点由于受到较大的剪力，核心区不断出现裂缝、角部混凝土不断被压碎或挤碎，发生混凝土软化现象，混凝土强度降低。当节点所受剪力超过抗剪强度时，节点随即发生剪切破坏。由此可见，为了解既有框架结构现状，需要对框架节点进行抗剪能力评估。同样，为了评价加固效果如何，也需要对加固节点进行剪力评估。

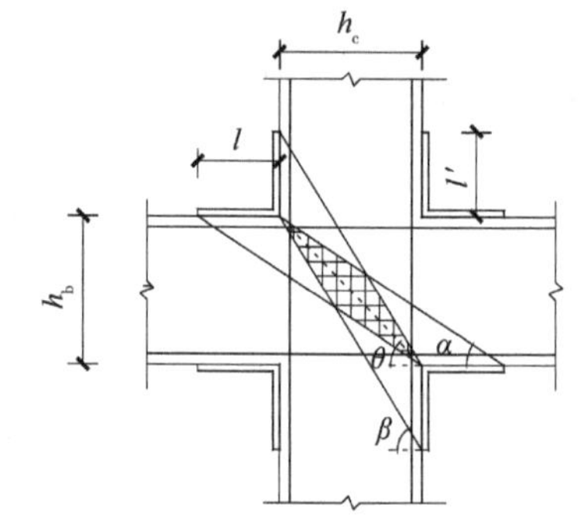

图 5.7　加固节点对角压杆

由角钢加固节点的增强机理可知，加固节点在实现梁端塑性铰外移后，原来作用于节点对角角部的较大压应力分别外移至梁柱加固区外，节点核心区的斜压杆扩展到梁柱加固段，形成沿对角方向一对斜压杆，如图 5.7 所示。由此，根据斜压杆叠加可以得到加固节点水平剪力计算公式：

$$V_{jh,s} = V_{jh,b} + V_{jh,c} - 0.5V_{jh} \tag{5-23}$$

式中，第一、二项分别表示梁、柱斜压杆贡献的节点剪力，第三项则为二者的相交重合部分。

根据上面计算公式，可以得到本文试验的水平剪力评估值，与试验值的对比见表 5-1。可以看出，除 RJ-1 外评估值皆大于试验值，加固节点更是远大于试验值，这与试验中 RJ-1 节点核心区发生破坏相符合；J-1 与 RJ-9 预裂试验值已十分接近评估值，说明节点区已开裂，但未发生剪切破坏，因为梁筋粘结失效抑制了节点内剪力的进一步增加；而加固节点则由于梁端塑性铰外移较大幅度提高了核心区的抗剪能力，改善了节点的抗震性能。

表 5-1　各试件剪力试验值与评估值

试件名称	试验值/kN	评估值/kN
J-1	326.55	421.25
RJ-1	424.99	421.25
RJ-2	416.11	862.74
RJ-3	455.12	862.74
RJ-4	407.65	862.74

（续）

试件名称	试验值/kN	评估值/kN
RJ-5	398.73	719.46
RJ-6	411.65	862.74
RJ-7	585.21	862.74
RJ-8	368.47	719.46
RJ-9 预裂	320.76	421.25
RJ-9	377.08	862.74

5.5　小结

本章首先对比分析了节点加固前后弯矩、剪力的分布情况，指出角钢加固节点设计方法的基本思想是基于外移梁塑性铰以改变结构单元的受力机制，通过角钢与梁柱协同工作承担大部分作用力，使节点核心区原有的斜压杆扩展至梁柱段内，斜压杆面积增大，实现角钢加固的增强机制。接着简要回顾了 Hakuto 剪力衰减模型与软化拉压杆模型两个节点剪力评估模型，在此基础上提出了角钢加固节点的剪力评估计算公式，并将试验各试件剪力实测值与评估值进行对比，对比结果与试验现象吻合。

第 6 章　参数化分析及设计方法

有限元法是一种基于变分原理处理连续介质问题的分析方法，该方法通过离散求解区域内的连续介质，形成有限个单体组合体，通过单元节点将相邻单元连接，从而将连续介质力学的求解问题转化为有限个单元节点的力学状态求解问题。随着力学分析理论的完善和计算机技术的发展，有限元分析软件以更高的准确度、更广的模拟范围和更快的计算速度等优势成为结构分析工具之一。目前对混凝土结构性能的研究常采用试验和数值模拟相结合的方法，对二者的结果互相验证。一方面，试验结果虽然直观、可靠，但存在费用较高、周期长、受试验条件限制等问题；另一方面随着计算机的普及和有限元理论的发展，数值模拟方法已经成为研究混凝土结构性能的一种重要手段，电算模拟分析日益成为混凝土结构计算分析的主要研究手段之一。与试验研究相比，电算模拟分析具有以下优点：不受时间、空间、经济条件和偶然误差等因素的影响，并且在计算的数量、规模和适用范围方面少了许多限制。因此，理论研究、试验研究和计算机仿真分析共同构成结构研究的三个同等重要的研究手段。

本章首先采用 ABAQUS 软件对框架节点进行参数化分析，采用 SAP2000Nonlinear 分析软件的 Pushover 模块对单榀框架进行分析，最后提出设计方法及施工工艺。

6.1　ABAQUS 软件介绍

ABAQUS 是国际上最先进的大型通用有限元计算分析软件之一，具有强大的计算功能和广泛的模拟性能，不仅包括一个丰富的、可模拟任意几何形状的单元库，同时拥有各种类型的材料模型库，可以模拟典型工程材料的性能，其中包括金属、橡胶、高分子材料、复合材料、钢筋混凝土、可压缩超弹性泡沫材料以及土壤和岩石等地质材料。作为通用的模拟工具，ABAQUS 除了能解决大量结构（应力/位移）问题，还可以模拟其他工程领域的许多问题，例如热传导、质量扩散、热电耦合分析、声学分析、岩土力学分析及压电介质分析。因此，无论是分析一个简单的线弹性问题，还是一个包括几种不同材料的、承受复杂机械和热荷载过程、具有变化的接触条件的非线性组合问题，应用该软件计算分析都会取得令人满意的计算结果。

ABAQUS 为用户提供了广泛的功能，且使用起来非常简单。大量的复杂问题可以通过选项块的不同组合很容易地模拟出来。例如，对于复杂多构件问题的模拟，可以通过对每个构件定义合适的材料模型，然后将它们组装成几何构形。在大部分模拟中，甚至高度非线性问题，用户只需提供一些工程数据：结构的几何形状、材料性质、边界条件及载荷工况。在一个非线性分析中，ABAQUS 能自动选择相应载荷增量和收敛限度，它不仅能够选择合适参数，而且能连续调节参数以保证在分析过程中有效地得到精确解，用户通过准确的定义参数就能很好地控制数值计算结果。

ABAQUS 软件可以分析复杂的固体力学结构力学系统，特别是能够驾驭非常庞大复杂的问题和模拟高度非线性问题。ABAQUS 不但可以做单一零件的力学和多物理场的分析，同时还可以做系统级的分析和研究。ABAQUS 的系统级分析的特点相对于其他的分析软件来说是独一无二的。由于 ABAQUS 优秀的分析能力和模拟复杂系统的可靠性，使其在各国的工业和研究中被广泛采用。

ABAQUS 大型有限元软件包括两个主求解器模块：ABAQUS/Standard 和 ABAQUS/Explicit。其中，ABAQUS/Standard 主要用于线性和非线性的静态问题求解，它采用牛顿迭代法求解矩阵，能够自动选择相应载荷增量和收敛限度，实现问题的快速求解。求解过程中，每个增量步均需要进行一次或多次的矩阵求解，每次迭代都需求解大型的线性方程组，该过程对计算资源和计算空间的要求较高；且分析过程中，每个时间步都可能出现非线性状态，实际运算中受迭代次数和非线性程度的限值影响，对于高度非线性问题，极易出现严重不收敛问题。ABAQUS/Explicit 分析模块主要用于冲击、爆炸等瞬时动态问题求解，采用中心差分法对非线性问题进行求解，在时间域上对运动方程进行显示积分，动力方程在增量步开始时刻 t 保持平衡，利用 t 时刻的加速度，得到 $t+\Delta t/2$ 的速度和 $t+\Delta t$ 的位移；分析过程不需要迭代求解，每一个增量步结束时刻的状态取决于增量步开始时刻的位移、速度和加速度，该求解模块不存在收敛问题，对于高度非线性问题的分析更为方便。ABAQUS 还包含一个全面支持求解器的图形用户界面，即人机交互前后处理模块 ABAQUS/CAE。ABAQUS 对某些特殊问题还提供了专用模块来加以解决。

本文所研究的节点在地震作用下的抗震性能分析，由于涉及复杂的非线性问题，基于 ABAQUS 优秀的非线性能力，所以采用 ABAQUS 有限元软件作为分析工具。混凝土材料具有较低的抗拉强度，材料开裂会导致有限元分析过程中出现结构负刚度，采用 ABAQUS/Exp-licit 分析循环荷载作用下混凝土结构的受力性能极易出现不收敛问题，基于此，本章采用 ABAQUS/Explicit 分析模块对不同参数加固角钢混凝土框架节点力学性能进行研究。为减少误差、保证分析准确性，应采用较小的时间增量步。

6.2　力学模型

材料的本构关系是材料在受力全过程中力与变形物理关系的描述，是材料内部微观机理的宏观行为表现，是结构强度和变形计算中必不可少的。钢筋混凝土是由钢筋和混凝土两种材料共同组成，在受力过程中两种材料相互作用，使得它们一般都处于复杂应力状态。为了分析加固钢筋混凝土节点的力学性能及其影响参数，必须首先确定钢筋、混凝土和加固材料的本构模型以及钢筋与混凝土、加固材料与混凝土界面的力学模型。

6.2.1　混凝土的本构模型

混凝土是一种准脆性材料，即具有高抗压、低抗拉、易开裂性能，其本质特点是材料组成的不均匀性，且存在微裂缝。与其他单一性结构材料（如钢、木等）相比，混凝土具有更为复杂多变的力学性能，特别是在复杂的应力状态和加载历史下，混凝土的本构关系更加复杂。因此，国内外学者进行了大量的试验和理论研究，提出了多种多样的混凝土本构模型。根据这些模型对混凝土材料力学性能特征的概括，分成四大类：线弹性模型、非线性弹性模型、塑性理论模型、其他力学理论类模型。前两类属弹性模型，后两类统称非弹性模型。当混凝土无裂缝时，可将混凝土看成线弹性匀质材料，采用线弹性的本构关系。但是，混凝土在多轴应力作用下，应力-应变关系呈曲线形式。非线性混凝土本构模型是建立在弹性概念基础上的，属于经验型，适用于单调加载情况；经典弹塑性理论本构模型以塑性流动理论为基础，能考虑混凝土加载途径和混凝土硬化，但一般不能反映混凝土的软化性能。

ABAQUS 提供了两种混凝土材料本构模型，一种是弹塑性断裂模型，另一种是弹塑性断裂-损伤模型，可根据分析对象及要求进行选择。

1. 弹塑性断裂模型

ABAQUS 提供的第一种混凝土模型，即弹塑性断裂模型（在 ABAQUS 自带的文献中称为 smeared crack model），是一个用弹塑性模型描述混凝土受压，用固定弥散裂缝模型模拟混凝土受压的本构模型，在 ABAQUS 的用户手册中指出，由于该模型的受压弹塑性模型相对比较简单，因此比较适用于非线性主要是受拉开裂引起的低围压混凝土构件。

ABAQUS 的弹塑性断裂模型利用定向损伤弹性以及各向等压塑性的概念来描述混凝土的非线性性能，该模型适用于分析承受单调加载的各种类型的钢筋混凝土结构，也可用于素混凝土的分析。

混凝土的开裂是其重要的特性，ABAQUS 认为当混凝土应力达到一个叫作“裂缝检测面”的破坏面时，裂缝开始出现。破坏面在等效应力 p 和 Mises 等效偏应力 q 之间是线性关系，如图 6.1 所示。一旦被检测到，它的方位就为随后的计算所储存，随后出现的在同一点处的裂缝方位与之正交。ABAQUS 认为混凝土的开裂过程是不可逆的，而且任意点处的裂缝不超过 3 条（2 条为平面应力状况，1 条为单轴应力状况）。

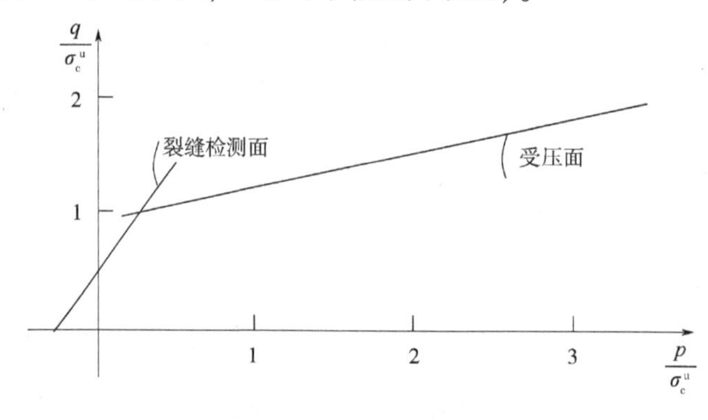

图 6.1　p-q 平面的屈服和破坏面

受拉构件或梁受拉区混凝土开裂后，裂缝截面上的混凝土退出工作，但裂缝间的混凝土继续承受拉力，使得混凝土内钢筋的平均应变或总变形小于钢筋单独受力时的相应变形，有利于减小裂缝宽度和增大构件的刚度，该效应称为受拉刚化，对于研究钢筋混凝土构件在混凝土开裂后的荷载-变形特性非常重要。考虑受拉刚化效应方法总体上包括：根据粘结应力-滑移本构模型建议粘结单元，增大钢筋刚度和基于混凝土的平均应力和平均应变关系建立开裂后依然有一定抗拉强度的模型。ABAQUS 自带的混凝土模型中采用第三种方法，假定混凝土的性能独立于其周围的有粘结钢筋，混凝土和钢筋之间的相互作用效应，比如粘结滑移等，通过在混凝土模型中引入“拉伸强化”来近似实现（图 6.2）。抗拉强化模拟了混凝土单元内由于钢筋的存在，荷载在混凝土单元裂缝之间的传递。定义抗拉强化时，认为混凝土开裂后拉应力并未完全释放，仍滞留有一部分拉应力，由 * tension stiffening 命令定义。抗拉强化和许多因素有关，比如配筋指标、钢筋和混凝土之间的粘结质量、混凝土骨料比之钢筋直径的相对尺寸以及网格划分等。在重复和反复荷载作用下，钢筋和混凝土的粘结状况会逐渐退化，受拉刚化效应也会因此减弱，拉伸强化参数的选择是重要的。通常较大的拉伸强化有利于数值求解，太小的拉伸强化将引起混凝土中局部的裂纹失效，从而导致整个模型的不稳定性，因此分析时须根据实际情况合理估计混凝土的抗拉强化。

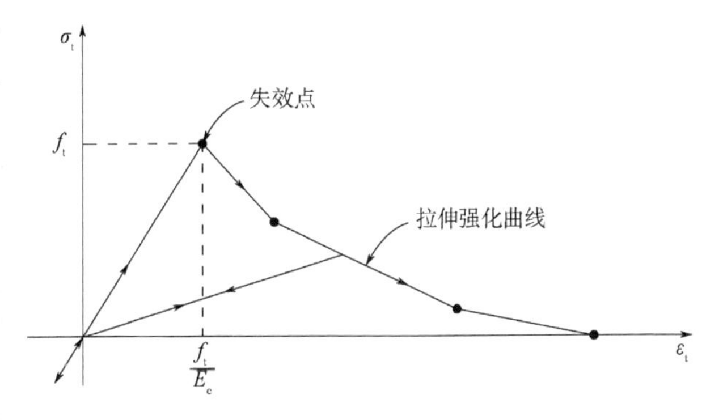

图 6.2　混凝土的拉伸强化模型

ABAQUS 帮助文档建议，对于配筋率相对较大的结构，当采用较密的网格时，假设混凝土的拉应力到达极限拉（开裂）应力或抗拉强度后，拉应力线性降到零，此时对应的总拉应变取开裂应变的 10 倍。一般情况下，作为近似可采用此假设，普通混凝土开裂应变的典型值为 10^{-4}，因此，于拉应力为零的总拉应变，取 10^{-3}是较为合理的。

由 * FAILURE RATIOS 命令定义混凝土的抗拉强度，定义的数据值为混凝土的抗拉强度与抗压强度的比值。混凝土的抗拉强度可由混凝土的劈裂试验得到，在缺乏试验数据的情况下，混凝土的抗拉强度一般可取混凝土抗压强度的 7% ~10% 。

混凝土开裂后，其抗剪强度会有所降低，ABAQUS 采用 * SHEAR RETENTION 命令来定义剪切刚度的变化。剪切命令在缺省情况下，ABAQUS 则认为混凝土的开裂对其剪切刚度没有影响，也称“全剪切滞留（FULLSHEAR RETENTION）”，这种假设是较为合理的，因为通常情况下混凝土开裂后剪切滞留的大小对混凝土的综合响应的影响并不十分明显。

混凝土的抗压响应基于弹塑性理论，利用等效压应力 p 和 Mises 等效偏应力 q 表达的一个形式简单的屈服面来模拟，如图 6.1 所示。该抗压模型极大地简化了混凝土的实际抗压性能，计算效率较高。但在三轴抗压的情况下，由于缺乏第三非独立应力不变量，屈服面难以准确确定。ABAQUS 里，受压混凝土单轴加载和卸载过程的应力-应变曲线如图 6.3 所示，曲线分线弹性阶段和非线性阶段，弹性极限值一般取混凝土抗压强度的 40% ~50% 。由 * concrete 命令定义单轴受压混凝土进入非线性阶段的应力-应变关系。由于 ABAQUS 弹塑性应力-应变定义时，最后给出的数据项的应力值在定义范围外保持为一个常数不变，所以在实际定义时，当混凝土的应变到达极限压应变之后，须把应力值强制性地降为零。

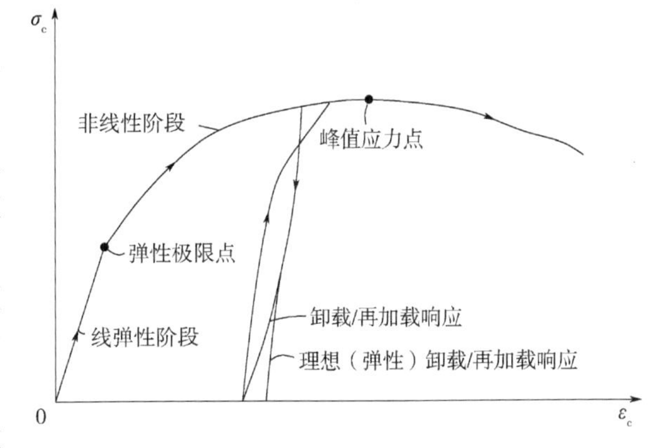

图 6.3　受压混凝土单轴加卸载的应力-应变模型

2. 弹塑性断裂-损伤模型

ADAQUS 的弹塑性断裂-损伤模型利用等向损伤弹性以及各向等拉和等压塑性的概念来描述混凝土的非线性性能。该模型的适用范围比前述的弹塑性断裂模型更广泛，它不仅可用于分析一般的承受单调加载的各类混凝土结构，也可用于重复荷载作用下以及动力荷载作用下的混凝土结构的分析。

该模型是在 Lubliner 和 Fenves 模型基础之上建立的，它主要抓住混凝土及准脆性材料在相对较低围压下（小于 4 ~5 倍单轴极限抗压应力）不可逆的损伤效应以及塑性变形，它能反映混凝土如下宏观变形特征：

1）不同的拉压屈服强度。

2）拉伸状态下，材料软化；压缩状态下，初始硬化后软化。

3）在拉伸状态与压缩状态下弹性刚度损伤机制不同。

混凝土弹塑性断裂-损伤模型的主要两个破坏机制是混凝土的拉裂和压碎，与之对应的屈服（或破坏）面的形成分别由等效塑性拉应变和等效塑性压应变这两个硬化变量控制。同时，该模型引入受拉、受压两个刚度损伤（降低）变量 d_t、d_c，分别反映受拉和受压区混凝土进入应变软化阶段任意点的卸载弱化响应，这两个变量分别由 * Concrete tension damage 和 * Concrete compression damage 定义。

在循环荷载作用下，混凝土的损伤机制相当复杂，包括已形成的细观裂缝的闭合和张开，以及它们之间的相互作用。试验研究表明，当循环荷载的符号发生改变时，混凝土的刚度能得到若干程度的恢复，也称“单向效应”。单向效应在荷载从受拉改变到受压时尤为明显，这是由于混凝土从拉应力转变成压应力时裂缝闭合，从而使抗压刚度得到恢复。刚度恢复是循环荷载作用下的混凝土的重要力学响应，ABAQUS 通过 * Concrete tension damage 命令的 compression recovery 参数设置抗压刚度恢复系数 w_c，以及通过 * Concrete compression damage 命令的 tension recovery 参数设置抗拉刚度恢复系数 w_t。混凝土的单轴循环过程如图 6.4 所示，对于包括混凝土在内的绝大多数准脆性材料，当荷载从拉变为压时，由于裂缝闭合使得抗压刚度迅速恢复，因此可取 $w_c=1$；另一方面，当荷载从压变为拉时，会产生很多细观裂缝，因此一般认为抗拉刚度没有恢复，即取 $w_t=0$。

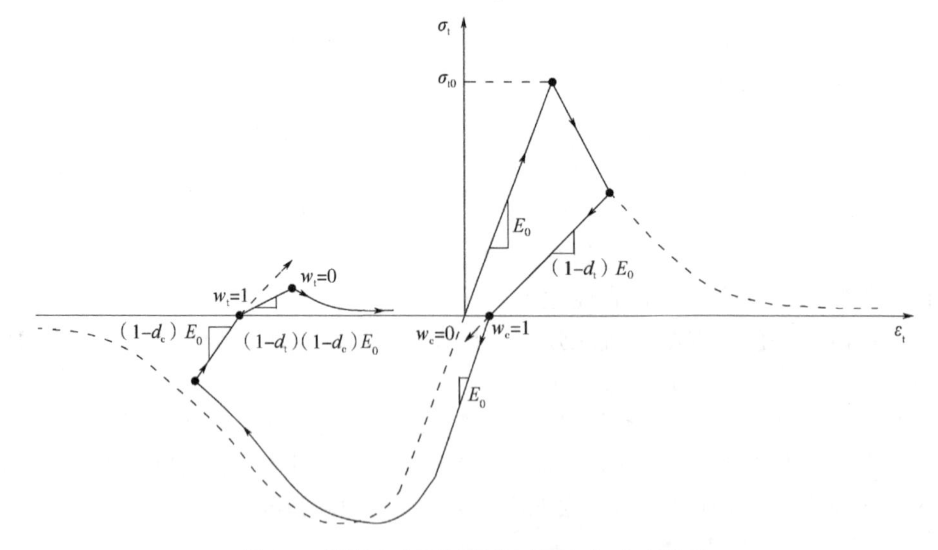

图 6.4　混凝土在反复荷载下的应力-应变关系

混凝土开裂后的应变软化性能由命令 * Concrete tension stiffening 定义，该命令同时以一种较为简单的方法考虑并模拟了有粘结钢筋和周围混凝土之间的相互作用效应。混凝土的弹塑性断裂-损伤模型中 * Concrete tension stiffening 命令必不可少，它根据混凝土开裂后的应力-应变关系或通过应用断裂能开裂准则来描述混凝土的抗拉强化。对于一般的钢筋混凝土，其抗拉强化效应由开裂后的应力-应变关系定义，并根据开裂应变给出定义数据，开裂应变值为总拉应变值与弹性拉应变值的差值，计算时，ABAQUS 结合给出的受拉刚度破坏变量值自动把开裂应变值转换为等效塑性拉应变值。如果受拉刚度破坏变量缺省或给出值为零，则开裂应变值等于等效塑性拉应变值。对于素混凝土，根据应力-应变关系描述抗拉强化会引起不合理的网格敏感，导致计算不收敛，这种情况对于裂缝局部集中的开裂混凝土结构尤为明显。ABAQUS 采用 Hilleborg 建议的断裂能开裂准则来描述素混凝土的脆性特性，此时，混凝土的抗拉强化由应力-位移关系而不是由应力-应变关系确定。

单轴受压混凝土弹性区域以外的非线性应力-应变关系由 * Concrete compression hardening 定义，其数据项的压应力为非线性压应变的制表函数，这里非线性压应变值为总的压应变值与弹性压应变值的差值。计算时，ABAQUS 结合给出的受压刚度破坏变量值自动把非线性压应变值转换为等效塑性压应变值。如果受压刚度破坏变量缺省或给出的值为零，则非线性压应变值等于等效塑性压应变值。

与弹塑性断裂模型相比，弹塑性断裂-损伤模型主要改进包括：①引入了损伤指标，通过对混凝土的弹性刚度矩阵加以折减，达到模拟混凝土的卸载刚度随损伤增加而降低的特点；②将非关联硬化引入混凝土弹塑性本构模型中，以期更好地模拟混凝土受压弹塑性行为；③可以人为控制裂缝闭合前后的行为，更好地模拟反复荷载下混凝土的反应。因此本文采用弹塑性断裂-损伤模型。

接下来对弹塑性断裂-损伤模型的刚度退化、屈服条件、塑性势等基本情况进行介绍。

（1）概述

1）应变率分解。应变率无关模型采用应变率分解为：

$$\dot{\varepsilon} = \dot{\varepsilon}^{el} + \dot{\varepsilon}^{pl} \tag{6-1}$$

式中，$\dot{\varepsilon}$ 为总应变率，$\dot{\varepsilon}^{el}$为弹性应变率，$\dot{\varepsilon}^{pl}$为塑性应变率。

2）应力-应变关系。标量弹性损伤模型的应力-应变关系：

$$\sigma = (1-d)D_0^{el}:(\varepsilon - \varepsilon^{pl}) = D^{el}:(\varepsilon - \varepsilon^{pl}) \tag{6-2}$$

式中，D_0^{el} 为材料的初始（无损伤）弹性刚度，$D^{el} = (1-d)D_0^{el}$ 为退化（损伤）弹性刚度，d 为标量刚度损伤变量，大小从 0（无损伤）到 1（完全损伤），混凝土破坏机制（拉裂和压碎）相关的损伤导致弹性刚度的退化。遵循通常的连续损伤力学概念，有效应力定义如下：

$$\bar{\sigma} = D_0^{el}:(\varepsilon - \varepsilon^{pl}) \tag{6-3}$$

通过标量刚度退化变量 d，建立柯西应力与有效应力之间的联系如下：

$$\sigma = (1-d)\bar{\sigma} \tag{6-4}$$

对于任意给定材料的横截面，因子（$1-d$）表示有效承载面积（总面积减去损伤面积）与截面总面积之比。随着荷载的增加当损伤开始后，由于抵抗外荷载的是有效承载面积，因此使用有效应力比柯西应力更具有代表性。损伤变量的演化由硬化变量 $\tilde{\varepsilon}^{pl}$ 和有效应力控制，也就是：$d = d(\bar{\sigma}, \tilde{\varepsilon}^{pl})$ 。

3）强化变量。拉伸和压缩状态下损伤状态由硬化变量 $\tilde{\varepsilon}_t^{pl}$ 和 $\tilde{\varepsilon}_c^{pl}$ 表示，$\tilde{\varepsilon}_t^{pl}$ 是拉伸等效塑性应变，ε_c^{pl} 是压缩等效塑性应变。强化变量的演化方程：

$$\tilde{\varepsilon}^{pl}=\begin{bmatrix}\tilde{\varepsilon}_t^{pl}\\ \tilde{\varepsilon}_c^{pl}\end{bmatrix};\ \dot{\tilde{\varepsilon}}^{pl}=h(\bar{\sigma},\tilde{\varepsilon}^{pl})\cdot\dot{\varepsilon}^{pl} \tag{6-5}$$

这些变量控制了屈服面演化以及弹性刚度的损伤。

4）屈服函数。屈服函数 $F(\bar{\sigma},\tilde{\varepsilon}^{pl})$ 代表了有效应力空间的一个面，这个面确定了材料损伤失效的状态，满足：

$$F(\bar{\sigma},\tilde{\varepsilon}^{pl})\leqslant 0 \tag{6-6}$$

5）流动准则。塑性流动由流动势函数 G 控制，流动法则如下：

$$\dot{\varepsilon}^{pl}=\dot{\lambda}\frac{\partial G(\bar{\sigma})}{\partial\bar{\sigma}} \tag{6-7}$$

式中，$\dot{\lambda}$ 为非负塑性乘子，塑性势定义在有效应力空间。

（2）损伤和刚度退化　先在单轴荷载条件下，根据应力-应变关系实验曲线，得到硬化变量 $\tilde{\varepsilon}_t^{pl}$ 和 $\tilde{\varepsilon}_c^{pl}$ 的演化方程，然后扩展到多轴荷载条件。

1）单轴荷载作用。在单轴荷载条件下，有效塑性应变率为：

$$\dot{\tilde{\varepsilon}}_t^{pl}=\dot{\varepsilon}_{11}^{pl}\text{，在单轴拉伸情况下} \tag{6-8}$$

$$\dot{\tilde{\varepsilon}}_c^{pl}=-\dot{\varepsilon}_{11}^{pl}\text{，在单轴压缩情况下} \tag{6-9}$$

式中，$\dot{\varepsilon}_{11}^{pl}$ 为单轴情况下的塑性应变率。

单轴应力-应变关系曲线可以转换成应力对塑性应变的关系：

$$\sigma_t=\sigma_t(\tilde{\varepsilon}_t^{pl},\dot{\tilde{\varepsilon}}_t^{pl},\theta,f_i) \tag{6-10}$$

$$\sigma_c=\sigma_c(\tilde{\varepsilon}_c^{pl},\dot{\tilde{\varepsilon}}_c^{pl},\theta,f_i) \tag{6-11}$$

式中，θ 为温度，f_i（$i=1,2\cdots$）为其他预先定义的场变量。

如图6.5所示，当混凝土试件从应力-应变曲线软化段某一点卸载，卸载响应变弱，即材料的弹性刚度损伤（减小）。在拉伸与压缩试验中，弹性刚度的损伤显著不同，混凝土的损伤响应由两个独立的单轴损伤变量 d_t 和 d_c 表示，它们是塑性应变、温度和场变量的函数：

$$d_t=d_t(\tilde{\varepsilon}_t^{pl},\theta,f_i)\ (0\leqslant d_t\leqslant 1) \tag{6-12}$$

$$d_c=d_c(\tilde{\varepsilon}_c^{pl},\theta,f_i)\ (0\leqslant d_c\leqslant 1) \tag{6-13}$$

单轴损伤变量是等效塑性应变的递增函数。

E_0 为材料初始（无损伤）弹性刚度，应力-应变关系在单轴拉伸和压缩荷载作用下分别为：

$$\sigma_t=(1-d_t)E_0(\varepsilon_t-\tilde{\varepsilon}_t^{pl}) \tag{6-14}$$

$$\sigma_c=(1-d_c)E_0(\varepsilon_c-\tilde{\varepsilon}_c^{pl}) \tag{6-15}$$

在单轴拉伸荷载作用下，裂缝沿着垂直于应力的方向扩展。因此裂缝的结合和传播导致承载面积减小，从而导致有效应力的增加。在单轴压缩荷载作用下，由于裂缝沿着加载方向开裂，损伤效应没有拉伸荷载作用下显著，然而，受压程度相当高时，有效承载面积也要大幅减小。单轴有效应力 $\bar{\sigma}_t$ 和 $\bar{\sigma}_c$ 由下式给出：

$$\bar{\sigma}_t = \frac{\sigma_t}{(1-d_t)} = E_0(\varepsilon_t - \tilde{\varepsilon}_t^{pl}) \tag{6-16}$$

$$\bar{\sigma}_c = \frac{\sigma_c}{(1-d_c)} = E_0(\varepsilon_c - \tilde{\varepsilon}_c^{pl}) \tag{6-17}$$

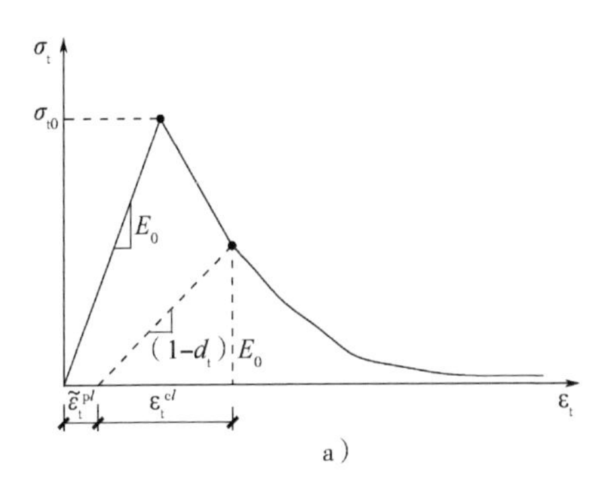

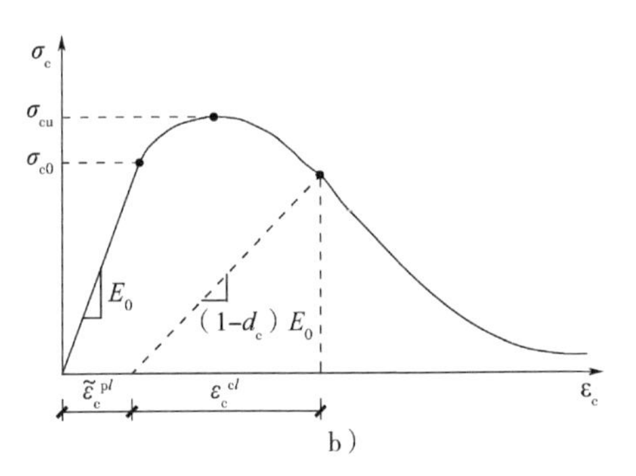

图6.5 单调拉伸和压缩荷载作用下混凝土的 σ-ε 曲线

a）单调拉伸时的 σ-ε b）单调压缩时的 σ-ε

2）多轴荷载作用。硬化变量的演化方程扩展到一般的多轴荷载条件。在 Lee and Fenves 模型基础上，假定等效塑性应变率由下式表达：

$$\dot{\tilde{\varepsilon}}_t^{pl} = \hat{\dot{\varepsilon}}_{max}^{pl} \tag{6-18}$$

$$\dot{\tilde{\varepsilon}}_c^{pl} = -[1 - r(\hat{\bar{\sigma}})]\hat{\dot{\varepsilon}}_{min}^{pl} \tag{6-19}$$

式中，$\hat{\dot{\varepsilon}}_{max}^{pl}$ 和 $\hat{\dot{\varepsilon}}_{min}^{pl}$ 分别为塑性应变率张量 $\dot{\varepsilon}^{pl}$ 的最大主值和最小主值，$r(\hat{\bar{\sigma}})$ 为权函数，为

$$r(\hat{\bar{\sigma}}) = \frac{\sum_{i=1}^{3}\langle\hat{\bar{\sigma}}_i\rangle}{\sum_{i=1}^{3}|\hat{\bar{\sigma}}|} \qquad 0 \leqslant r(\hat{\bar{\sigma}}) \leqslant 1 \tag{6-20}$$

Macauley 括号（·）定义为 $\langle x\rangle = \frac{1}{2}(|x| + x)$。当所有主应力 $\hat{\bar{\sigma}}_i$（$i=1, 2, 3$）都是正值时，$r(\hat{\bar{\sigma}}) = 1$；都是负值时，$r(\hat{\bar{\sigma}}) = 0$。

（3）屈服条件　混凝土弹塑性断裂-损伤模型采用的屈服面，由 Lubliner 等建议采用，并由 Lee and Fenves 修改，可以考虑拉伸和压缩情况下不同的强度演化，并用有效应力来表达：

$$F(\bar{\sigma}, \tilde{\varepsilon}^{pl}) = \frac{1}{1-\alpha}(\bar{q} - 3\alpha\bar{p} + \beta(\tilde{\varepsilon}^{pl})\langle\hat{\bar{\sigma}}_{max}\rangle - \gamma\langle-\hat{\bar{\sigma}}_{max}\rangle) - \bar{\sigma}_c(\tilde{\varepsilon}_c^{pl}) \leqslant 0 \tag{6-21}$$

式中，α 和 γ 为无量纲的材料常数，$\bar{p}$ 为有效静水压应力，$\bar{q}$ 为 Mises 有效应力，$\bar{s}$ 为有效应力张量 $\bar{\sigma}$ 的偏应力部分，$\hat{\bar{\sigma}}_{max}$ 为有效应力张量的最大主值。

（4）塑性势　模型中的塑性势 G 采用 Drucker-Prager 双曲线函数：

$$G = \sqrt{(\varepsilon\sigma_{t0}\tan\psi)^2 + \bar{q}^2} - \bar{p}\tan\psi \tag{6-22}$$

式中，ψ 为在 p-q 平面中高围压情况下的膨胀角。σ_{t0} 为单轴屈服拉应力，ε 为偏心参数，定义势函数趋近于渐进线（当偏心参数趋近于0时，流动势趋近于一条直线）的比率。塑性势连续而且光滑，保证塑性流动方向的唯一性。势函数在高围压应力下趋近于线性的 Drucker-Prager 塑性势，并与静水压应力轴正交。

文中混凝土的压缩硬化、拉伸强化及其破坏参数由滕智明给出的本构关系公式得到，受压时：

$$当\ \varepsilon \leqslant \varepsilon_0\ 时,\ \sigma = -f_c\left[2\frac{\varepsilon}{\varepsilon_0} - \left(\frac{\varepsilon}{\varepsilon_0}\right)^2\right] \tag{6-23}$$

$$当\ \varepsilon > \varepsilon_0\ 时,\ \sigma = -f_c\frac{\varepsilon/\varepsilon_0}{\varepsilon/\varepsilon_0 + \alpha(1-\varepsilon/\varepsilon_0)^2} \tag{6-24}$$

式中，f_c 为单轴受压的峰值应力；ε_0 为对应于峰值应力的应变，取0.002；α 为与混凝土强度有关的材料常数，当 $f_{cu}=20\sim40\text{N/mm}$ 时，取 $\alpha=0.4\sim2.0$。应力应变以受拉为正，受压为负。

单轴受拉时，本构曲线的上升段采用直线，其斜率为混凝土的弹性模量 E_c，下降段取：

$$\sigma = f_t e^{-\beta(\varepsilon-\varepsilon_t)} \quad (\varepsilon \geqslant \varepsilon_t) \tag{6-25}$$

式中，f_t，ε_t 分别为混凝土的单轴抗拉强度及对应的应变，β 为材料常数，取 $(1\sim2)\times10^{-4}$。

参数定义中混凝土刚度损伤系数 d_t 和 d_c 是根据 Yankelevsky 和 Reinhardt 提出的反复荷载下 σ-ε 关系的"焦点模型"得到的。对于普通混凝土，其拉、压卸载后的残余应变可以按如下表示。

受压卸载，当 $\sigma \leqslant 0.8f_c$ 时，按弹性刚度卸载，当 $\sigma \geqslant 0.8f$ 时有：

$$\varepsilon_c^{pl} = \frac{f_c\varepsilon - \sigma\dfrac{f_c}{E_0}}{f_c + \sigma} \tag{6-26}$$

受拉卸载，当 $\varepsilon \leqslant \varepsilon_t$ 时，按弹性刚度卸载，当 $\varepsilon \geqslant \varepsilon_t$ 时有：

$$\varepsilon_t^{pl} = \frac{f_t\varepsilon - \sigma\dfrac{f_t}{E_0}}{f_t + \sigma} \tag{6-27}$$

将以上公式的解代入下面的公式得到 d_t 和 d_c：

$$\sigma = (\varepsilon - \varepsilon^{pl})(1-d)E_0 \tag{6-28}$$

6.2.2 钢材的本构模型

相对混凝土而言，钢材是一种比较理想的均质材料，它的受拉和受压的力学性质基本一致，在变形不大时，通常是各向同性的。本文使用 Mises 屈服面和关联流动法则描述钢材的塑性变形：

$$q - \varphi\left(\int \overline{d\varepsilon^{pl}}\right) = 0 \tag{6-29}$$

式中，q 为 Mises 应力，$\int \overline{d\varepsilon^{pl}}$ 为等效塑性应变，φ 为硬化参数。

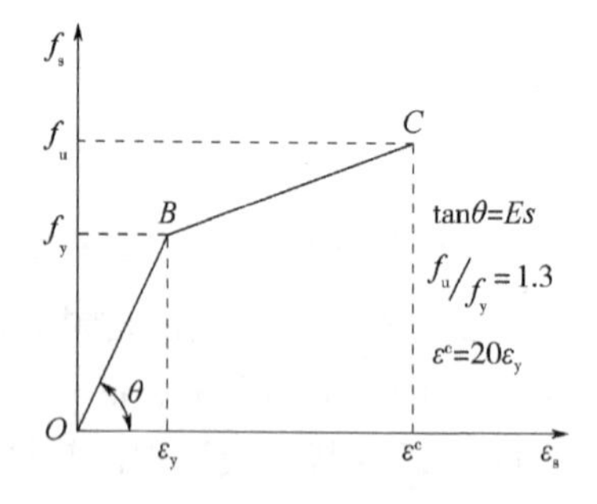

图 6.6 钢材的单轴应力-应变关系

假定材料是等向硬化，其硬化曲线采用常见的双折线模型，如图 6.6 所示。此模型能很好地反映钢材应力-应变全过程的特性，特别适用于延性较好的构件。

6.3　模型建立

6.3.1　单元选择与划分

有限元 ABAQUS 分析软件分析问题时，对三维问题应尽可能地采用六面体单元（砖型），它们以最低的成本给出最好的结果；在复杂应力状态下完全积分的二次单元可能发生自锁现象，对于模拟网格扭曲严重的问题，应用网格细化的线性、减缩单元。桁架单元是只能承受拉伸或者压缩载荷的杆件，不能承受弯曲，适合模拟铰接框架结构，能够用来近似模拟加强构件。

钢筋混凝土节点的有限元模型采用分离式模型，模型包含混凝土、钢筋和角钢单元三种单元。混凝土与角钢采用三维实体单元（C3D8R），该单位为线性实体八节点减缩积分单元；钢筋采用空间三节点桁架单元（T3D2）。混凝土单元边长为 50mm，节点区局部细化，为 25mm，共划分 6196 个单元；钢筋单元边长为 25mm，共划分 2992 个单元；加固角钢的边长根据角肢厚度取值，以近似实现正六面体单元进行网格划分。

在有限元 ABAQUS 分析软件中，钢筋的模拟主要可分为均布法、离散法与内嵌法等三种。

（1）均布法　此方法是将钢筋与混凝土视为一复合材料，即由钢筋与混凝土的复合体刚度矩阵模拟钢筋所提供的刚度效应，因此混凝土的强度亦含有钢筋的抗拉及抗压强度。但是这种方法模拟所得结果有限，无法单独查看单元的压应变。

（2）离散法　此方法是将钢筋以梁单元或桁架单元模拟，这种方法的优点是易于接受，且在分析过程中不必特殊考虑钢筋的效应。但需要注意的是模拟钢筋的梁单元或桁架单元划分网格必须与混凝土网格一致，使得分析模型较为复杂，如果钢筋为非线性，分析效率将会大大降低。

（3）内嵌法　此方法同样是将钢筋以梁单元或桁架单元模拟，与离散法相似，区别在于在分析过程中不必要求钢筋与混凝土网格划分一致。这种方法真实地模拟了实际结构物的情况，同时解决了离散法的问题。根据 Chang 等辅以修正值使钢筋可与参数坐标轴有一夹角，本文 ABAQUS 分析软件中，假设钢筋为只提供轴向刚度的桁架单元，建模时将钢筋视为等截面积直线。

采用桁架单元的办法，混凝土与钢筋之间的连接是在部件中分别将混凝土和钢筋（纵筋和箍筋）模型建好后，在属性中分别赋予截面和属性，最后在相互作用中的 embed 把钢筋骨架嵌入到混凝土的实体中实现与混凝土的连接。桁架单元不必与实体单元网格划分一致，节点自动约束到主体的实体单元的节点上。ABAQUS 假定混凝土的性能独立于其周围的有粘结钢筋，混凝土和钢筋之间的相互作用效应比如粘结滑移等，通过在混凝土模型中引入“抗拉强化”来近似实现。

ABAQUS 应用未变形的模型构型以确定哪些从属节点将被约束到主控表面上，默认的情况下，束缚了位于主控表面上给定距离之内的所有从属节点。试验证明，加固角钢与混凝土二者可以很好地协同工作，二者之间并未出现界面破坏或相对滑动，因此在模拟中将角钢与混凝土接触面绑定，该约束用来将两个面束缚在一起，在从属面上的每一个节点被约束为与在主控面上距它最近的点具有相同的运动。对于结构分析，这意味着约束了所有的平移（也可以包括转动）自由度。

在钢筋混凝土节点模拟试件柱顶、柱底、梁端上下表面设刚性单元，形成刚性面，模拟试验加载垫板。

6.3.2 边界条件与加载方式

为准确模拟试验加载过程，根据试验装置可以在模型上施加以下边界条件：柱顶水平两个方向线位移约束，柱底水平与竖直三个方向线位移约束。

采用位移控制加载，先在柱顶施加竖向轴向力，然后在左右梁端施加位移荷载，每一个增量步的位移为5mm，多子步实现全部位移。计算模型如图6.7所示。

6.4 模型有效性验证

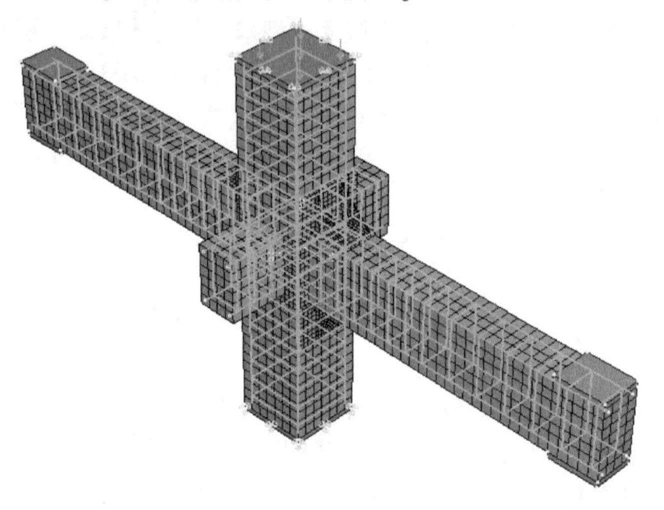

图6.7 有限元分析模型

根据本文试验试件RJ-2的几何参数和力学指标建立了带肋角钢加固钢筋混凝土中节点的有限元模型，采用位移加载形式，为便于与试验结果对比，控制位移等于试验屈服位移，分12个步骤完成整个加载过程。

模拟试件的滞回曲线与试验试件的滞回曲线对比如图6.8所示，二者吻合较好；模拟试件的等效塑性应变（简称PEEQ），即试件整个变形过程中塑性应变的累积结果如图6.9所示。等效塑性应变PEEQ大于0表明材料发生了屈服，与图6.6试验试件实际破坏形式符合较好。

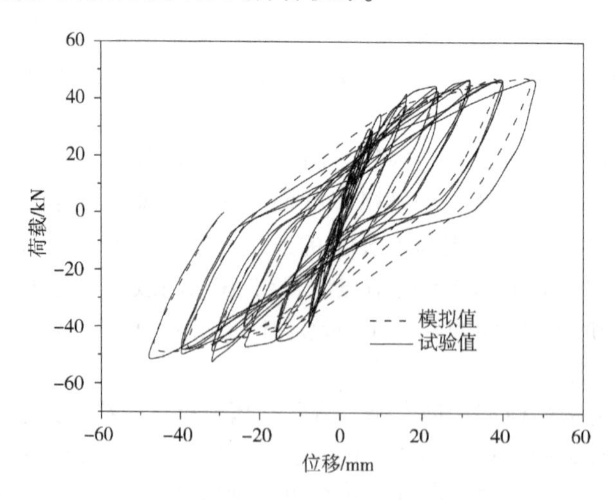

图6.8 RJ-2模拟值与试验值对比

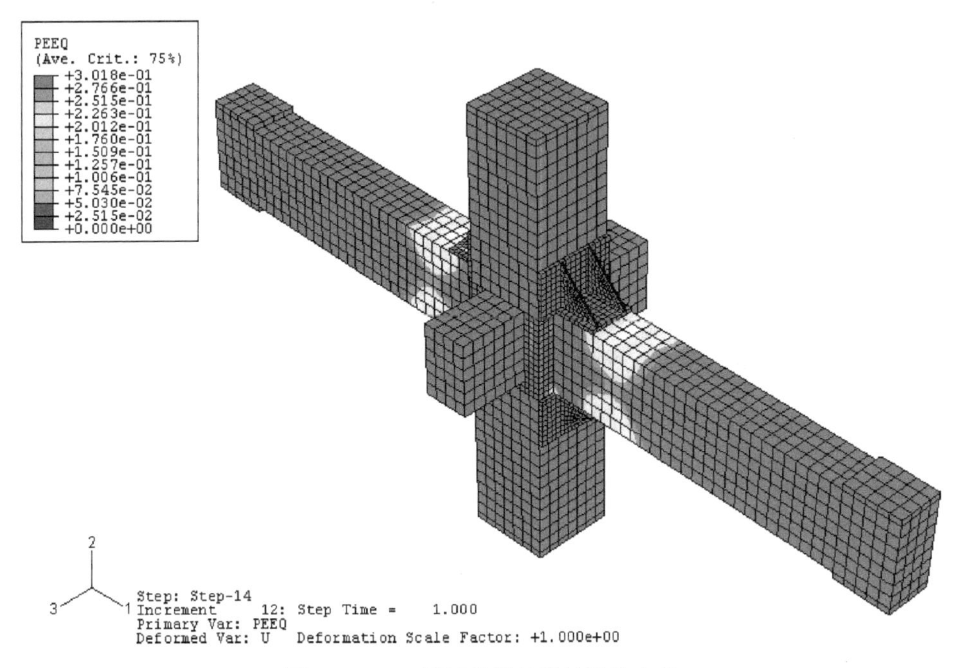

图 6.9　RJ-2 模拟分析的等效塑性应变

因此，文中采用的分析模型可以较好地模拟既有钢筋混凝土中节点利用角钢加固情况下的极限承载力和破坏过程，同时还可以发现角钢加固后的节点梁塑性铰得到有效的外移，节点抗震性能改善。

6.5　影响参数模拟分析

为全面了解角钢加固既有钢筋混凝土节点受力性能的改善情况，本节利用前面计算模型对影响加固效果的参数进行分析，这些参数包括混凝土强度等级、轴压比、配箍特征值、角钢角肢长度和角钢角肢厚度。此外，对一组空间节点进行了分析。除混凝土强度等级外，计算节点的形式、尺寸和材料皆与本文试验一致，混凝土分别选自文献［8～11］，皆为试验实测值，混凝土力学性能指标见表 6-1。构件加载制度采用位移加载，$\Delta=5$mm，分 12 个子步完成全部位移。为便于本文加固方法推广应用，加固角钢未加肋，计算试件的详细参数见表 6-2，共计 38 个。

表 6-1　混凝土力学性能指标

构件标号	f_{cu}/MPa	f_t/MPa	E_c/($\times10^4$MPa)
JC-1、RJC-1[10]	13	1.45	2.2
JC-2、RJC-2[11]	39	3.188	3.06
JC-3、RJC-3[8]	57	—	3.5528
JC-4、RJC-4[9]	66.2	4.25	3.71
JC-5、RJC-5[8]	82.8	—	4.1798

注：模拟计算所用 f_c 取等于 $0.76f_{cu150}$，

表 6-2　角钢加固钢筋混凝土节点构件参数

类别	构件标号	f_c/MPa	轴压比	配箍特征值	角钢型号/mm
对比构件	J	22.572	0.15	0.092	—
	RJ				∠200×16
混凝土强度等级	JC-1	9.88	0.15	0.211	—
	RJC-1				∠200×16
	JC-2	29.64		0.070	—
	RJC-2				∠200×16
	JC-3	41.26		0.051	—
	RJC-3				∠200×16
	JC-4	50.312		0.041	—
	RJC-4				∠200×16
	JC-5	59.93		0.035	—
	RJC-5				∠200×16
轴压比	RJA-1	22.572	0	0.092	∠200×16
	RJA-2		0.3		
	RJA-3		0.45		
	RJA-4		0.6		
	RJA-5		0.75		
配箍特征值	RJT-1	22.572	0.15	0	∠200×16
	RJT-2			0.025	
	RJT-3			0.037	
	RJT-4			0.074	
	RJT-5			0.111	
角钢型号	RJL-1	22.572	0.15	0.092	∠100×16
	RJL-2				∠120×16
	RJL-3				∠140×16
	RJL-4				∠160×16
	RJL-5				∠180×16
	RJL-6				∠220×16
	RJL-7				∠240×16
	RJL-8				∠300×16
	RJD-1				∠200×10
	RJD-2				∠200×12
	RJD-3				∠200×14
	RJD-4				∠200×18
	RJD-5				∠200×20
	RJD-6				∠200×22
	RJD-7				∠200×24
空间构件	JS	22.572	0.15	0.092	—
	RJS				∠200×16

6.5.1　对比构件

在外荷载作用下，节点周围受到各种力，其中一部分通过梁柱纵筋以粘结应力的形式传入节点核心区，而节点内箍筋与核心混凝土共同承担这些作用。因此，为了研究加固前后节点的工作性能的变化，需要对梁柱纵筋、节点区箍筋和加固角钢在整个受力过程中应力应变进行分析，其位置如图6.10所示。

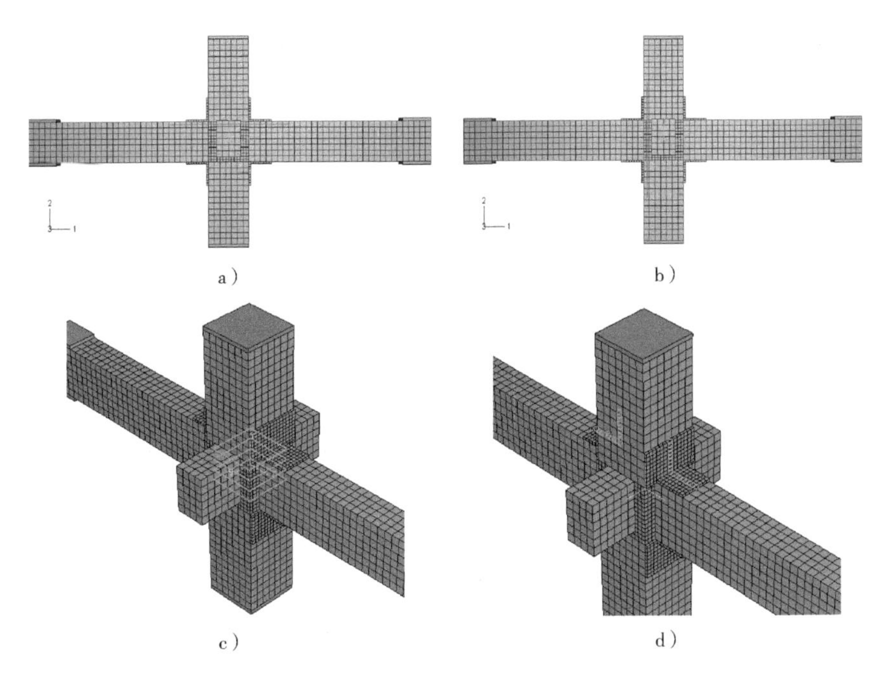

图6.10　分析单元位置

a）梁纵筋　b）柱纵筋　c）节点箍筋　d）加固角钢

1. 梁纵筋

选取靠近节点区的一段梁纵筋进行对比，如图6.10a所示，共计42个单元。

由图6.11可以看出：构件J梁筋应变最大值位于柱面附近，而构件RJ则位于加固角钢之外，虽然二者都有梁筋单元进入屈服，但加固构件应变最大值远小于未加固构件，这说明通过加固不仅使节点破坏点外移，改变了节点的破坏形式，同时角钢还承担了大部分的作用力。在加载过程后期，构件J节点两侧梁筋应变皆为拉应变，说明贯通核心区的梁筋发生锚固破坏，梁筋受拉一侧拉力中的相当一部分已传到对面一侧，而构件RJ则未出现这种情况，这是由于加固段梁筋混凝土保护层受到角钢保护，梁筋的锚固长度增加所致。

2. 柱纵筋

选取原则与梁筋一致，如图6.10b所示，共计42个单元。

柱纵筋应变对比如图6.12所示，二者应变都小于屈服应变，皆能满足强柱弱梁的设计要求。构件J节点核心区外拉压段钢筋应变随着施加位移增加而缓慢增长，但是节点内却出现整体向右（拉应变）平移的趋势，这是因为节点出现破坏的部位靠近柱面，破坏区域在整个加载过程中不断累积增大，导致拉区柱筋周围的混凝土剥落，粘结力丧失，柱筋拉应力向另一侧渗透。构件RJ柱筋较大应变仍然出现在加固范围之外，但是在压区这种差距很小，说明斜压杆下移，斜压杆作用区域扩大，同时节点内柱筋应变向左（压应变）平移，也说明节点内作用有较大范围的压杆。

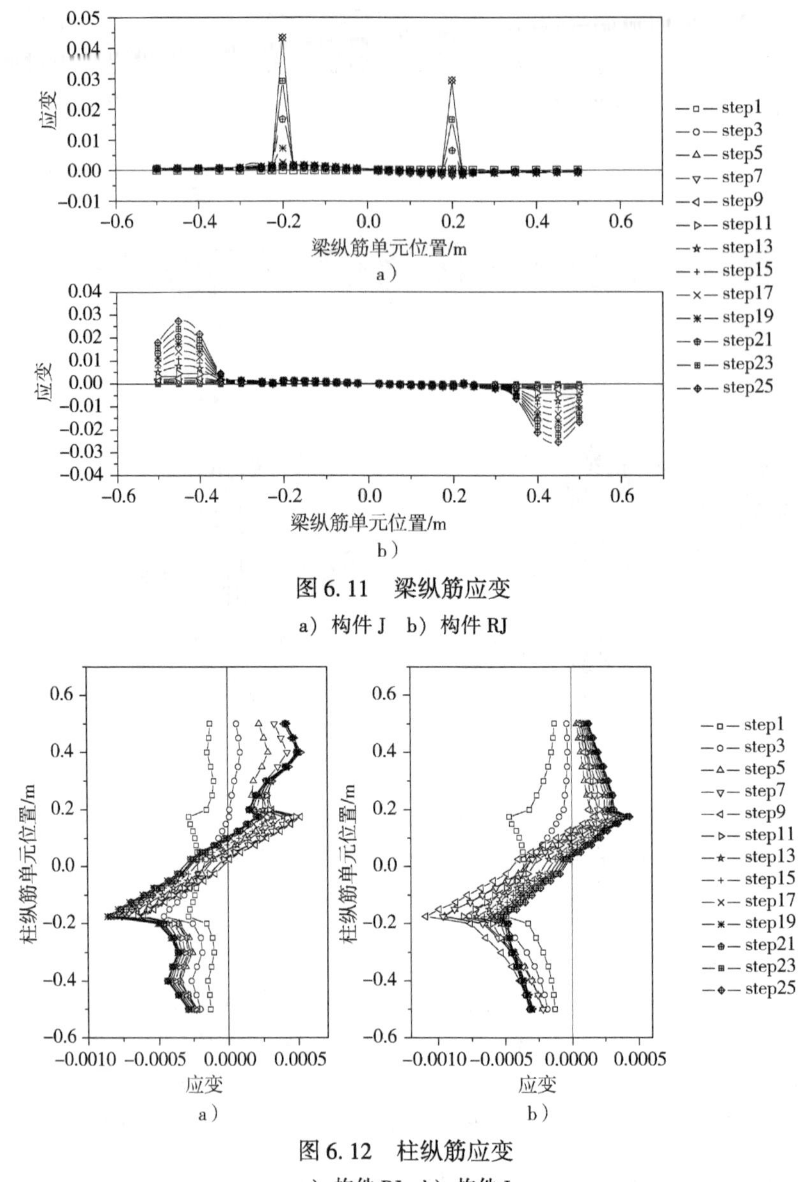

图 6.11　梁纵筋应变

a）构件 J　b）构件 RJ

图 6.12　柱纵筋应变

a）构件 RJ　b）构件 J

3. 节点箍筋

选取节点内全部四根箍筋进行对比，如图 6.10c 所示，共计 192 个单元。四根箍筋分别用 LXX 表示，第一个 X 表示箍筋层数，从上向下为 1～4，第二个 X 表示箍肢编号，垂直梁方向的左右箍肢分别为 1、4 号，前后箍肢分别为 3、2 号，其应变图如图 6.13 所示。

根据对比可以得到如下结论：1、4 层箍筋应变大于其他两层，而加固构件的箍筋应变明显小于未加固构件，这是因为角钢承担了梁截面上的大部分作用，梁柱筋受力减小，同时角钢使混凝土保护层免于破坏，增加纵筋的锚固长度，梁柱筋周围的粘结应力减小，传入节点核心区的作用随之减少；构件 J 中 1、4 号箍肢应变基本上全分布在拉区，说明节点核心区中作用有桁架机制，而构件 RJ 中 1、4 号箍肢则是由压至拉和由拉至压的转变，节点核心区内并未形成桁架机制，而是主要靠斜压杆机制作用。

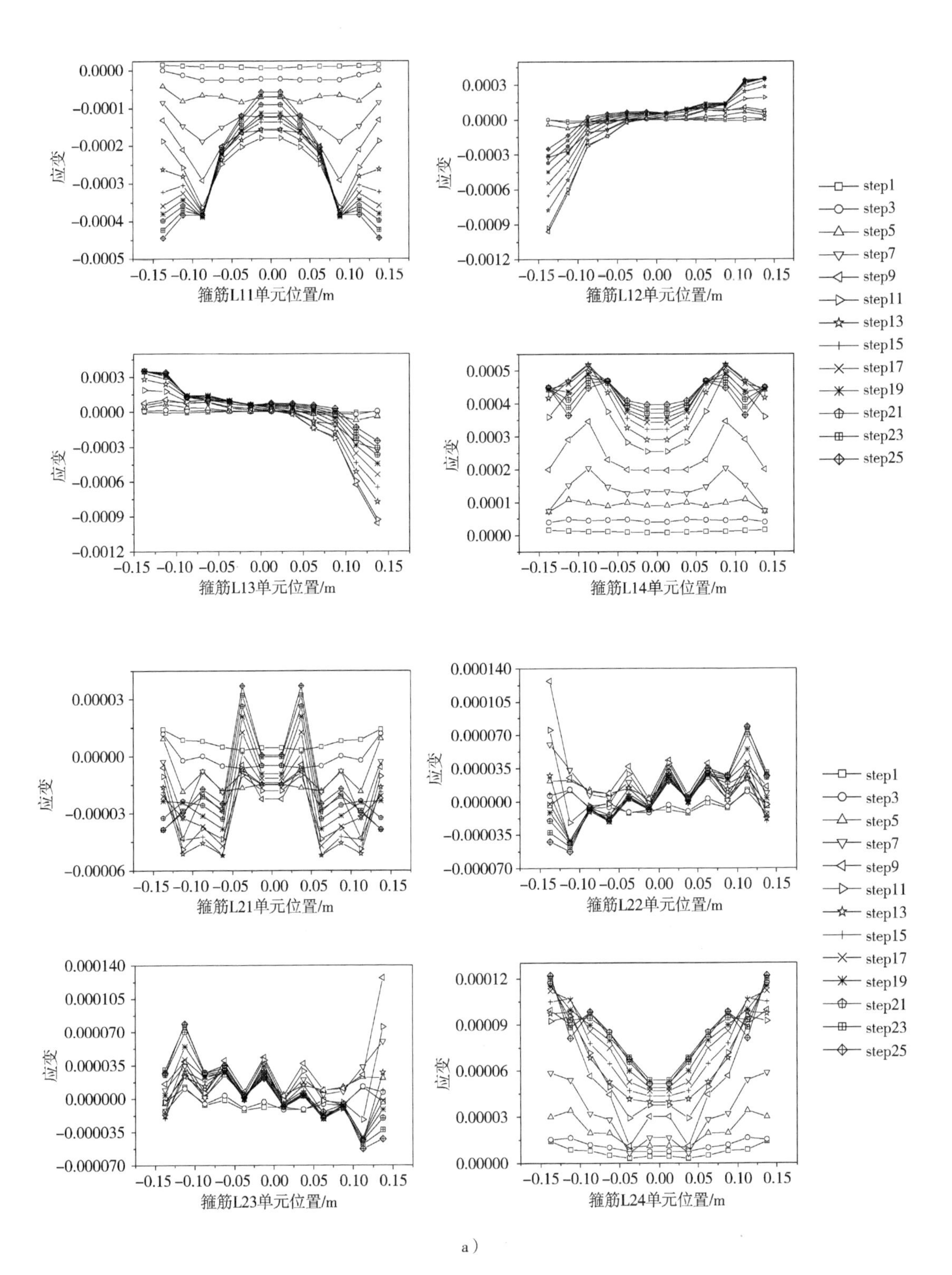

图6.13 节点箍筋应变

a）构件RJ

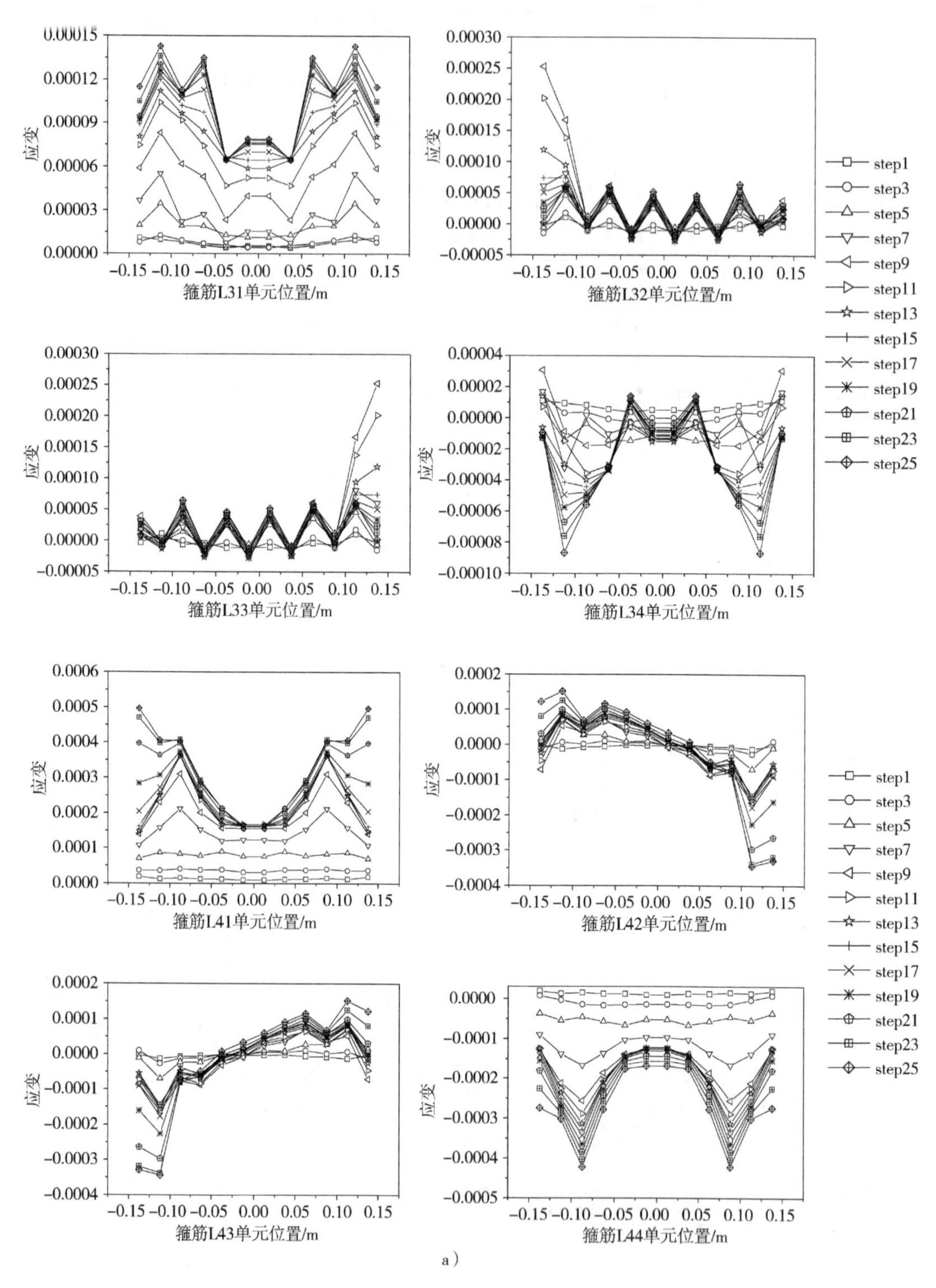

图 6.13 节点箍筋应变（续）

a）构件 RJ

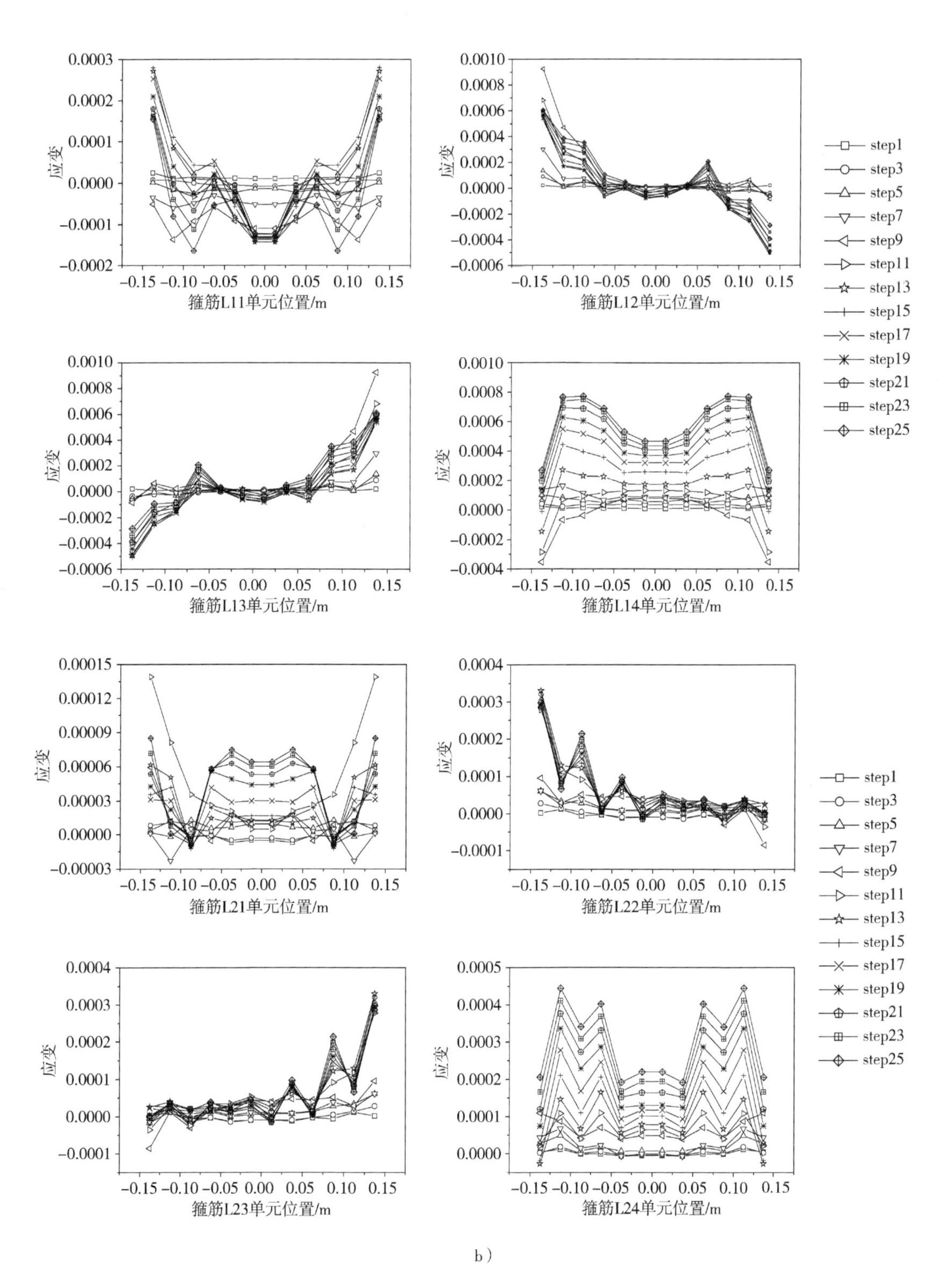

b）

图6.13 节点箍筋应变（续）

b）构件J

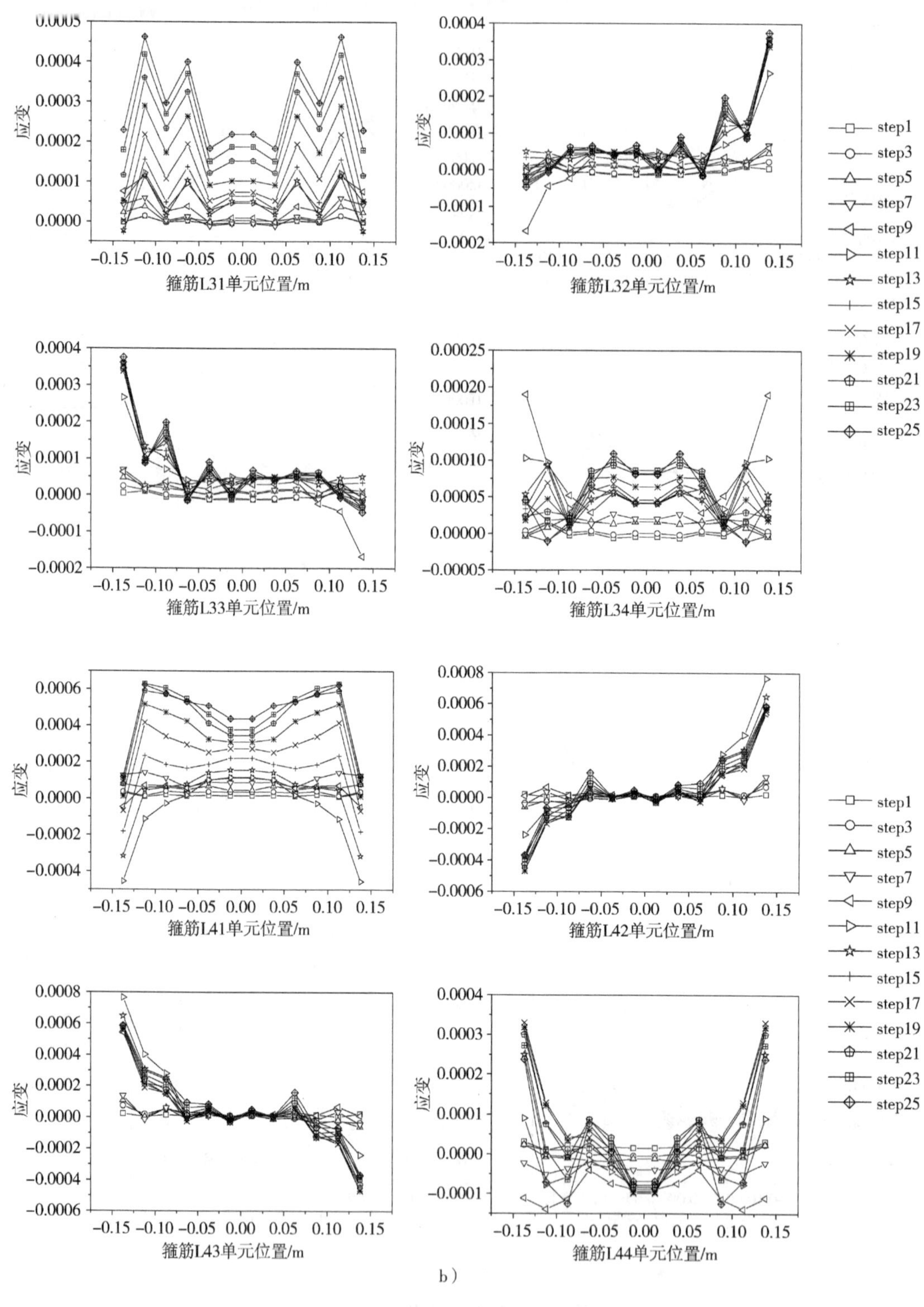

b）

图 6.13　节点箍筋应变（续）

b）构件 J

4. 加固角钢

选取上部两个角钢的中心单元进行分析，如图6.10d所示，共计34个单元。

加固角钢所选单元的应力（S11）从左向右展开图如图6.14所示。由图可以看出，梁面角钢产生较大的应力，证明角钢承担了梁截面较大的作用，应力由外向内逐渐增大，并且在加载后期右边角钢角部达到屈服，但是左边角钢并未进入屈服，这是由于角钢屈服后发生塑性变形，卸载后会有部分残余变形无法恢复，而反向加载时先要恢复这部分变形。同时还可以发现柱面角钢应力远小于梁面，这是由于加载点位于梁端所致。

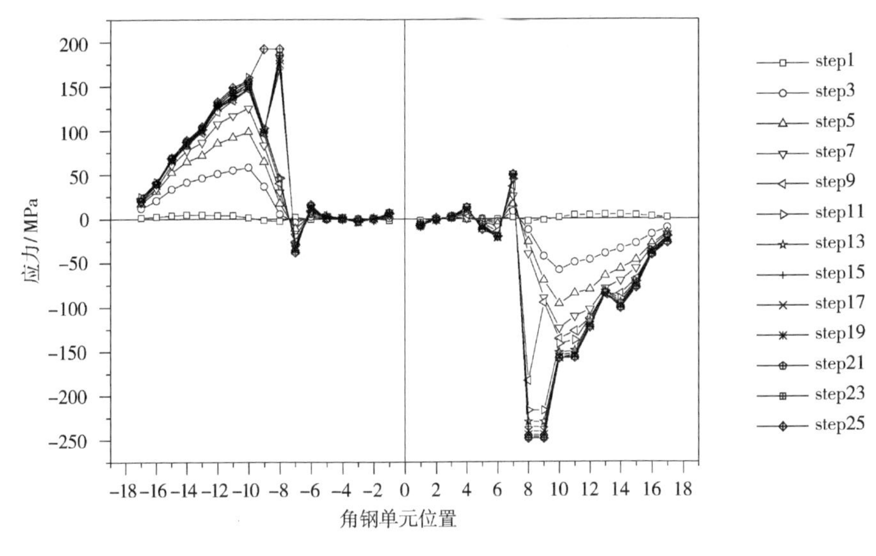

图6.14 加固角钢应力

6.5.2 混凝土强度等级

由2.2.1节可知，节点抗剪强度随混凝土强度提高而提高，但是对于剪切强度不足的节点，一味提高混凝土强度等级或者增加配箍量并不能完全达到加固目的，特别是对于早期低强度低配箍节点尤甚。因此，有必要对不同混凝土强度等级的节点加固前后的工作性能进行对比分析。

不同混凝土强度等级的节点骨架曲线见图6.15，节点组合体在低周反复荷载作用下基本上都经历了弹性、屈服和极限三个阶段。通过对比不难看出加固构件的屈服荷载与极限荷载均有较大幅度的提高，说明角钢可以同时提高被加固截面的强度与刚度，引起节点破坏形式改变，迫使破坏外移，节点核心区得到保护，组合体延性提高。但是对于混凝土强度较低的加固构件，其承载力在加载后期出现明显的下降，这显然不能满足节点在反复荷载作用下，在保证结构承载能力、刚度不发生退化的前提下，通过次要构件稳定的塑性变形性能耗散地震输入的能量的延性抗震要求，因此，对于早期强度较低的节点，应对其周围梁柱同时进行加固处理。这6组构件的极限荷载见图6.16，可以看出随着混凝土强度等级提高加固构件的承载力同样不断增加。通过对比还可以看出，由于加固构件破坏外移，发生角钢外侧梁塑性铰破坏，因此加固构件承载力的提高程度就会随着混凝土强度提高而提高。

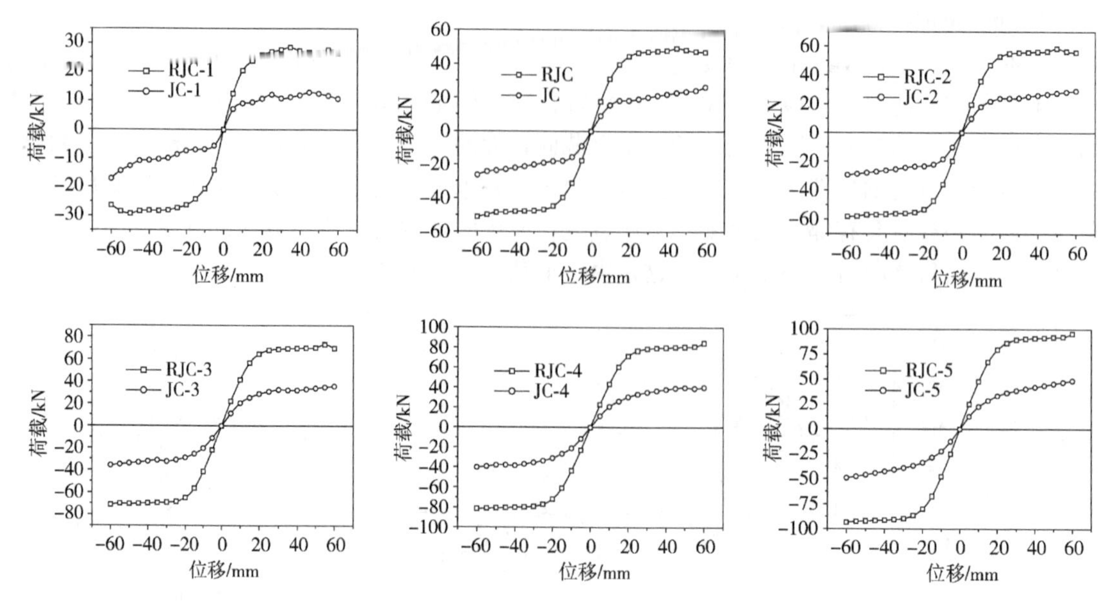

图 6.15　不同混凝土强度等级节点的骨架曲线

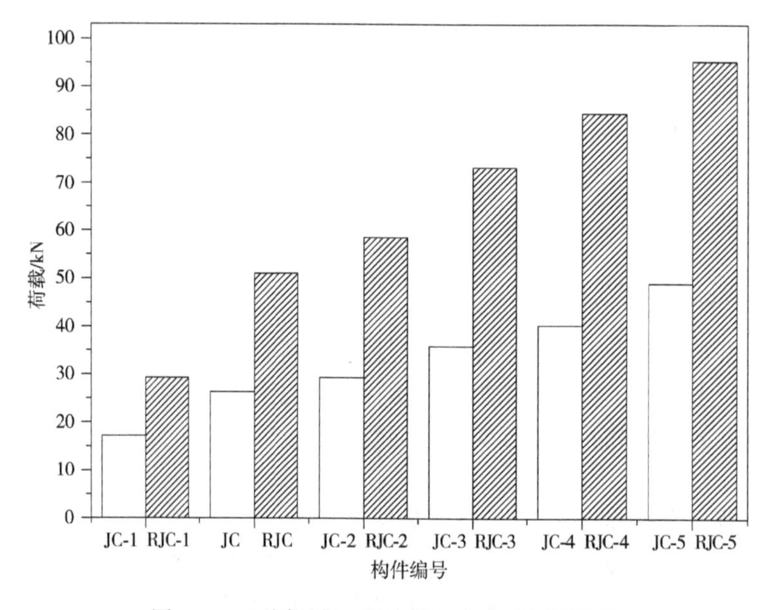

图 6.16　不同混凝土强度等级节点的极限荷载

6.5.3　轴压比

轴压比是影响节点受力性能诸多因素中各国研究人员存在分歧最大的一个，原因是轴压比对于不同破坏形式的节点产生的影响不尽相同。总体来说适当的轴压比可以限制节点核心区裂缝的开展、增加贯穿核心区梁筋的粘结性能，但是过高的轴压比则会增加斜压杆压应力，导致斜压破坏。因此，需要对加固构件在不同轴压比下的受力性能进行分析。

不同轴压比节点的骨架曲线见图 6.17。可以看出，加固构件在整个加载过程中并未出现承载力显著下降的现象，说明加固构件均能满足延性抗震要求。当轴压比小于0.6时，骨架曲线基本上重合在一起，但当轴压比超过0.6后，加固构件的承载力明显降低，发生这种现象的原因是虽然轴压比增大会引起节点核心区压应力增加，但加固角钢同样会使节点对角压应力外移至角钢端部，斜压杆进入节点周围的梁柱内，体积增加，故仍可保证加固构件发生角钢外侧梁塑性铰破坏；随着轴压比不断增大，核心区压应力逐渐达到混凝土极限压应力，最终在压应力最大处混凝土受压破坏，发生梁塑性铰与局部节点斜压破坏共存的破坏形式，节点刚度发生退化，承载力降低。因此，对于高轴压比构件应适当增加加固量，以抵抗在核心区产生的较高压应力。

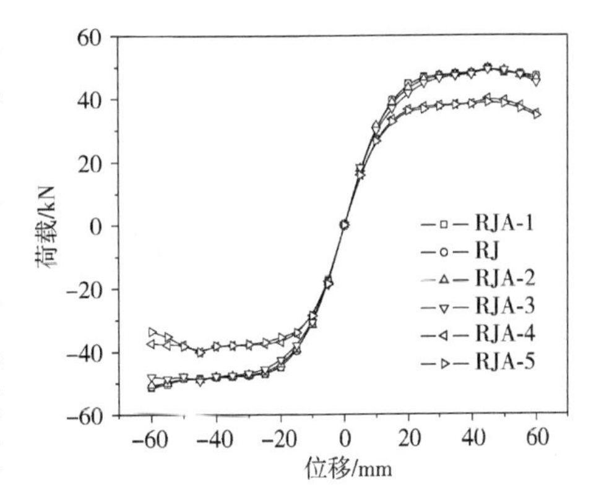

图6.17 不同轴压比节点的骨架曲线

6.5.4 配箍特征值

国内外普遍认为采用水平封闭箍筋是提高节点抗剪强度最常用的方法，原因是节点内配置的箍筋不仅可以约束节点核心区混凝土，提高传递轴向荷载的能力，还可以在桁架机制中抵抗节点水平剪力，提高节点的受剪承载力。但是，当配箍过高时，节点仍会发生剪切破坏，箍筋未能充分发挥作用，节点抗剪强度低于计算理论值，偏于不安全。因此，在节点加固过程中不应仅针对低配箍，还应防止高配箍节点核心区混凝土过早斜向压溃。

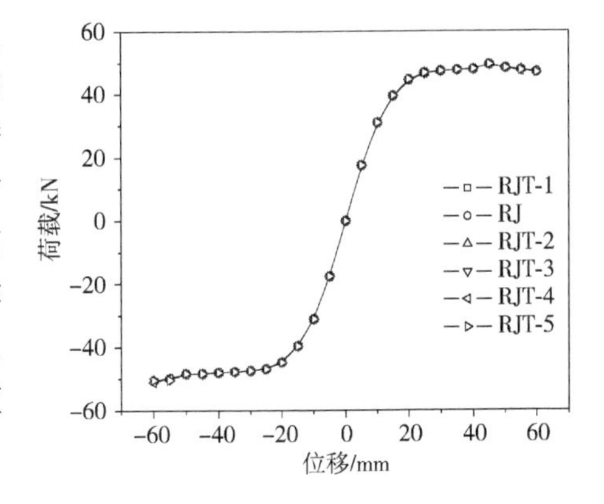

图6.18 不同配箍特征值节点的骨架曲线

不同配箍特征值节点的骨架曲线见图6.18。可以看出，6种配箍特征值的加固构件骨架曲线基本上完全重合在一起，说明节点配箍特征值的大小对加固节点影响不大，这是因为角钢在整个受力过程中承担了大部分作用，同时加固段混凝土得到较好的保护，贯穿核心区纵筋锚固长度增加，钢筋粘结应力减小，桁架机制削弱；而且节点周围的角钢对其整体刚度已有较大幅度的提高，配置箍筋数量的增加对加固节点产生的影响甚微。由此可见，加固方法很好地解决了节点核心区配置箍筋的问题。

6.5.5 角钢型号

节点组合体在低周反复荷载作用下，贯穿节点梁筋处于十分不利的粘结受力状态，当梁屈服后，靠近柱面的梁上将形成塑性铰，梁筋发生粘结破坏，塑性铰区的转动构成梁挠度的绝大部分。随着梁筋粘结退化，梁筋屈服区将向节点内转移，加剧节点内梁筋粘结破坏，梁剪切变形增加，塑性铰区退化，梁对节点的约束作用减小，节点抗剪刚度降低，表现出较差的抗震性能。因此，节点加固的首要任务是防止贯穿节点梁筋的粘结滑移，通过加固材料转移梁塑性铰使之外移是非常有效的途径。角钢作为本文加固方法的主要材料，其型号的选取将决定最终的加固效果。因此，需要对角钢肢长和肢厚分别进行分析，以保障梁塑性铰外移，使梁筋在整个受力过程保持较好的粘结性能。

1. 角肢长度

根据试验量测，塑性铰区的扩展范围一般为距柱边1.0~1.5倍梁高范围。因此，角钢肢长应位于这个区域，不同角肢长度节点的骨架曲线见图6.19。可以看出，加固构件在整个加载过程中承载力未出现较大程度的降低，说明加固构件梁筋滑移问题得到有效的解决，梁得以持续对节点核心区形成约束，节点抗剪强度提高，耗能能力得到改善。随着肢长增大，骨架曲线覆盖的范围不断缓慢增加，当肢长超过180mm（约为0.5倍梁高）时，骨架曲线整体有较大程度的增长，此后，增长又趋于缓慢，首先这是由于当肢长较短时，虽然加固构件主要破坏截面出现在角钢外侧，但梁体裂缝仍然会延伸至柱面，甚至进入节点核心区，试件RJ-5的试验现象可以证明这一点；其次当加固段较短时，塑性铰区变形仍会集中在柱面附近，引起节点变形；而且梁筋锚固段增加不多也会使贯穿核心区梁筋维持较高的粘结应力，节点产生剪切变形，这些因素都会削弱加固构件的抗震性能。因此，在选择角钢尺寸时，应保证肢长介于$0.5h_b \sim h_b$（h_b为梁高）范围。

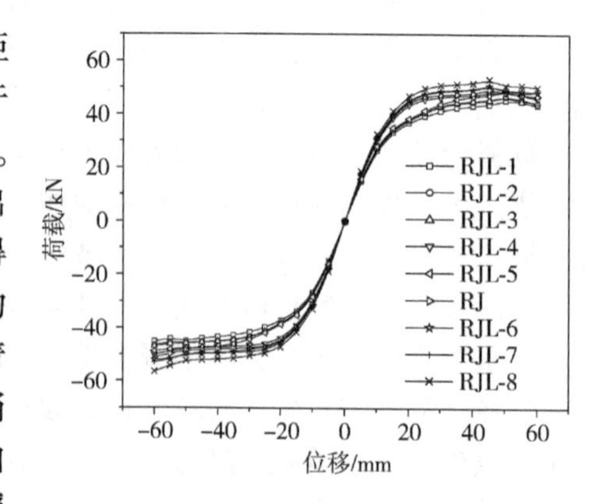

图6.19　不同角肢长度节点的骨架曲线

2. 角肢厚度

为了实现塑性铰外移，必须使柱面处梁截面抗弯强度为预期梁铰处抗弯强度的1.25倍以上。因此，选取的角钢截面应满足梁截面的强度比，为了保证梁筋的粘结性能，角钢截面宽度应不小于梁宽，则角肢厚度成为控制因素，不同角肢厚度节点的骨架曲线见图6.20。可以看出，所选角肢厚度均能满足要求，实现梁塑性铰外移，但是当角肢厚度满足塑性铰外移的强度比后，继续增加肢厚仅使屈服荷载略有提高，对其余方面影响不大。因此，角肢厚度在满足强度比的基础上可以适当加大，以推迟加固构件进入屈服阶段。

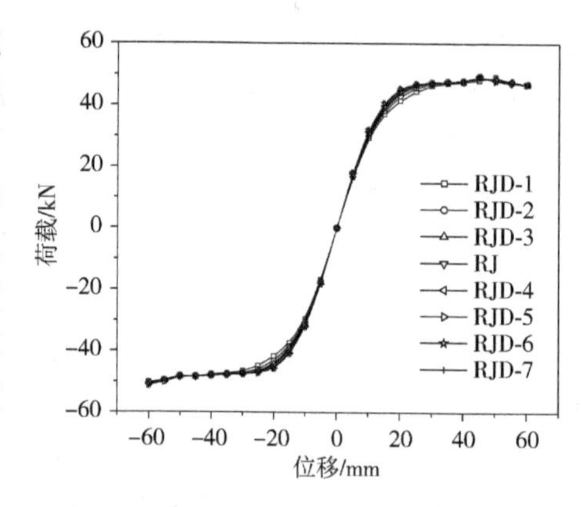

图6.20　不同角肢厚度节点的骨架曲线

6.6　空间构件

在现实情况中，承受荷载作用的框架通常都是一个空间框架（多数节点上都有两个相互垂直方向的梁）并带有楼板。由于地震作用的随机性，大多数情况下都会与建筑物的轴线有一定的夹角，在两个方向同时受力的情况下，框架梁可能在两个方向都达到屈服，出现塑性铰。在钢筋屈服渗入节点后，对节点的约束程度大大降低，节点裂缝增多，变形增大，抗震性能退化。因此，需要对空间框架节点加固前后的受力情况进行分析。

由于进行空间节点试验的工作量和难度都很大，本文仅进行数值模拟。梁柱截面尺寸、配筋都与试验试件一致，仅将直交梁伸长，与主梁等长。规定主梁为南北梁，以 NS 表示，直交梁为东西梁，以 WE 表示。选取在两个方向梁上同时加载的方式，例如在北、西面两个梁上同时向下加载，在南、东两个方向梁上同时向上加载，然后反向，即荷载与柱轴线呈45°。加载制度与前面相同。

加固前后空间构件的骨架曲线见图 6.21。可以看出，加固构件两个方向梁的承载力均有较大程度的提高，且未出现明显的衰减，说明节点破坏形式改变，梁筋未发生粘结破坏，提高了节点的抗剪强度和刚度，抗震性能得到了改善。

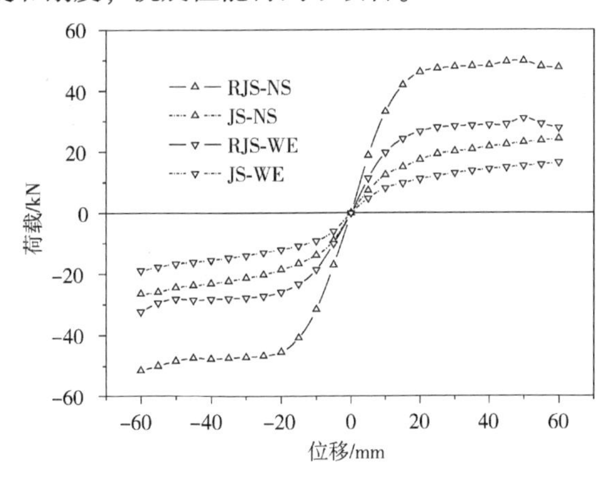

图 6.21 加固前后空间节点的骨架曲线

节点混凝土与角钢的等效塑性应变见图 6.22～6.24。可以看出，双向加载的节点核心区作用有很高的剪力，且沿梁筋的粘结退化在荷载历程的早期就会发生，梁塑性铰区退化，破坏主要集中在节点核心区，发生剪切破坏；而加固构件破坏位于梁外移塑性铰区，节点核心区得到有效的保护，免于破坏；角钢在双向荷载作用下角部进入塑性阶段。

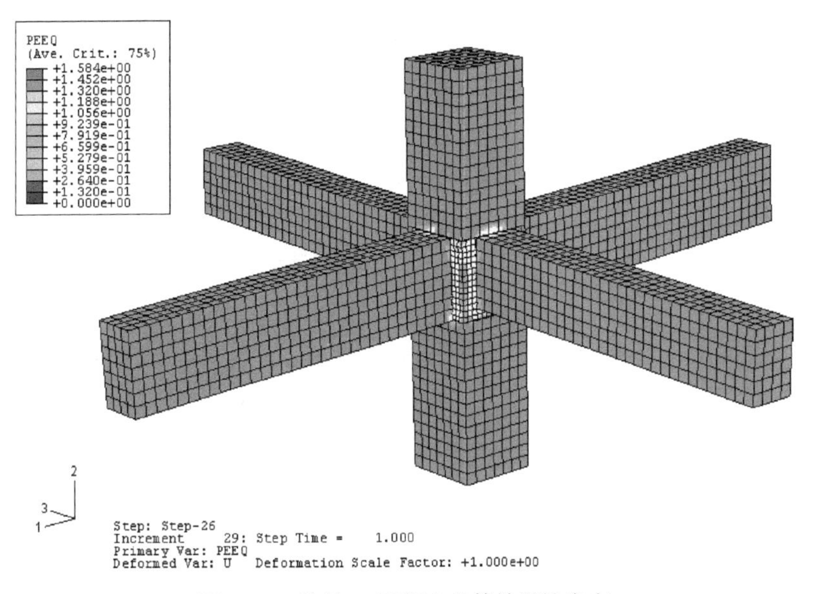

图 6.22 构件 JS 混凝土的等效塑性应变

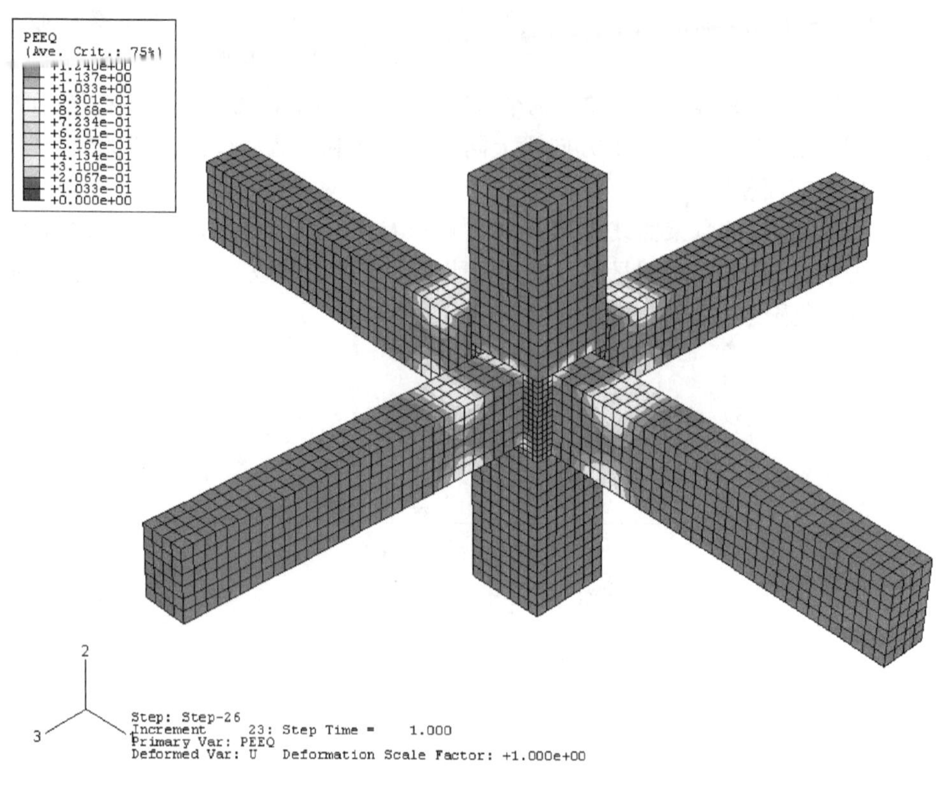

图 6.23　构件 RJS 混凝土的等效塑性应变

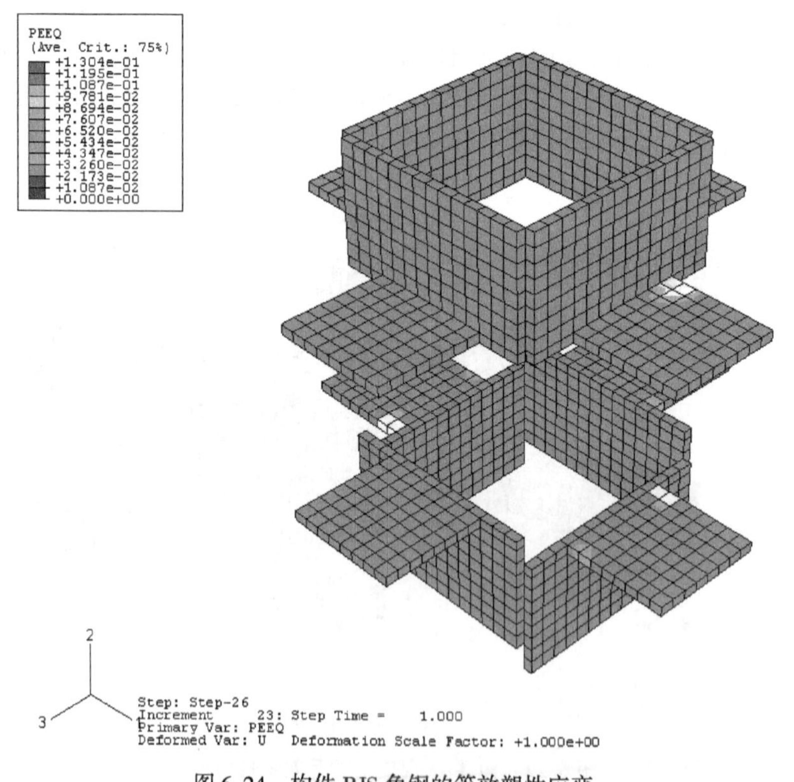

图 6.24　构件 RJS 角钢的等效塑性应变

6.7 单榀框架静力弹塑性分析

6.7.1 静力弹塑性分析方法

在基于性能抗震设计中，需要确定一定强度的地震作用下地震影响和结构的抗震能力。对于小震作用下的结构的弹性分析，世界各国在建筑结构设计中广泛采用底部剪力法和振型分解反应谱法等简便而易于实施的分析方法，这些方法属于弹性分析的范围；对于中震、大震等高水平地震作用下，利用这些弹性分析方法难以得到结构弹塑性反应的真实表现，因此对结构进行弹塑性计算是必要的，需要采用恰当的分析方法。基于功能的结构设计重点要考虑的是结构在大震作用下进入弹塑性的状况，它使结构设计发生革命性的变化，从传统的以力为基础的设计转变成以变形为基础的设计，从弹性设计方法转变为弹塑性设计方法。

目前，结构弹塑性计算的分析方法有非线性静力分析和非线性动力时程分析方法。非线性动力时程分析方法在考虑高振型参与及地震持续时对结构地震破坏机制的影响上具有无法代替的优势，但其在计算效率、地震波输入、计算成果判断方面也存在着许多问题，使得非线性时程分析在实际工程应用上迄今仍难以推广。

静力弹塑性分析方法是近年来在国内外得到广泛应用的一种结构抗震能力评价的新方法，作为一种结构非线性响应的简化计算方法，在多数情况下能够得出比静力弹性甚至动力分析更多的重要信息，且操作简便、比较现实，已为广大工程人员所接受，是日前基于性能的抗震设计思路中用以评估结构非线性位移反应的主要方法。

静力弹塑性分析方法也称侧移分析法，是实现结构形态设计目标的方法之一，该方法是基于结构在预先假定的一种分布侧向力作用下，考虑结构中的各种非线性因素，逐步单调增加结构的侧向力，使结构从弹性阶段开始，经历开裂、屈服，直到达到预定的破坏（成为机构或位移超限）的全过程，在这个分析过程中，得到结构的力与变形的全过程曲线。通过对结构侧移的分析，可近似了解和评估结构在地震作用下的内力和变形特性、塑性铰出现的顺序和位置、薄弱环节及可能的破坏机制。

静力弹塑性分析方法并没有严格的理论根据，该方法的实现以两个假定为基础：首先，假定结构的结构响应与等效单自由度体系相关，即结构响应由单一模态振型控制；其次，结构沿高度的变形形状可由形状向量 $\{\phi\}$ 始终保持不变（当结构较规则且高度较小时，可以忽略高振型的影响，只考虑第一振型作用，即采用倒三角加载方式），不受构件开裂、屈服等因素的影响；显然，上述假定不完全准确，但研究表明结构响应由第一阶阵型控制时，静力非线性分析能够比较准确地评估结构非线性响应特征。

获得结构的静力弹塑性力-变形关系曲线，即结构抵抗侧向荷载的能力曲线的主要步骤如下：

1）建立结构空间或空间协同平面模型，包括定义各构件截面尺寸、材料参数、配筋情况、竖向和水平荷载，以及控制截面在单调加载下的力一变形关系曲线。

2）计算结构在竖向荷载作用下的内力。并对结构施加一定分布模式的水平荷载，通常用一阶振型来表示，如图 6. 25a 所示。

3）计算水平荷载和竖向荷载作用下的单元组合内力，并判断各单元应力是否达到了屈服应力，或单元弯矩是否达到屈服弯矩。对于已屈服的单元（一个或一组），将屈服截面处的连接条件改为塑性铰。

4）增加水平荷载的作用值。

5）重复第三和第四步，直到结构达到预定的破坏（成为机构或位移超限）。

6）根据加载过程绘制结构侧向荷载总和（即基底剪力）与控制点位移关系曲线（即 Pushover 曲线），如图 6.25b 所示。

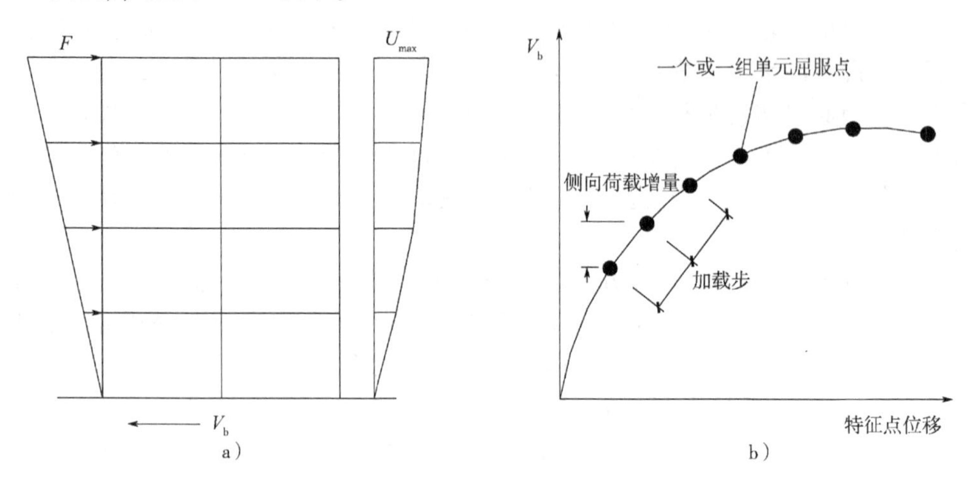

图 6.25　静力弹塑性-变形关系曲线绘制步骤

a）一阶振型　b）静力弹塑性曲线

这一过程即静力弹塑性分析，该分析的特点在于只要结构的尺寸、配筋和材料情况一经确定，其结果不受地震波的影响，而只与作用于楼层的侧向荷载分布和大小有关。

6.7.2　模型建立

框架模型试验结果证明，采用角钢加固框架节点近区域可以实现梁端塑性铰外移，能较大幅度地提高结构的延性和承载力，明显改善结构的抗震性能。但是由于试验条件和经费的限制，框架试验模型的数量不可能很多，无法采用试验方法一一验证，得到相应设计方法。

框架结构在低周反复荷载作用下，贯穿节点梁筋处于十分不利的粘结受力状态，当梁屈服后，靠近柱面的梁上将形成塑性铰，梁筋发生粘结破坏，塑性铰区的转动构成梁挠度的绝大部分。随着梁筋粘结退化，梁筋屈服区将向节点内转移，加剧节点内梁筋粘结破坏，梁剪切变形增加，塑性铰区退化，梁对节点的约束作用减小，节点抗剪刚度降低，表现出较差的抗震性能。因此，框架结构加固的首要任务是加固节点近区域，以防止贯穿节点梁筋的粘结滑移，通过加固材料转移梁塑性铰使之外移是非常有效的途径。角钢作为本文加固方法的主要材料，其型号的选取将决定最终的加固效果。因此，需要对角钢肢长和肢厚分别进行分析，以保障梁塑性铰外移，使梁筋在整个受力过程中保持较好的粘结性能。

为与框架模型试验结果相对比，静力弹塑性分析模型采用图 4.1 所示试验框架尺寸及配筋，混凝土、钢筋强度与试验框架相同，分析模型的计算简图如图 6.26 所示。图中竖向均布荷载在求解 Pushover 曲线的第一阶段施加，水平荷载保持第一振型分布，在求解 Pushover

曲线第二阶段，在顶、底层层高位置按 2∶1 比例施加。

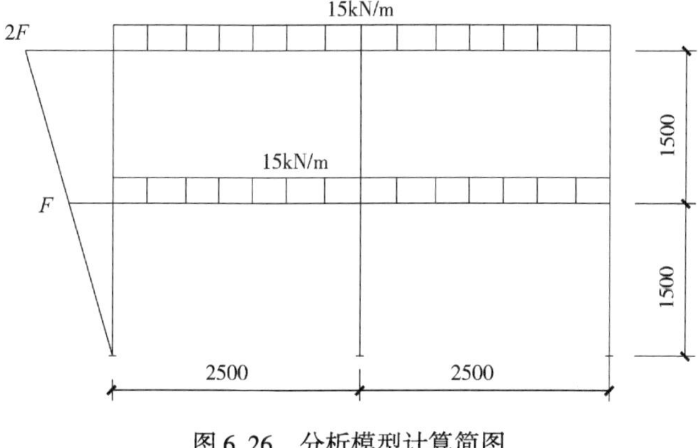

图 6.26 分析模型计算简图

6.7.3 计算结果分析

采用分析软件 SAP2000Nonlinear 的 Pushover 模块，计算参数为加固角钢的肢厚和肢长，具体参数见表 6-3。

表 6-3 角钢加固钢筋混凝土框架构件参数

构件编号	参数	
	角钢肢长/mm	角钢肢厚/mm
JRF-1	100	14
JRF-2	125	
JRF-3	150	
JRF-4	175	
JRF-5	200	
JRF-6	225	
JRF-7	250	
JRF-8	150	10
JRF-9		12
JRF-10		15
JRF-11		16
JRF-12		18
JRF-13		20

1. 塑性铰分布

未加固框架 JF 与加固框架 JRF-3 塑性铰分布如图 6.27 所示。从图中不难看出，加固后框架的塑性铰均实现外移，且主要以耗能较好的梁铰屈服机制破坏。

2. Pushover 曲线

计算中以框架顶层为加载控制点。计算所得框架的 Pushover 曲线如图 6.28、图 6.29 所示。通过对比可以看出加固框架较 JF 均有增加。

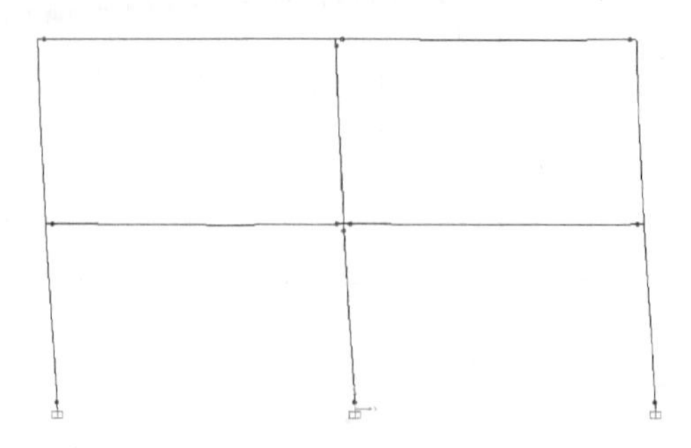

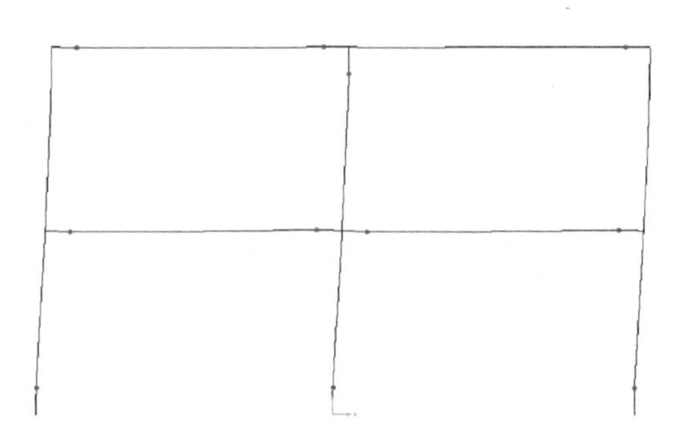

图 6. 27　框架 JF 与 JRF-3 塑性铰分布

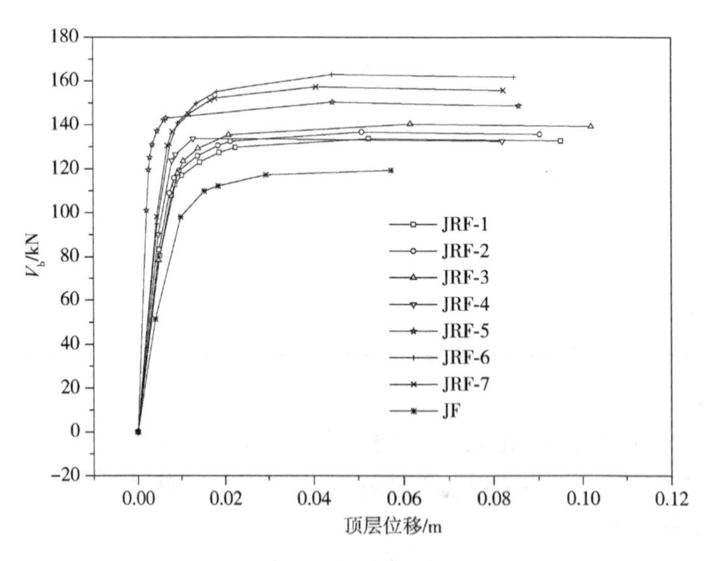

图 6. 28　不同肢长加固框架的 Pushover 曲线

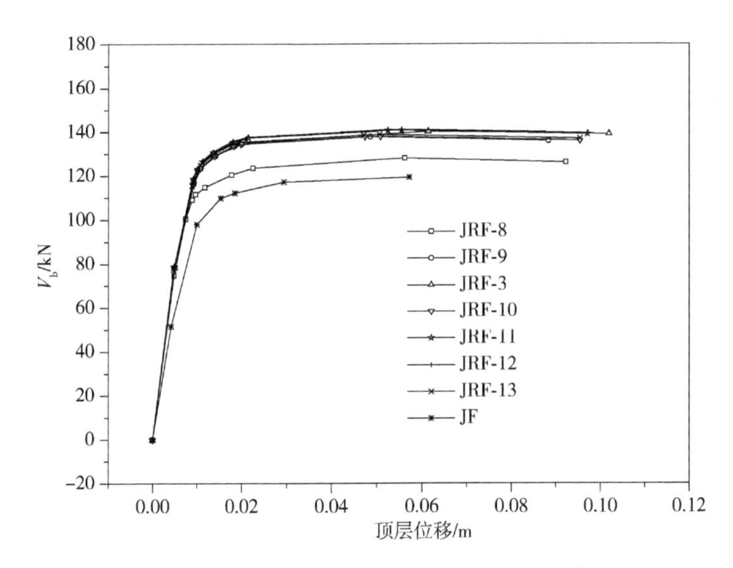

图 6.29 不同肢厚加固框架的 Pushover 曲线

根据图 6.28 可以看出，加固构件在整个加载过程中承载力未出现较大程度的降低，说明加固构件梁筋滑移问题得到有效的解决，梁得以持续对节点核心区形成约束，节点抗剪强度提高，耗能能力得到改善。随着肢长增大曲线覆盖的范围不断缓慢增加，当肢长超过 150mm（为 0.5 倍梁高）时，曲线略有降低，随后有个较大的增长，此后，增长又趋于缓慢。这是由于首先当肢长较短时，虽然加固构件主要破坏截面出现在角钢外侧，但梁体裂缝仍然会延伸至柱面，甚至进入节点核心区，试件 RJ-5 试验现象可以证明这一点；其次当加固段较短时，塑性铰区变形仍会集中在柱面附近，引起节点变形；而且梁筋锚固段增加不多也会使贯穿核心区梁筋维持较高的粘结应力，节点产生剪切变形，这些因素都会削弱加固构件的抗震性能。根据试验量测，塑性铰区的扩展范围一般为距柱边 1.0～1.5 倍梁高范围。因此，角钢肢长应位于这个区域，在选择角钢尺寸时，应保证肢长介于 $0.5h_b \sim h_b$（h_b为梁高）范围。

为了实现塑性铰外移，必须使柱面处梁截面抗弯强度为预期梁铰处抗弯强度的 1.25 倍以上。因此，选取的角钢截面应满足梁截面的强度比，为了保证梁筋的粘结性能，角钢截面宽度应不小于梁宽，则角肢厚度成为控制因素，不同肢厚曲线见图 6.29。可以看出所选角肢厚度均能满足要求，实现梁塑性铰外移，但是当角肢厚度满足塑性铰外移的强度比后，继续增加肢厚仅使屈服荷载略有提高，对其余方面影响不大。因此，选取角肢厚度在满足强度比的基础上可以适当加大，以推迟加固构件进入屈服阶段。

6.8 小结

本章首先以有限元分析软件 ABAQUS 为平台，通过合理地选择混凝土、钢材的本构模型，选取适当的混凝土、钢材单元及网格划分并考虑二者的相互作用关系，建立非线性模型，对加固节点进行参数化分析。通过模拟分析 34 个不同条件的节点，对比分析了节点加固前后梁柱纵筋、节点箍筋和角钢应变变化情况，以及混凝土强度等级、轴压比、配箍特征值和角钢型号等设计参数对加固效果的影响，并对双向受力的空间节点加固前后的变化情况进行模拟对比分析，进一步完善了外移塑性铰加固既有框架节点设计方法。

然后采用分析软件 SAP2000Nonlinear 的 Pushover 模块，建立结构空间或空间协同平面模型，以加固用角钢肢长与肢厚为参数，对加固框架进行参数化分析。通过对比分析了节点加固前后对加固效果的影响。

第 7 章　基于性能的抗震加固方法研究

地震灾害的高度不确定性和现代地震灾害导致巨大经济损失的新特点，引起世界各国地震工程界对现有抗震设计思想和方法进行深刻的反思。随着对结构弹塑性反应的认识，逐渐发现以往采用承载力极限状态进行控制的结构设计方法并不能完全保证结构的安全性，变形能力不足已成为结构破损的主要原因。因此，进一步探讨更完善的结构抗震设计思想和方法成为迫切的需要。

7.1　对现行规范的思考

我国现行的结构抗震设计是基于承载力或强度的设计方法，并通过一定的构造措施保证结构的延性。即采用弹性方法计算结构在小震作用下的内力和位移，用计算所得的组合内力验算构件截面，使构件具有一定的承载力，以保证在小震作用时结构的正常使用功能；同时，选取大震作为结构在极限状态下的验算依据，以满足结构在强震下不至于倒塌危及生命安全。这种设计方法的优点是简单经济，但也在某种程度上限制了结构的抗震设计。

目前多数国家抗震设计规范都采用“小震不坏、中震可修、大震不倒”三水准设防目标和两阶段抗震设计方法，实质是以保证人的生命安全为原则的一级设计理论，但是由于其他破坏没有得到有效控制，往往会造成巨大的财产损失。因此，在结构抗震理论不断发展的今天，需结合实际震害对现行规范进行思考。

1）“小震不坏、中震可修、大震不倒”是我国抗震设计的基本原则，这样一个设防目标是经济合理的。因为对于偶然性和随机性很大的地震作用，要想使结构强度一定大于结构反应几乎是不可能的，也是不经济的。所以，通常情况下只需要按小震作用效应和其他荷载效应的基本组合，验算构件截面抗震承载力及结构的弹性变形，而中震、大震作用效应则需要结构一定的塑性变形能力（延性）来抵抗。

2）现行抗震设计理论中，地震作用是根据标准反应谱确定的，地震作用主要表征为地震烈度的区别，地区间的差异主要通过不同的烈度和场地分类来反映。这种定量规定没有考虑地震发生的随机性和地震过程中结构反应的随机性。

3）通过对强震观测记录的统计分析和对大跨、高层结构等震害的调查及理论分析，均证明地面运动存在长周期成分（$T>3s$）。

4）由于主体结构的破坏与人身安全关系重大，现行设计理念对主体结构破坏所造成的损失是重视的，但对非主体结构的破坏，如内部设施的损坏和功能失效所造成的损失估计不够。随着社会经济的不断发展，建筑物装饰标准和智能化程度大幅提高，由此所造成的损失可能会超过主体结构损失所占的费用，这就要求设计中对功能性与使用性多加保护。业主可通过增加投资提高抗震水平以换取震后较小的损失，这是其中一种解决方式。

5）现行规范没有把功能或损失从定量的意义上清楚地阐述。现行设计体系是以固定的地震力来验算结构截面及变形以确定是否达到想象中的抗震性能，而不是以科学的性能评价为基础。这种设计体系只要求设计人员按规范设计，对多级设防的目标并非真正领悟，对设计的结构物将表现出来的抗震性能如“可修、不倒”等的含义实质没有透彻地理解，不能在规范思想和设计方法与目标之间找到清楚的逻辑对应关系。规范通常通过经验系数和细部构造把复杂的抗震设计问题简化，设计出的建筑物只是达到了规范或结构师认为合理的性能，整个建筑物和地基系统在地震中所表现的性能对设计者越来越模糊。

6）规范条款对结构水平抗力和变形的验算与其称为设计，不如称为对既有建筑的抗震诊断。设计者在设计过程中为稳妥起见，只按规范条款设计，不敢采取规范没能体现出来的、有利于抗震性能的新技术，使新技术的推广应用受到限制。而且，这些条款在某种程度上已经成为一种性能水平固定的模式和普遍适用的标准，约束了设计者的主动性。实际上，地震作用对特定场地是不相同的，具体结构也是不一样的，同一公式不能与具体设计完全对应。

7）目前结构抗震设计规范采用弹性加速度反应谱，由质量 m、弹性周期 T_n 和阻尼比 ξ 的单自由度体系来表示结构，这种基于承载力（或强度）的设计方法还有值得商榷之处：①由于被设计结构的基本周期未知，需要根据经验公式对其基本周期进行估算，影响因素众多，通常使得结构的设计偏于保守；②规范采用设计地震对应多遇地震弹性反应谱，由于结构在地震作用下进入非线性状态，根据弹性反应谱计算的地震作用需要进行折减，而折减系数需要考虑多种因素的综合作用；③对结构的位移，虽然很多规范都给出了结构的位移限制，但大多是将位移作为设计的第二步来验算，这样设计者不能有效把握结构在地震特别是大震作用下的行为。

7.2 基于性能的抗震设计方法

7.2.1 基于性能设计概述

近年来世界各地发生的大地震，特别是1994年美国 Northridge 地震、1995年日本阪神地震、1999年先后在土耳其和我国台湾发生的地震，以及2008年我国5·12汶川地震均表明，按现行建筑抗震设计规范设计的结构尽管总体上保证了“大震不倒”的安全目标，但仍可能导致某些结构的损伤极严重、结构难以修复且基本丧失使用功能；或者地震作用下结构变形过大造成室内设备严重损坏，由此带来的经济损失甚至可能超过建筑物本身的造价。在此背景下，人们不得不重新审视现有的抗震设计思想和方法，认识到必须从以往仅保证结构安全单一设防目标，向注重结构的性能、安全及经济等诸多方面发展，实现建筑结构的安全性、舒适性、经济性和易维护性等多性能目标。

基于现有建筑结构抗震设计规范的缺陷及存在的问题，为了强化结构抗震的安全目标，提高结构抗震功能，更好地满足社会和公众对结构抗震性能的多种需求，20世纪90年代初，美国学者提出了基于性能的抗震设计思想。基于性能（performance-based design，简称PBD）的抗震设计是指在一定水准的地震作用下，以结构的性能反应为目标来设计结构和构件，使结构达到该水准地震作用下的性能或位移要求，它要求结构在不同强度的水平地震作用下达到预期的性能目标。基于性能的设计克服了目前抗震设计规范单一抗震设防目标的局限性，给设计人员创造出了一定“自主选择”抗震设防标准的空间。在基于性能的抗震设计中，明确规定了建筑的性能要求，而且可以用不同的方法和手段去实现这些性能要求，这样可以使新材料、新结构体系、新的设计方法等更容易得到应用。基于性能设计的简要设计步骤如图7.1所示。

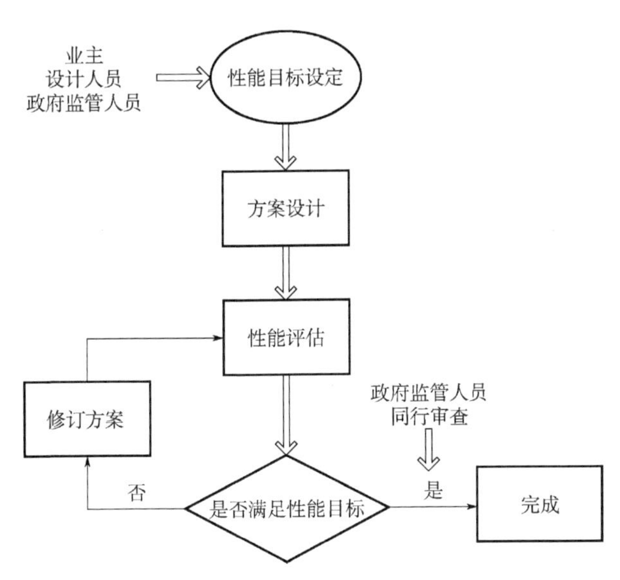

图7.1 基于性能设计的流程图

7.2.2 基于性能的抗震设计方法研究内容

基于性能的抗震设计实质上是对“多级抗震设防”思想的进一步细化，目的是在未来抗震设计中，在不同地震设防水准下，能够有效地控制建筑物的破坏状态，使建筑物实现不同的性能水平。基于性能的抗震设计理论是以结构抗震性能分析为基础，根据设防水准的不同，将结构的抗震性能划分为不同的等级，设计者可根据业主的要求，采用合理的抗震性能目标和结构措施进行设计，从而使建筑物在整个生命周期内，在遭受可能发生的地震作用下，保证结构、构件能够维持所要求的性能水平。

基于性能的抗震设计方法的两个关键要素是需求和能力。需求表现的是地震发生时的地面运动，能力表现的是结构抵抗地震需求的能力，性能则依赖于能力满足需求的方式。即基于性能的抗震设计方法要求能够在不同强度地震作用下，将结构性能指标的需求值（反应值）与结构自身的能力值进行比较，以确定是否满足预定性能状态的要求。

1. 地震设防水准

地震设防水准的确定是指工程设计中如何根据客观的设防环境和已定的设防目标，并考虑具体的社会经济条件，来确定采用多大的设防参数，或者说，应选择多大强度的地震作为抗震设防的对象。简言之，地震设防水准是指未来可能作用于场地的地震作用的大小。根据不同重现期确定所有可能发生的对应于不同水准或等级的地震动参数，包括地震加速度（速度和位移）时程曲线、加速度反应谱和峰值加速度，这些具体的地震动参数称为“地震设防水准”。我国现行规范采用“三水准”的地震设防水准。它的问题在于虽然考虑了基于性能理论中的多级设防水准，但是由于第一和第二水准的重现期和超越概率相差很大，那么在处于二者中间的重现期和超越概率的房屋设计就变得不经济或者不安全了。为了实现多级设防标准，控制不同水平地震作用下结构的破坏状态，就需要在以上划分的基础上，细化地震设防水平，并且直接采用地震动参数（目前还仅限于地震加速度）来确定。

文献［4］提出的基于性能抗震设计的地震设防水平见表 7-1。从表中可以看出，水平 1 相当于我国目前的小震设防水平；水平 3 相当于我国目前的中震设防水平；水平 5 相当于我国目前的大震设防水平。合理的设防水准，应考虑一个地区的设防总投入，未来设计基准期内期望的总损失和由社会经济条件决定的设防目标来优化确定，即需要由地震工程专家和管理决策员综合考虑各种专业因素、社会因素后才能确定。

表 7-1　基于性能抗震设计的地震设防水平

地震水平	重现期/年	超越概率
水平 1	43	30 年内 50%
水平 2	72	50 年内 50%
水平 3	475	50 年内 10%
水平 4	970	100 年内 10%
水平 5	2475	50 年内 2%

2. 结构抗震性能水准

实际震害表明，在以保障生命安全为单一设防水准的规范指导下设计兴建的建筑物，尽管可以有效地防止倒塌，但是由于结构正常使用功能的丧失引起的直接与间接财产损失却是事先无法预料的。为了防止这种情况的发生，需要在实际设计中，针对不同设防水准的地震，明确结构应该具有的性能水准。

由于结构的性能与结构的破坏状态相关联，而结构的破坏状态又可以由结构的反应参数或者某些定义的破坏指标来确定，所以结构性能水准可以利用这些参数来划分。用力（相应结构的能力值是承载力）作为单独的性能指标难以全面描述结构的非弹性性能和破损状态，所以目前世界各国规范普遍采用的基于力的抗震设计方法是不能直接实现上述目标的。大量的研究表明，结构构件在地震作用下的破坏程度与结构的位移响应和构件的变形能力有关，由此可见，在结构的抗震设计中直接将结构、构件的位移、变形作为设计指标，用位移控制结构在大震作用下的行为更为合理。表 7-2 为以结构顶点位移划分的性能水准。

表 7-2　以结构顶点位移划分的性能水准

性能水准	人员安全情况与使用情况	结构破坏情况	顶点位移限制
水准 1	结构功能完整，人员安全，可以立即使用	基本完好	$<0.2\%$
水准 2	经过稍微维修即可使用	轻微破坏	$<0.5\%$
水准 3	结构发生破坏，需要大量的修复	中等破坏	$<1.5\%$
水准 4	结构发生无法修复的破坏，但没有倒塌	严重破坏	$<2.5\%$
水准 5	结构发生倒塌	基本倒塌	$>2.5\%$

3. 结构反应性能参数

在强烈地震作用下，当结构承载力小于弹性地震力时会导致结构在地震作用下进入非弹性阶段，结构将产生相对于地面的位移，主要表现为楼层位移、层间位移和结构构件（如梁、柱）的弹塑性变形、塑性铰的转动等，随后结构以其延性和往复滞回耗能继续抵御地震作用，耗散地震输入能量。结构的非弹性变形能力和滞回耗能能力越大，则结构在较低屈服承载力水平下的抗震能力就越好；结构的承载力越大，对延性和滞回耗能的需求就越小。因此，基于性能和基于位移的设计方法，实际上就是改变以往仅按某一地震水平来确定结构承载力的做法，而取代以根据结构性能需求来合理确定结构承载力、延性和累积滞回耗能。

近二十年来，国内外学者对表征结构抗震性能的参数进行了深入的研究，提出了许多评价指标，这些参数包括强度指标、变形指标、能量指标、低周疲劳指标、变形和能量双参数指标。但是由于结构反应的复杂性以及地面运动的不确定性，如何确定结构在指定地震水平下的有关需求指标是一个令研究者和设计人员都感到非常棘手的问题。如单一的强度指标难以描述结构的实际受力状态；延性系数也只适合于描述结构构件的屈服后变形，对较高性能要求的损坏状态无法量化，而且不能考虑加载历程和地震累积损伤破坏；双参数指标虽然能够比较合理地考虑结构的地震峰值反应和结构的累积损伤，但是由于结构体系一般比较复杂，结构滞回耗能的计算精确度在很大程度上取决于构件恢复力模型的选取，对整体结构的计算非常复杂，而且往往存在较大的误差。因此，如何衡量地震作用下结构的破损程度，准确描述结构的抗震性能，仍是地震工程界领域中一个难题。

当结构进入弹塑性状态以后，位移的增长趋势比力的增长大得多，甚至会出现力的下降段（承载力退化），显然此时用与变形相关的量来描述结构的状态是比较合理的。Williams通过对现有的一些破损指标进行对比后发现：结构的破损程度在很大程度上依赖于最大变形水平，而荷载循环次数对结构的破损影响相对较小；吕西林、郭子雄等认为现阶段基于性能的抗震设计可初步归结为基于变形的抗震设计。因此就目前的研究水平而言，最简单直接的破损指标是与变形有关的量，这也是实际工程应用中最容易接受的，现阶段采用基于变形的抗震设计方法是最能体现基于性能的抗震设计理念。

7.2.3　结构基于性能的抗震设计

基于性能的抗震设计方法实质上是一种“多层次、多水准性态控制目标”的抗震思想，以结构抗震性能分析为基础，根据建筑物的重要性和不同的用途以及业主的特殊要求确定其性能目标，在不同地震设防水准下，能够有效地控制建筑物的破坏状态，使建筑物实现不同性能水平。性能目标的确定需要设计人员和业主的共同参与，从而使得建筑物在整个生命周期内，在遭受可能发生的地震作用下，总体费用损失达到最小。

因此，结构基于性能的抗震设计理论是在对现行抗震设计理论反思的基础上产生的，是与当前设计概念不同的设计方法，主要表现在以下几个方面。

（1）采用多级设防目标　基于性能抗震设计理论提出了多级目标的设计理念，既要保证生命安全，又要避免经济损失，更加注重非结构构件和内部设施的保护。

（2）引入投资-效益准则　在基于性能抗震设计中，目标性能水平的确定要综合考虑社会的经济水平，建筑物的重要性，以及建筑物造价、保养、维修以及在可能遭受地震作用下的直接和间接损失，根据投资-效益准则，进行费效分析，在可靠和经济之间选择一种合理的平衡，以确定最佳抗震设计方案，达到优化设计的目的。

（3）具有更大的自由度　基于性能的抗震设计除了满足“共性”外，更加注重“个性”设计，增加了业主与设计人员的交流，根据结构的用途及业主的特殊要求确定结构性能目标后，设计人员可以选择实现该性能目标的设计方法，采用相应的构造措施，既调动了设计人员的积极性，又有利于新材料的使用和新技术的开发。

7.3 基于性能的抗震加固设计方法

目前我国有大量建筑在使用过程中因抗震能力不足、结构用途改变、荷载增加、自然灾害作用、环境侵蚀、更新设计标准和提高结构可靠度等原因无法满足适用性、安全性和耐久性三项基本功能要求，需进行抗震加固。为了提高既有建筑的抗震性能，可以从两个方面考虑：一是对结构进行整体抗震加固，利用增加抗侧力构件以提高结构的整体刚度和整体抗震性能；二是对结构进行局部抗震加固，通过提高结构薄弱构件的抗震性能以提高整体结构的延性。有时需要将两种加固方法相结合。

然而，既有建筑物往往会因结构形式复杂多样、使用功能要求各异等问题，使结构抗震加固设计受到新建建筑不可能遇到的限制；而现行加固规范则是在满足承载力要求的基础上辅助一定程度的构造措施来实现抗震加固，这些都会导致加固后的建筑物因结构局部损伤、非结构构件和设备毁坏等因素造成经济损失。如果能够预知结构在不同地震作用下的损失，并按照不同的抗震性能目标进行加固设防，则可以将地震造成的人员伤亡和经济损失控制在预期范围内。目前，基于性能的抗震设计是世界范围内的研究课题，将该设计思想引入抗震加固，则会使加固后的结构功能更加明确、设计更加经济合理。

7.3.1 基于性能的抗震加固基本思路

震害统计表明，既有建筑物抗震性能差的原因之一是基于过去的设计标准进行设计，另一原因则是材料使用年代长从而性能退化。因此，提高在用建筑的整体结构抗震能力是一项十分迫切的任务。在地震作用下期望结构不发生破坏是不经济的，也是不现实的。在允许结构发生地震破坏的前提下，根据震害资料、结构的地震设防水准和重要性，对结构的抗震性能进行合理的抗震鉴定评估，从而对需要维护的建筑物进行基于性能的抗震加固。

由此可以看出，基于性能的抗震加固设计就是在事先对既有建筑进行抗震能力现状评估的基础上根据建筑物的结构形式、使用功能、加固要求等，确定各级性能水平，针对不同的性能水平提出抗震设防标准，以此进行加固设计。这样在不同强度地震作用下，可以有效控制建筑物的破坏形态，使建筑物实现明确的性能水平。结构在其整个生命周期中，在遭受不同水平的地震作用下，总的加固费用达到最小。基于性能的抗震加固设计步骤为：

1）对既有结构进行全面抗震鉴定，了解结构布置形式、材料强度、抗震构造措施及其他特征。

2）依据国家现行相关规范标准，对原结构的抗震性能进行复核计算。

3）业主依据建筑功能、用途和经济条件提出加固结构的性能目标，设计人员应向业主提供相应的技术支持。

4）设计人员针对提出的性能目标，选择初步的加固方案。

5）结合工程造价、施工周期及对现有建筑使用的影响程度，对加固方案进行评估，并做出修改，直至形成最佳加固方案。

抗震加固设计流程图见图 7.2。可以看出，与新建建筑不同的是首先应对既有结构进行

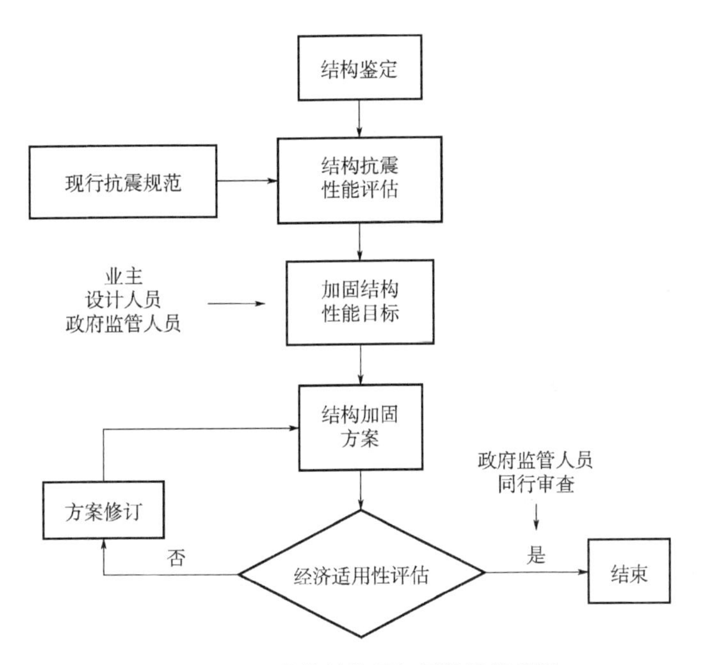

图7.2 基于性能的抗震加固设计流程图

抗震鉴定评估，如果业主需要改变建筑的使用功能，则应依据现行国家规范标准对改造后的结构进行复核计算后设定合理的性能目标。

7.3.2 性能目标的设定

建筑规范是提供建筑所应具有的“最低”要求的标准。从建筑功能和经济角度考虑，业主有权选择高于规范要求的性能目标，结构工程师也有责任使结构满足业主选择的性能目标，并使工程的建设满足有关规范标准。毫无疑问，为使震后社会功能尽快恢复，建筑物的破坏程度必须控制在最低的水平，因此，结构性能目标的设定是抗震加固设计的关键因素。

1. 影响性能目标设定的因素

基于性能的设计方法是建筑功能与投资-效益准则的有机结合，涉及工程抗震领域的方方面面。虽然基于性能的加固设计与普通的性能设计思路一致，但鉴于加固设计针对既有建筑，性能目标的设定容易受到业主、结构现状、使用功能、经济性与非结构构件等诸多因素的影响，进而对加固方案、材料的选择和施工工艺产生影响。

（1）业主　业主由于掌握专业知识甚少，很难了解建筑的抗震性能，常常会要求加固结构即使在未来罕遇地震作用下仍不产生损伤。为降低结构在地震中的破坏程度，则需提高结构水平承载力，加固工程量显著增加。因此，大部分加固材料在建筑使用期内都有可能无法发挥功效，造成资源浪费，形成不良投资。由于我们不可能以罕遇地震下结构不产生损伤为代价来进行结构抗震设防，因此任何水准的抗震设防目标，都有可能在罕遇地震下产生损伤。而业主需要知道的是基于性能的抗震加固设计可能的损伤会有多大，以及达到这样大的损伤程度有多大的概率。

（2）结构现状　结构现状是设计人员进行加固设计的主要依据。为了设定合理的性能目标，设计人员有必要全面了解结构现状。因此，需要在对建筑物相关资料和使用状况进行调查的基础上，现场检查建筑物现状与原始资料及相关规范符合程度、施工质量和使用维护状况、建筑结构特点、结构布置、构造和抗震能力等因素，对建筑物整体抗震性能做出评价。但是我国大量既有钢筋混凝结构由于建设年代久远，其中有相当一部分未考虑抗震设防，有些虽考虑了抗震设防，但其抗震性能存在诸多隐患，更有甚者设计图纸已经缺失，这都给结构现状的了解带来困难。

（3）使用功能　在经济发达的现代化城市中，尤其在一些用地紧张的商业中心区，在使用功能上要求建筑在上部楼层布置住宅、旅馆、办公用房等，下部楼层作为商场、餐饮、娱乐设施使用，即将上部布置小空间，下部布置大空间。从结构受力上看，由于高层建筑结构下部楼层受力很大，上部楼层受力较小，正常的结构布置应是下部刚度大、墙体多、柱网密，到上部逐渐减少墙、柱的数量，以扩大柱网。但是，结构的正常布置与建筑功能对空间的要求正好相反。因此，为满足建筑功能的要求，结构必须进行“反常规设计”，上部布置刚度大的剪力墙，下部布置刚度小的框架柱。此时，如果根据加固的性能目标需要增加竖向承重构件（剪力墙或者支撑结构等），那么使用功能与结构性能之间便出现了矛盾。

（4）经济性　投资-效益准则是基于性能的抗震设计的重要原则，在设计中除了考虑技术因素外，还应考虑经济、社会、政治等诸多因素，它所追求的设计目标就是在结构寿命周期的总费用最小，即在结构的初始造价与结构未来的损失期望中达到一种优化平衡。因此，加固方案的经济性也是影响基于性能的抗震加固设计中性能目标设定的一个重要因素。

（5）非结构构件　由于主体结构的破坏对人身安全影响最大，业主和设计人员通常对主体结构破坏所造成的损失给予足够的重视，而对非结构构件的破坏所造成的损失估计不足。但在地震作用下，建筑物的使用者常被非结构构件（如隔墙）的破坏所伤害；非结构构件修复或更换也延长了建筑物的修复周期；非结构构件破损引起的损失可能会超过主体结构本身的损失，超出社会和业主所能承受的范围。因此，要实现既有建筑物基于性能的设定目标，必须注意控制在不同设防地震等级下非结构构件的破坏程度。

2. 既有建筑物抗震性能鉴定

我国是发生地震灾害最为严重的国家之一，具有地震强度大、分布广、频率高、损失重的特点。地震造成的人身伤亡和财产损失主要是由于建筑物的破坏所致，历次地震后，广大地震和工程科技人员深入灾区，现场勘绘建筑物震害形态，调查统计震害资料、分析破坏机理，对灾区房屋进行应急评估和现场鉴定，对灾区现存房屋给出拆除、加固、维修后使用等不同的处理意见，对于快速恢复灾区生产和生活起到重要作用。经验表明，对现有建筑物进行抗震鉴定，对不满足鉴定要求的建筑进行抗震加固，是减少地震灾害损失的有效措施。

抗震鉴定是对建筑物所存在的缺陷进行“诊断”。随着抗震理论水平的提高、设计与施工经验的积累以及抗震规范的重新修订及实施，对于设防烈度提高地区或抗震设防水准较低的、经历地震而产生损伤以及建筑功能改变的结构，需要对其进行抗震鉴定，并根据抗震鉴定结果选取合理的处理方法，如继续使用、加固或废除等。

我国抗震鉴定的依据是《建筑抗震鉴定标准》，该规范根据建筑设计建造的年代及当时设计所依据的规范系列，将现有建筑抗震鉴定所选用的后续使用年限划分为 30 年、40 年、50 年三个档次，分别对应 A 类、B 类和 C 类建筑。对现有建筑的抗震鉴定强调的是综合抗震能力，而不再针对单个构件。所谓综合抗震能力是指整个建筑结构考虑其构造和承载力等因素所具有的抵抗地震作用的能力，实际上反映了建筑结构受地震影响时的耗能能力，若结构现有承载力较高，则除了保证整体性所需的构造外，延性方面的构造鉴定要求可适当降低；反之，现有承载力较低时，则可用较高的延性构造予以弥补。

现有建筑的抗震鉴定采取二级鉴定的方法：第一级鉴定（B类建筑称为抗震措施鉴定）是以宏观控制和构造鉴定为主进行综合评价，分为结构体系、材料实际强度、整体连接、局部易损易倒塌部位构造四方面鉴定内容；第二级（B类建筑称为抗震验算）是以抗震验算为主结合构造影响进行综合评价，可采用标准中给出的简化计算方法或按规范方法进行构件承载力验算。对于A类建筑，当满足第一级鉴定的各项要求时，可不再进行第二级鉴定，否则应进行第二级鉴定并结合第一级鉴定的构造影响，对抗震能力进行综合评定。与A类建筑不同的是，B类建筑即使满足抗震措施鉴定的各项要求时，仍应进行抗震承载力验算，但可参照A类建筑的方法，计及构造的影响对抗震能力进行综合评定。若综合抗震能力指数不小于1.0或构件抗震承载力满足要求时，表示能满足相关类别建筑抗震性能的要求，不满足则提出相应的对策。通过对建筑物的结构体系、配筋构造、填充墙等与主体结构的连接，以及构件的抗震承载力进行综合分析，使相当一部分既有建筑仅需通过第一级鉴定方法进行抗震鉴定，少数不满足的则继续采用第二级进行鉴定。

虽然该标准提出了逐级鉴定的思想和方法，并运用结构抗震的基本概念，对建筑结构的总体抗震能力进行综合评定，在我国结构抗震鉴定方面发挥了重要作用。但按国家的抗震防灾政策，对于既有建筑结构的抗震鉴定，通常认为其设防目标要低于新建建筑，具体表现为：结构抗震承载力验算时，总安全系数或抗震承力调整系数低于设计规范，结构变形能力的构造要求、框架的纵向钢筋和箍筋置等，均低于现行设计规范。由此可以看出，现行抗震鉴定标准要求低，无法充分满足业主对现役结构后续使用抗震性能的要求。

因此，为了在既有结构加固过程中设定合理的性能目标，需要全面了解拟加固结构的抗震性能现状，即除了满足承载力和构造要求外，还应对既有建筑在可能遭遇的地震中预期产生的变形情况进行估算，因为变形是度量结构性能的重要指标，现阶段的性能设计理论也强调了对结构非线性变形的把握。

3. 性能目标

结构性能目标是针对某一设防地震等级而期望达到的建筑物抗震性能等级，是与建筑物的使用功能、重要性程度相联系的。结构性能目标的确定是抗震加固设计的关键步骤，具体工程中的性能目标，需要业主和设计师的共同参与、共同决策，使得该建筑结构在未来地震灾害中出现预期的破坏形态，震害引发的损失是业主和社会所能接受的。因此，不同的结构会有不同的性能目标，甚至同一建筑物在同一业主的条件下，当结构使用用途发生改变时，也会衍生出不同的性能目标，说明性能目标的制定会充分体现结构抗震设计的独特“个性”。与此同时，现役结构必须满足现行抗震规范中规定的最低性能目标，保证结构基本的安全性，这也是结构抗震性能目标的最低指标，体现了结构抗震设计的基本“共性”。从本质上说，基于性能理论的结构抗震设计就是“投资-效益”准则下，结构基本“共性”和独特“个性”在基于可靠度理论下的结构优化设计。

虽然我国现行抗震规范采用的“三水准两阶段”设计方法从整体结构的抗震性能入手，利用变形验算和构造措施防止不利的屈服机制，形成具有较好耗能能力的延性破坏，包含了一些性能设计的思想。但这种方法只是一种定性的概念方法，设计人员对此一片空白，无法从真正意义上把握结构的性能。目前，我国现行加固设计规范规程一般情况下采用线弹性加固方法计算被加固结构的作用效应，塑性内力重分布方法尚未得到运用，并未明确提出基于性能的加固设计方法。本文所提出的加固设计目标是参照美国抗震加固设计的性能目标和评估标准而制定的，共分为 6 类设计目标，见表 7-3。

表 7-3　加固设计的性能目标和评估标准

等级	性能目标	震后破坏程度	震后性能评定
6	全面保持使用功能	完好无损	不限制使用
5	基本保持使用功能	轻微变形或破损	
4	不能完全保持现有使用功能	中等	限制和临时使用或降低等级使用
3	生命安全	严重	只限制有关人员出入
2	接近倒塌		
1	部分倒塌或即将倒塌	倒塌	不准使用，禁止出入

由此可见，基于性能的抗震加固设计方法并不是一种简单的采用加固措施使结构满足“现行规范”的方法，而是需要满足强度、刚度、耗能能力和其他属性以实现设定的性能目标。因此，为使加固结构达到设定的性能目标，设计方法、加固材料和施工方法不应受到现行规范的限制。

4. 加固设计基准期

《建筑结构可靠度设计统一标准》2. 1. 7 条定义设计基准期为：为确定可变作用等取值而选用的时间参数，设计基准期是为确定可变作用的取值而规定的标准时段，它不等同于结构的设计使用年限。设计如需采用不同的设计基准期，则必须相应确定在不同的设计基准期内最大作用的概率分布及其统计参数。设计基准期和结构寿命期同样是两个不同的概念，结构寿命期可由业主或用户与设计人员在满足有关法规要求下共同确定，是结构或结构构件在科学管理下，经养护、维修而能够按预定目的使用的时间段。

《混凝土结构加固设计规范》2. 1. 17 条定义加固设计使用年限为：加固设计规定的结构、构件加固后无须重新进行检测、鉴定即可按其预定目的使用的时间。3. 1. 7 条规定混凝土结构的加固设计使用年限，应按下列原则规定：①结构加固后的使用年限，应由业主和设计单位共同商定；即对建筑的修复，应听取业主的意见，若业主认为房屋极具保存价值，而且加固费用不成问题，则可商量一个较长的设计使用年限；譬如，可参照历史建筑的修复定一个较长的使用年限，这在技术上可行，但比较浪费财力，不应在业主无特殊要求时，误导他们这么做；②当结构的加固材料中含有合成树脂或其他聚合物成分时，其结构加固后的使用年限宜按 30 年考虑；当业主要求结构加固后的使用年限为 50 年时，其所使用的胶合聚合物的粘结性能应通过耐长期应力作用能力的检验；当然，当结构的加固使用的是传统材料（如混凝土、钢和普通砌体）且其设计计算和构造满足规范规定时，可按业主要求的年限，但不能超过 50 年；③使用年限到期后，当重新进行的可靠性鉴定认为该结构工作正常，仍可继续延长其使用年限；④对使用胶粘方法或掺有聚合物材料加固的结构、构件，尚应定期检查其工作状态；检查的时间间隔可由设计单位确定，但第一次检查时间不应迟于 10 年；即设计单位制定结构的定期检查维护制度，物管单位执行；⑤当为局部加固时，应考虑原建筑物剩余设计使用年限对结构加固后设计使用年限的影响。

由此可以看出，加固结构的设计基准期是表征一定条件下的动态过程，需要通过不断识别材料（含加固材料）的性态加以适当调整。因此，可以通过结构的现状和设定的性能目标来确定：

1）根据结构现状确定（年）：加固设计基准期 = 既有建筑的设计基准期（一般为 50 年）－建筑已使用时间。

2）根据性能目标确定（年）：根据设定的加固性能目标，由业主和设计人员商定。

7.3.3　基于性能的抗震加固目标实现

加固设计没有唯一解，加固材料和方案以及施工方法的选择在基于性能的工程体系中没有限定，设计人员应在设计中最大限度地自主发挥。基于性能的抗震加固设计的前提是结构的抗震性能目标和性能水平的确定，前面虽然对此进行了阐述，但只是定性描述，并未给出相应的量化指标，这使得结构加固的性能目标很难在抗震设计中具体实现，无疑给性能设计在实际工程设计中的应用带来了一定的困难。

基于性能的抗震设计理论针对结构不同的性能水平，通过不断的迭代来寻求结构的强度、刚度、延性的需求形成合理的统一，但是现阶段还不具备完全实用的可能。在前面基于性能的抗震设计理论分析中，结构性能的量化指标可用变形来定义。在地震作用下结构产生相对于地面的位移，结构构件在相对较小的位移下就会发生以混凝土开裂和钢筋屈服为表现的损伤，整个结构的损伤可以因形成弯曲塑性铰而发生，其损伤范围取决于塑性铰变形的大小，而塑性铰的变形又与位移有关。因此，使用与变形有关的量来判断加固结构的损伤和抗震性能水平是可行的。

在剧烈地震作用下，框架结构为了实现延性行为必须防止脆性破坏和不稳定性，节点的设计与构造对框架的抗震性能尤为重要。设计应该满足：①不发生剪切破坏；②保持节点完整，从而发挥梁、柱极限强度；③限制节点区裂缝开展和梁柱纵筋的粘结滑移以减小节点的刚度退化。但是，多数既有框架结构的节点难以满足以上要求。当框架结构进入非线性阶段后，与节点相连接的构件（梁和柱）可能发生屈服，节点核心区及附近的梁端和柱端将产生非弹性变形，节点刚度明显降低，承载能力又有所减小。在此情况下，为使节点具有较好的性能，必须采用有效的加固方法减小节点的变形。

1. 塑性铰区截面平均曲率 φ

节点区的变形主要包括节点核心区的剪切变形和梁端对柱边的转动，后者主要是由于梁纵筋发生滑移引起的。也就是说，当结构进入非弹性阶段后，承受较高弯矩、剪力和轴向力的节点区（包括梁端和柱端）将产生弯曲变形（梁、柱）、剪切变形（节点核心区）和滑移变形（梁相对于柱边的转动）这三种非弹性变形。梁、柱杆件的弯曲变形是不可避免的，可以吸收和耗散地震能量；然而，后面两种变形则会导致耗能减小，结构位移加大。因此，在基于性能的抗震加固设计中应把剪切和滑移的作用减到最小的程度。

在结构抗震概念设计理论中“强柱弱梁”是一个重要准则，要求框架梁率先出现塑性铰，以形成梁铰型延性结构。框架结构在水平荷载作用下，梁杆件上的弯矩作用从反弯点至柱面逐渐增大，在反复荷载作用下靠近柱面的梁端混凝土逐渐开裂并不断发展，钢筋屈服，最终在梁端形成塑性铰。由于塑性铰区钢筋屈服、保护层混凝土剥落引起梁筋粘结性能降低、屈服渗透，梁筋发生滑移导致梁端对柱边发生相对转动，同时梁对节点区的约束能力减弱，节点剪切变形增加，塑性铰区退化。因此，为了减小剪切变形和滑移变形，实现性能目标，需要控制梁塑性铰的位置，即采用有效的加固方法使塑性铰外移。试验表明，外移塑性铰可以有效地解决贯穿节点核心区梁筋的粘结滑移问题，使柱面处的梁筋基本上处于弹性阶段，保证梁对节点核心区维持较好的约束作用，从而使核心区混凝土抗剪强度提高30%，而核心区的剪切变形仅为不转移梁铰时的1/3，显著改善了节点的抗震性能。

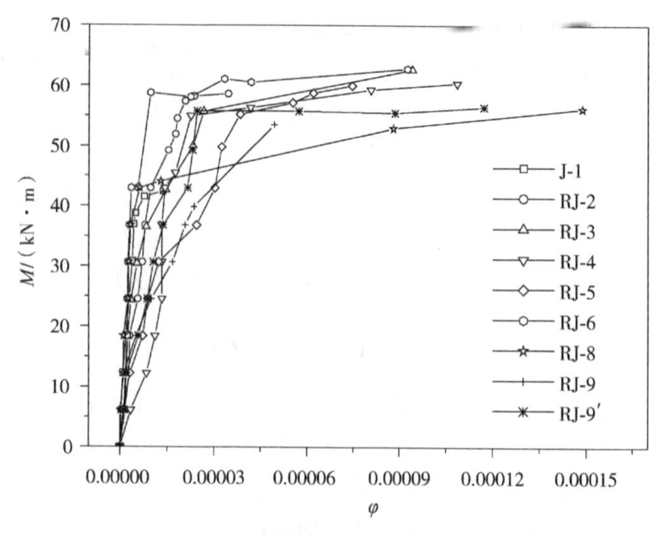

图 7.3　试验各试件 $M-\varphi$ 关系曲线

塑性铰区的转动可以用截面的平均曲率来表示，截面的平均曲率是指单位长度上两截面之间的转动（转角），可以通过第三章的量测方法和计算公式获得。根据计算得到的弯矩和截面平均曲率得到 $M-\varphi$ 关系曲线，曲线可以作为衡量节点抗震性能的重要指标。图 7.3 为试验各试件的 $M-\varphi$ 关系曲线（其中 RJ-1 和 RJ-7 由于梁上下平面粘贴钢板未设测量装置），J-1 和 RJ-9 为未加固试件。可以发现曲线有以下特点：曲线表现出明显的弹性段和屈服段；在屈服段之前弯矩的增长远大于曲率的增长，而发生屈服之后弯矩增长不多，曲率则迅速增长。虽然曲线的发展趋势一致，但是通过对比加固前后的 $M-\varphi$ 关系曲线还可以发现：未加固试件进入屈服段后曲率增加总量不多，且加固试件曲线所围面积明显大于未加固试件。出现这种现象的原因是：对于未加固试件，由于梁塑性铰靠近柱面出现，梁筋屈服后将不断向节点区渗透，梁筋滑移量增大，滑移变形增加，塑性铰区发生退化；而对于加固试件，梁塑性铰实现外移，柱面附近作用的弯矩大部分被加固角钢承担，使梁筋处于弹性状态，同时锚固长度增加和加固段对拉螺栓施加的压力都增强了梁筋的粘结性能，节点核心区周围的角钢不仅提供了很好的约束作用，剪切变形减小，还使节点内斜压杆机制增强，节点抗压能力提高。因此，加固节点主要以耗能较好的弯曲变形为主。

2. 加固材料的选取

设定的加固性能目标能否实现很大程度上取决于加固材料的选取是否合理，本文加固方法的主要材料为角钢，因此为了提高既有节点的抗震性能，实现梁端塑性铰外移，需要对角钢的肢长和肢厚进行分析。

塑性铰有一定的长度，梁塑性铰区的扩展范围一般为距柱边 1.0 ~ 1.5 倍梁高范围。因此，角钢肢长应限于这个区域，过短时梁塑性铰仍位于柱面附近，过长时则容易形成强梁。不同角肢长度试件的 $M-\varphi$ 关系曲线见图 7.4，可以看出，随着角肢长度的增加曲线包含的范围逐渐增大（出现较大肢长试件的最大曲率小于较小肢长现象是由于所有肢长的试件的加载路径相同所致），但是当肢长达到 200mm（试件 RJ）时，曲线有一个较大程度的增大后，此后增长现象已不明显，这说明继续增加肢长已不能继续提高节点抗震性能水平。因此，肢长可以遵循以下原则选取：

$$0.5h_b < b_s < h_b \tag{7-1}$$

且宜选 $0.5h_b$，式中，b_s为角钢肢长，h_b为梁高。

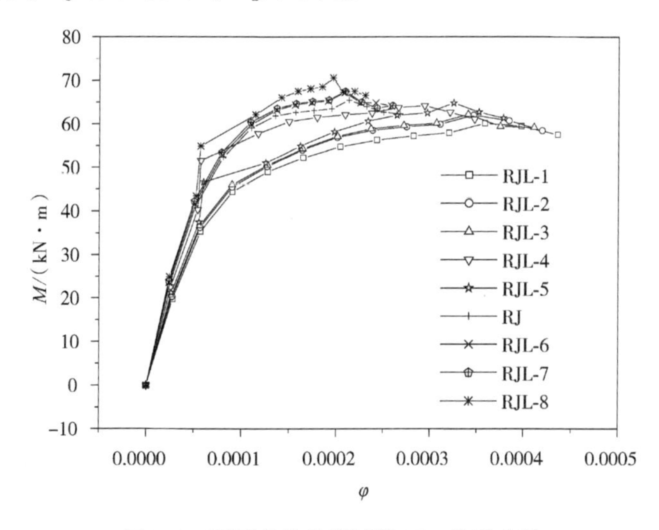

图7.4　不同角肢长度试件 M-φ 关系曲线

注：(1) 计算截面平均曲率的两个截面分别取距柱面200mm和350mm（下面相同）；

(2) 图中试件详见第五章表5-1和表5-2。

文献［52］指出，为了实现塑性铰的外移，必须使柱面处的梁截面抗弯强度为预期梁铰处抗弯强度的1.25倍以上，以防止梁铰处钢筋超强时，柱边的梁筋有发生屈服的可能。加固段梁截面增加的抗弯强度由角钢提供，其大小取决于角钢角肢的截面面积，当角钢的宽度大于等于梁截面宽度时，角肢厚度则为主要可变因素。不同角肢厚度试件的 $M-\varphi$ 关系曲线见图7.5，可以看出，随着角肢厚度的增加曲线包含的范围逐渐增大，但增加幅度不大，特别是当肢厚达到16mm（试件RJ）后继续增加肢厚曲线变化已不明显，说明角肢肢厚增加到一定程度再继续增加已不能提高塑性铰区的弯曲变形能力。因此，肢厚可以遵循以下原则选取：

$$M' \geqslant 1.5M \tag{7-2}$$

$$M' = \alpha_1 f_{c0} bx\left(h - \frac{x}{2}\right) + f'_{y0}A'_{s0}(h - a') + f'_{sp}A'_{sp}h - f_{y0}A_{s0}(h - h_0) \tag{7-3}$$

$$\alpha_1 f_{c0} bx = \psi_{sp} f_{sp} A_{sp} + f_{y0} A_{y0} - f'_{y0} A'_{s0} - f'_{sp} A'_{sp} \tag{7-4}$$

$$\frac{1}{25}h_b < t_s < \frac{1}{15}h_b \tag{7-5}$$

且宜选 $1/20h_b$，式中，M'为梁加固后弯矩设计值，M 为预期梁铰处弯矩设计值，t_s 为角钢肢厚，式7-3和7-4选自文献［51］，各符号的含义详见文献。

在框架结构设计中，常采用强柱弱梁构造措施来保证结构的延性，利用梁端的塑性铰耗散地震输入的能量。因此，在设计强柱弱梁体系时，通常采用较低的设计地震力，这样导致即使在中等强度的地震作用下，预期的塑性铰也会发生破坏，使得维修费用很高。由此可见，在基于性能的加固设计中应同时提高薄弱构件的抗震能力，使结构构件在整体结构达到承载力前不应产生破坏。

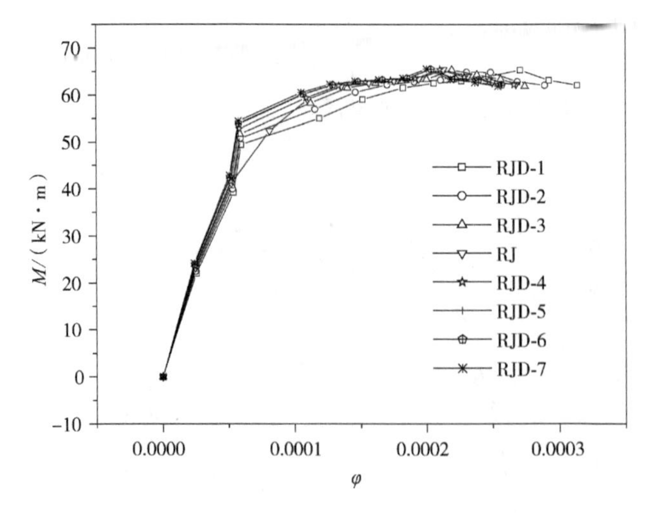

图 7.5　不同角肢厚度试件 M-φ 关系曲线

7.4　设计方法与施工工艺

7.4.1　设计方法

为了实现梁端塑性铰外移，提高既有框架节点抗震性能，加固角钢选取原则遵循式 7-1 与式 7-5。

对拉螺栓既保证了角钢与加固截面协同工作，又可以有效地约束加固段混凝土，它将受到角钢角肢截面的剪力与梁柱截面的拉力。因此，对拉螺栓的选取应满足下述计算公式：

$$\sum N_{\mathrm{v}} \geqslant f'_{\mathrm{y0}}A'_{\mathrm{s0}} \tag{7-6}$$

$$\sum N_{\mathrm{t}} \geqslant V_{\mathrm{b}} \tag{7-7}$$

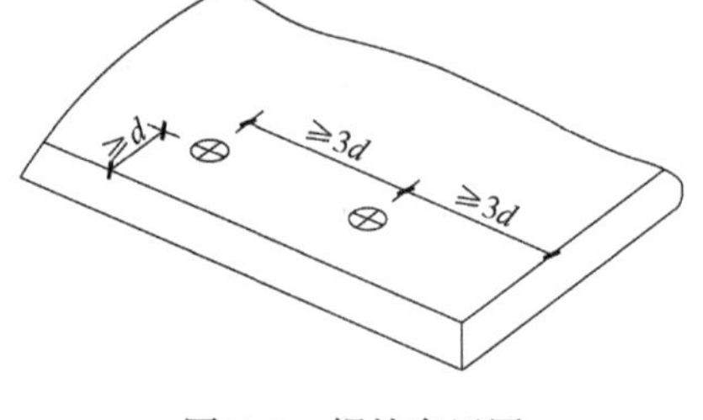

图 7.6　螺栓布置图

式中，N_{v}与 N_{t}分别为螺栓受剪和抗拉承载力设计值；V_{b}为梁端剪力。

螺栓间距、边距应满足图 7.6 所示要求，图中 d 表示螺栓的直径。

为了保证角钢与梁柱表面接触密实，先将梁柱表面打磨平整，然后平铺薄薄一层结构胶。

7.4.2　施工工艺

施工流程：表面处理→加压固定及卸荷系统准备（根据实际情况和设计要求，卸荷步骤有时省去）→胶粘剂配制→涂胶和固定→卸加压固定系统→检验→维护。

1. 表面处理

1）混凝土面应凿除粉饰层、油垢、污物，然后用角磨机打磨，较大凹陷处用找平胶修补平整，打磨完毕用压缩空气吹净浮尘，保证混凝土面平整。

2）角钢表面应用角磨机进行粗糙、除锈处理，直至打磨出现光泽，使用前若洁净仅用干布擦拭即可，否则可用棉布沾丙酮拭净表面，待完全干燥后备用。

3）在角钢角肢两侧相应位置钻孔。

4）该工序所用主要物资：护目镜、防尘口罩、冲击电锤及扁铲、手锤、角磨机、金刚石磨片、砂轮片、空压机、棉布、丙酮、钻孔机。

2. 加压固定及卸荷系统准备（根据实际情况和设计要求，卸荷步骤有时省去）

1）加固构件所承受的活荷载如人员、办公机具宜暂时移去，并尽量减小施工临时荷载。

2）加压固定宜采用千斤顶、垫板、顶杆所组成的系统，该系统不仅能产生较大压力，而且加压固定的同时卸去了部分加固构件承担的荷载，能更好地使后粘钢板与原构件协同受力，加固效果最好，施工效率较高。

3. 胶粘剂配制

1）建筑结构胶为A、B两组份，取洁净容器（塑料或金属盆，不得有油污、水、杂质）和称重衡器按说明书配合比混合，并用搅拌器搅拌约5～10分钟至色泽均匀为止。搅拌时最好沿同一方向搅拌，尽量避免混入空气形成气泡，配置场所宜通风良好。

2）该工序所用主要物资：搅拌器、容器、称重衡器、腻刀、手套。

4. 涂胶和固定

1）胶粘剂配制好后，用腻刀涂抹在已处理好角钢表面上和混凝土表面，胶断面宜成三角形，中间厚3mm左右，边缘厚1mm左右，然后将角钢临时支护在混凝土表面，穿上对拉螺栓，用扳手对称、循序渐进地收紧螺母，拭去角钢边缝挤出的胶液。

2）该工序所用主要物资：临时支护系统、腻刀、扳手、手套。

5. 卸加压固定系统

6. 检验

检查所有的螺母是否收紧。对重要构件应采用荷载检验，一般采用分级加载至正常荷载的标准值，检测结果较直观、可靠，但费用较高，耗时也较长。该工序所用主要物资：千斤顶或配重（常用沙袋、砖块）、百分表、裂缝显微镜、平衡器。

7. 维护

加固后钢板宜采用涂防锈漆保护，以避免钢材的腐蚀。部分实际施工过程见图7.7。

图7.7　施工过程照片

7.5 小结

基于性能的结构抗震设计理论是一种全新的抗震设计理念，以提高结构的抗震性能为目标，要求设计的结构在未来地震作用下具有可预见的抗震性能。鉴于我国诸多既有结构急需抗震加固的现状，将基于性能的抗震设计思想引入到节点的加固设计中。本章对基于性能的抗震加固设计的基本思路、设计步骤、性能目标的影响因素、加固设计的性能目标、加固设计基准期以及判断加固结构的损伤和性能水平的量化指标作了详细的说明，并在此基础上给出了外移塑性铰加固节点的设计方法及施工工艺。

第8章　加固改造工程实例

随着社会的发展进步，越来越多的建筑物使用功能会发生变化，因此，越来越多的建筑物为了实现新的使用功能而进行加固改造，使用钢构件来加固原混凝土结构的案例越来越多，也取得了很大的成功。

8.1　某学校食堂外包钢板加固混凝土框架节点应用与抗震分析

8.1.1　工程概况

某学校的大厅式公共学生食堂为二层混凝土框架结构，建于2003年，一二层层高均为4.2m。由于学校学生人数的增加，现食堂的使用面积已远远不能满足学生的用餐要求，因此需要对此食堂进行加层扩建，方案是增加两层多功能餐厅。

2015年5月，学校委托某鉴定单位对此食堂进行鉴定，经查阅工程竣工资料、调查工程使用现状以及现场无损检测，结果是框架梁、框架柱等承重构件的混凝土强度、混凝土老化程度、钢筋材质等材料性能均符合国家现行规范、标准的要求，整个结构也未出现变形和裂缝的现象。因此，需要鉴定的重点内容是：拟增加两层后，对于基础、一二层框架柱、二层框架梁以及梁柱节点的承载力复核验算。根据拟增加的三、四层设计图纸，结合现行设计规范，按抗震等级为二级的框架进行计算。结果表明，基础、一二层框架柱、二层框架梁以及梁柱节点的承载力均达不到要求，给出的鉴定结论是必须加固之后才能进行加层扩建。

为了满足建设方所提出的尽量不改变原来使用空间和加固施工工期的要求，鉴定单位给出的加固方案为：基础采用植筋加固法加大基础截面，一二层框架柱、二层框架梁均采用整体外包钢板进行加固，钢板厚度 t 均为6mm。二层框架梁、柱外包钢板加固现场如图8.1所示。原框架柱为圆截面，直径 d 为450mm，节点处配有8 Φ22的纵向受压钢筋和Φ10@60的螺旋箍筋；框架梁为矩形截面，尺寸 b 为300mm、h 为600mm，节点处上部配5 Φ22、下部配2 Φ22 + 1 Φ20的纵向受力钢筋和Φ10@100的箍筋；混凝土强度等级为C30。

图8.1　钢板加固混凝土框架节点照片

8.1.2　加固节点施工工艺

工程实例中的圆形截面框架柱与矩形截面框架梁节点外包钢板加固详图如图 8.2 所示，施工工艺流程如下：分别将框架梁、柱粉刷层铲除后对混凝土保护层进行打毛并清理干净→用环氧树脂砂浆补平→用化学锚栓作固定安装钢板（对于框架柱为半圆柱面形状冷弯钢板）并完成焊接，确保钢板与混凝土间缝隙小于 3mm，钢板需经防锈处理（二道）→在钢板与混凝土间缝隙内灌注环氧树脂并确保充分填满→在钢板外表面焊钢丝网（网格应小于 5cm × 5cm）后，以 1:3 水泥砂浆抹光并喷漆复原。

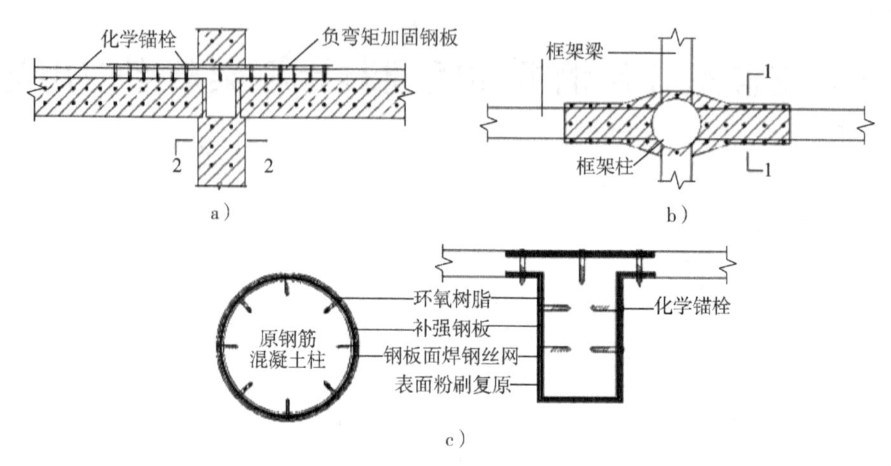

图 8.2　钢板加固混凝土框架节点加固详图

a) 立面　b) 平面　c) 1—1 剖面

8.1.3　加固效果

1) 外包钢板加固法适用于需要大幅度提高承载力而又不影响截面尺寸的混凝土构件的加固，具有对截面尺寸和外观影响小、施工工艺简单、施工速度快的特点。

2) 外包钢板加固后的混凝土框架节点具有很好的塑性变形能力和良好的抗震性能，因此建议抗震设防烈度高的地区尽量使用此方法加固结构构件。

3) 该工程从加固后投入使用到现在，经建设方反馈和后期观测显示，未出现异常现象，证明加固效果良好。

8.2　某加固改造工程柱节点处理与组合楼板应用

8.2.1　工程概况

某工程进行加层改造后用于商业广场。原厂房混凝土框架结构共三层，现设计对原结构二、三层各增加一层钢结构，改造后共五层。抗震设防烈度为 8 度（设计基本地震加速度值为 0.20g；设计地震分组为第一组），抗震设防类别为丙类，防火等级为二级。地基基础设计等级为丙级。

8.2.2　主要施工工艺

对框架柱常用的处理办法为增大截面法和外包钢法。增大截面法的特点：施工周期长，费用相对低，影响部分建筑观赏及使用功能。外包钢法的特点：施工周期短，费用高，增强结构的刚度和强度。为缩短施工周期，本例采用外包钢法（图8.3与图8.4）。

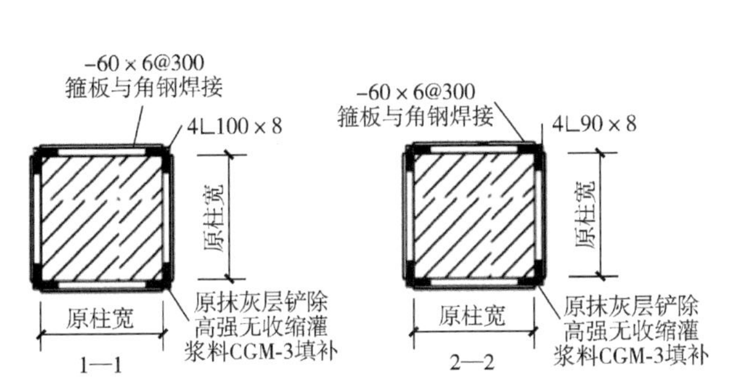

图8.3　外包钢法加固做法详图

图8.4　外包钢法加固做法现场照片

8.2.3　加固效果

经过外包钢加固法的处理，消除了结构的安全隐患，既经济，又不影响结构的外观质量，达到了加固的目的。

8.3　某工程混凝土框架结构柱梁节点加固方法

8.3.1　工程概况

在某工程中，由于项目部与监理人员在施工管理中把关不严，致使在施工预处理槽+2.700m平台时，柱梁节点处未按规范要求进行箍筋加密便进行了混凝土的浇筑，造成结构存在一定的安全隐患。并且+7.000m平台钢筋、模板已施工完毕，准备浇筑平台混凝土。

由于箍筋未加密不符合抗震规范要求，结构的安全性达不到要求，必须进行加固。根据结构特点及现场的实际情况，初步决定采取包钢加固或混凝土的置换加固。由于置换混凝土法存在湿法施工，且+7.000m平台准备浇筑混凝土，拆除钢筋模板既费时又费力，并且加固完后要重新施工以上平台，还需要加设临时支撑。经过与设计院专家讨论及进行可行性比较，决定选用外包钢加固法，此法施工简便，不影响工期。

8.3.2　主要施工工艺

在上述范围内对柱四角人工或机械凿除各100mm宽的保护层，安装∟75×8的角钢，与凿出的柱箍筋焊接；在柱角与板交接处，开洞穿过楼板。在柱梁交接处，角钢进行切肢通过，采用10mm厚钢板与四角角钢满焊，形成钢箍（图8.5）。钢板焊接时，钢板与角钢上表面焊接；焊缝打磨光滑，采用水泥砂浆将凿除的余缝抹平，抹灰时砂浆必须达到密实。钢板与原柱混凝土面的缝隙用高强度灌浆料填充密实，高出混凝土面的钢板用砂浆抹出倒角，尽量保证混凝土实体美观，然后钢板表面用磨光机除锈，进行防腐处理，刷两遍防锈漆，灰色面漆一遍，达到与原混凝土面颜色基本一致的效果。

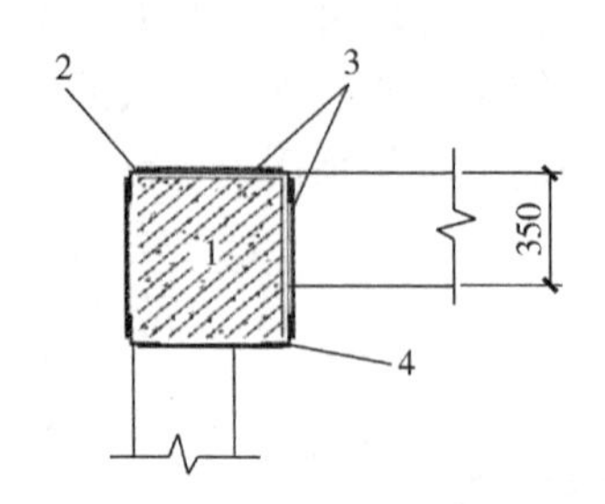

图 8.5　柱梁交接处加固做法详图

1—原柱　2—L75×8，凿除保护层，与柱箍筋焊接

3—10mm 厚钢箍板，与角钢满焊，局部凿去保护层　4—角板穿过楼板

8.3.3　加固效果

经过包钢加固法的处理，消除了结构的安全隐患，既经济，又不影响结构的外观质量，达到了加固的目的（图 8.6）。

8.4　某中学餐厅梁柱节点加固

8.4.1　工程概况

图 8.6　柱梁交接处加固节点现场照片

某中学餐厅原为一层建筑，基础形式采用独立基础，楼面板采用钢筋混凝土现浇板，二层加层屋面采用钢梁支撑钢桁架轻型复合板。结构安全等级为一级，设计使用年限为 30 年，抗震设防烈度为 8 度，设计基本地震加速度为 0.20g，设计地震分组为第一组，建筑场地类别为Ⅲ类，建筑抗震设防类别为重点设防类，框架抗震等级为一级，基础设计等级为丙级。混凝土强度等级：基础垫层为 C15，基础、梁板梯为 C30，柱为 C35；钢板、型钢及钢构件采用 Q235-B。

餐厅改造（二层部分）钢主梁与混凝土柱顶预埋钢板外伸端板通过 3M20 高强度螺栓连接，梁柱节点在梁底标高处设置钢板围箍 + 牛腿，钢板通过数量不等的 M16 螺栓锚固于柱混凝土中；在梁顶处通过钢板围箍与预埋板焊接连接，钢板通过数量不等的 M16 螺栓锚固于柱混凝土中；东西向钢次梁通过 6M20 螺栓连接。典型节点连接形式如图 8.7 所示。

该工程现场施工存在以下问题：个别柱顶存在放置砖块及杂物现象，部分钢主梁端部存在螺栓孔扩孔、梁腹板与端板之间存在空隙、螺栓孔中心至构件边缘距离不满足规范要求等现象；梁柱节点处钢板围箍部分焊缝不饱满、未焊透，个别钢板之间未采用坡口焊等；个别钢梁底与牛腿顶板有空隙；个别锚栓无螺帽；个别牛腿与梁中心线未对齐；部分钢板围箍与柱顶之间有空隙。

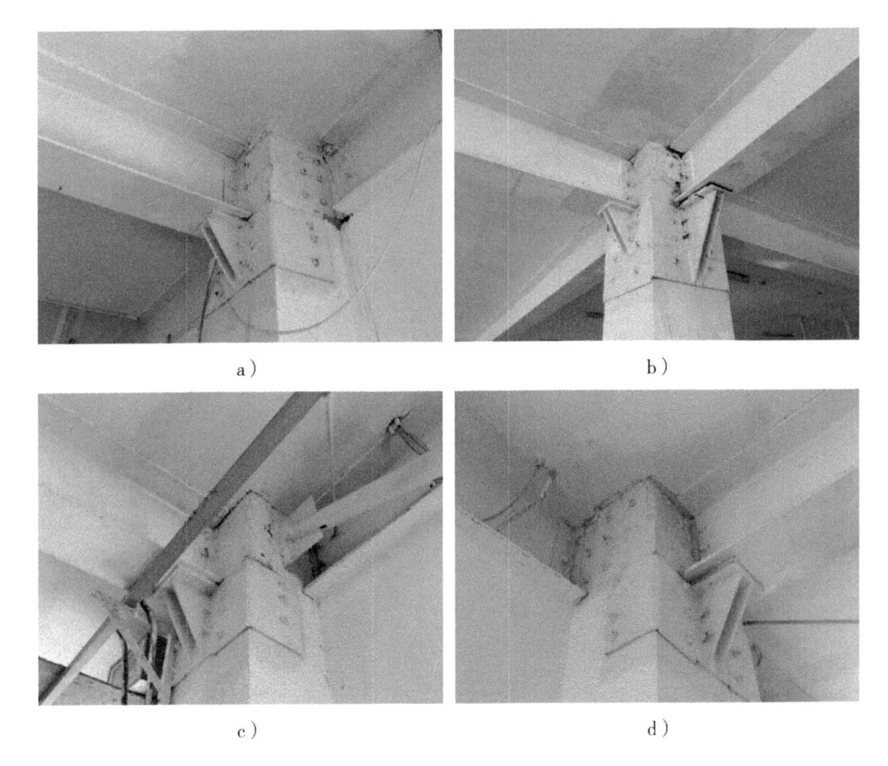

a)　　b)　　c)　　d)

图8.7　典型节点连接形式

a) 18/H节点连接形式　b) 18/M节点连接形式　c) 20/H节点连接形式　d) 22/P节点连接形式

8.4.2　整改措施

综合委托方提供的设计图纸、加固方案、部分施工资料及验算结果，对二层需要处理的梁柱节点及二层部分钢梁提出以下处理建议。

(1) 二层需要处理的节点

1) 放置砖块及杂物的柱顶，清理干净后采用水泥基灌浆料进行填充处理。

2) 对钢主梁梁腹板与端板之间存在空隙、螺栓孔中心至构件边缘距离不满足规范要求，梁柱节点处钢板围箍部分焊缝不饱满、未焊透，个别围箍板尺寸与设计不符，部分钢板之间未采用坡口焊的情况，应按设计及规范要求进行恢复处理。

3) 对螺栓孔或锚栓孔扩孔的部位，在扩孔处进行补焊处理；锚栓无螺帽、螺杆偏长的部位，螺帽与钢板、螺杆之间均焊接，焊接时采取降温措施。

4) 钢梁底与牛腿顶板有空隙的部位，塞填钢板并与钢梁、牛腿顶板固定焊接。

5) 牛腿与梁中心线未对齐的部位，在牛腿处增设三角形端板，使修复后的牛腿端板与梁中心线对齐，如图8.8a所示。

6) 钢板围箍与柱顶混凝土之间有空隙的部位，采用压力注入建筑结构胶进行处理。

(2) 二层18/H~M、19/H~M、20/H~M、18/M~P、19/M~P及20/M~P钢梁　上述主梁与东西向次梁交接处南北各向1.625m范围内焊接5mm厚、200mm宽钢板，焊缝长度250mm，间距250mm，焊脚尺寸为5mm，钢板采用Q235B；主次梁交接处南北两侧均对称增设2对加劲肋，加固位置及详图如图8.8b~c所示。

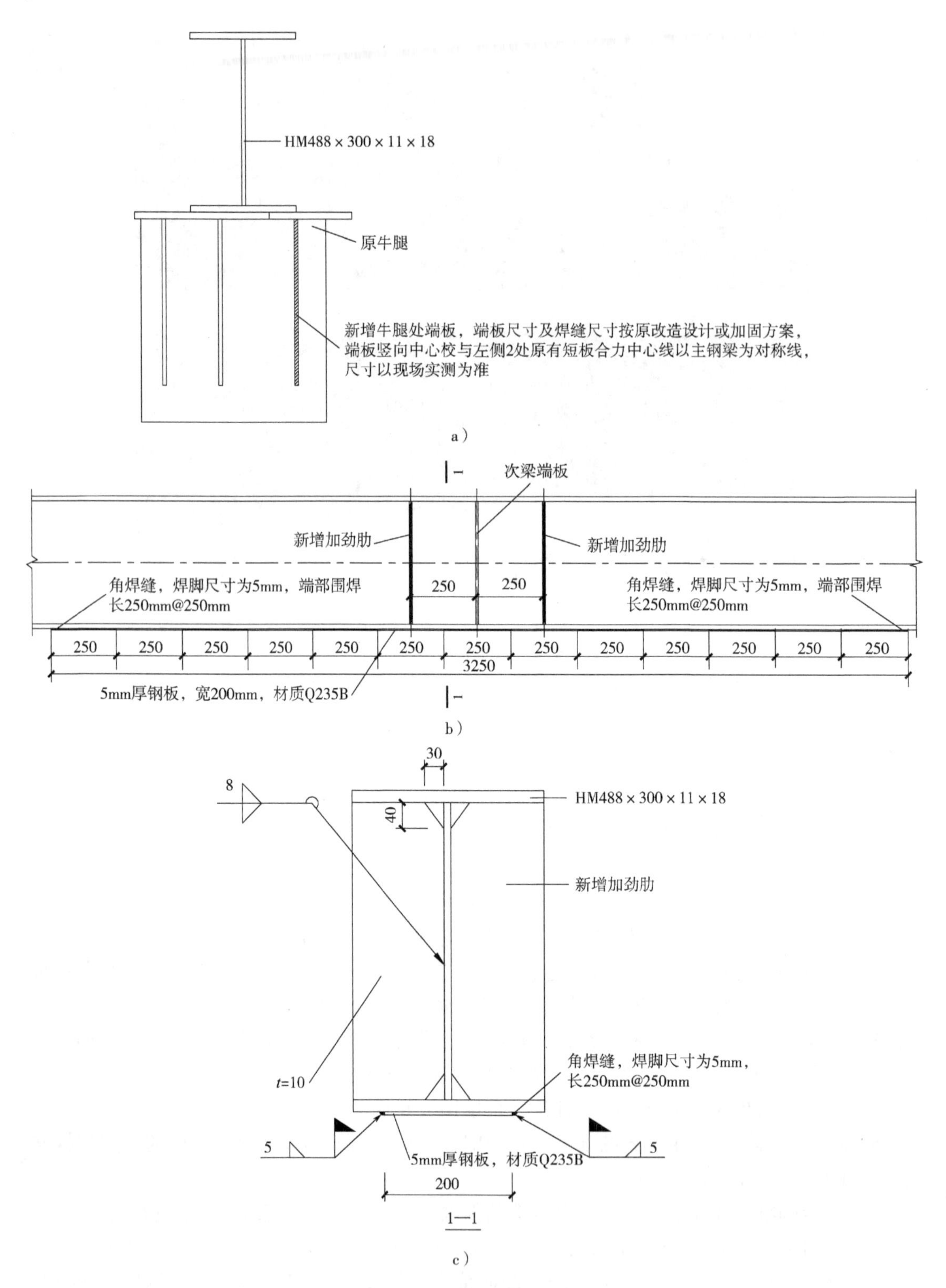

图 8.8　加固工程整改措施

a）牛腿与梁中心线未对齐的部位　b）钢主梁加固立面　c）钢主梁加固 1—1 剖面

（3）其他部位　二层钢桁架轻型复合板之间、副桁架弦杆与填充材料之间、钢桁架轻型复合板与主钢梁之间存在开裂现象，上述裂缝建议采用聚合物砂浆处理。

（4）加固材料要求

1）钢板采用Q235B，焊接采用配套的E43型焊条。

2）加固采用材料应具有权威质检部门的产品性能检测报告和产品合格证，且符合国家现行规范、标准、规程要求。

3）结构加固用水泥基灌浆料的安全性能及重要工艺性能要求，应满足《建筑结构加固工程施工质量验收规范》（GB 50550—2010）表4.10.1的要求。

4）结构胶、聚合物砂浆性能应符合《混凝土结构加固设计规范》（GB 50367—2013）及《建筑结构加固工程施工质量验收规范》（GB 50550—2010）相关规定的要求。

（5）其他要求

1）严格按照国家现行施工规范及操作规程施工。

2）必须由具有合法特种专业工程加固资质的专业施工单位进行施工。

3）现场出现特殊情况或异常问题应会同有关单位协商解决。

4）加固施工时应采取临时的支撑措施，在确保工程安全的前提下方可进行施工。

8.5　某小学教学楼混凝土框架结构柱梁节点加固

8.5.1　工程概况

某小学教学楼为主体地上三层框架结构（另有出屋面消防水箱一层），地基基础形式采用柱下独立基础及柱下条形基础，屋盖及楼盖均采用现浇钢筋混凝土梁板结构。混凝土强度等级：基础垫层采用C15，基础及柱、梁、板均采用C30。施工过程中因怀疑混凝土强度不满足设计要求，对该工程主体结构混凝土强度进行检测鉴定，结果表明：该工程地上一至三层柱、梁、板混凝土强度不满足设计要求，混凝土强度在C15～C20之间不等；按照实际混凝土强度推定值进行验算，相应楼层部分框架柱及梁、板承载能力不满足设计使用功能要求，应进行加固处理。该工程抗震设防烈度为7度，基本地震加速度为0.10g，设计地震加速度为0.15g，设计地震分组为第二组，建筑场地类别为Ⅲ类，抗震设防类别为乙类，抗震措施按8度二级设防，地基基础设计等级为丙类。

根据现场实际情况，该工程楼板采用板顶加筋（锚固使用胶粘型锚栓），框架梁根据混凝土强度及验算结果分别采用梁底加筋＋梁顶粘钢、粘贴高强度碳纤维布（Ⅰ类碳纤维布，型号300g/m^2）及混凝土置换方法，框架柱采用外粘型钢加固（其中基础至二层顶框架柱采用L125×8角钢加固，三层框架柱采用L100×7角钢加固），梁柱节点采用外移梁端塑性铰加固方法（图8.9）。

8.5.2　主要施工工艺

1）在粘贴型钢前，根据实际尺寸进行放样，并依此下料，确保板材与实际尺寸吻合。

2）粘贴钢板前，应对钢板粘贴面进行除锈及粗糙处理。将钢板表面浮锈及污物除去，直至露出金属光泽，然后按垂直于受力方向在钢板表面打出凹槽，以增强钢板与结构胶的粘

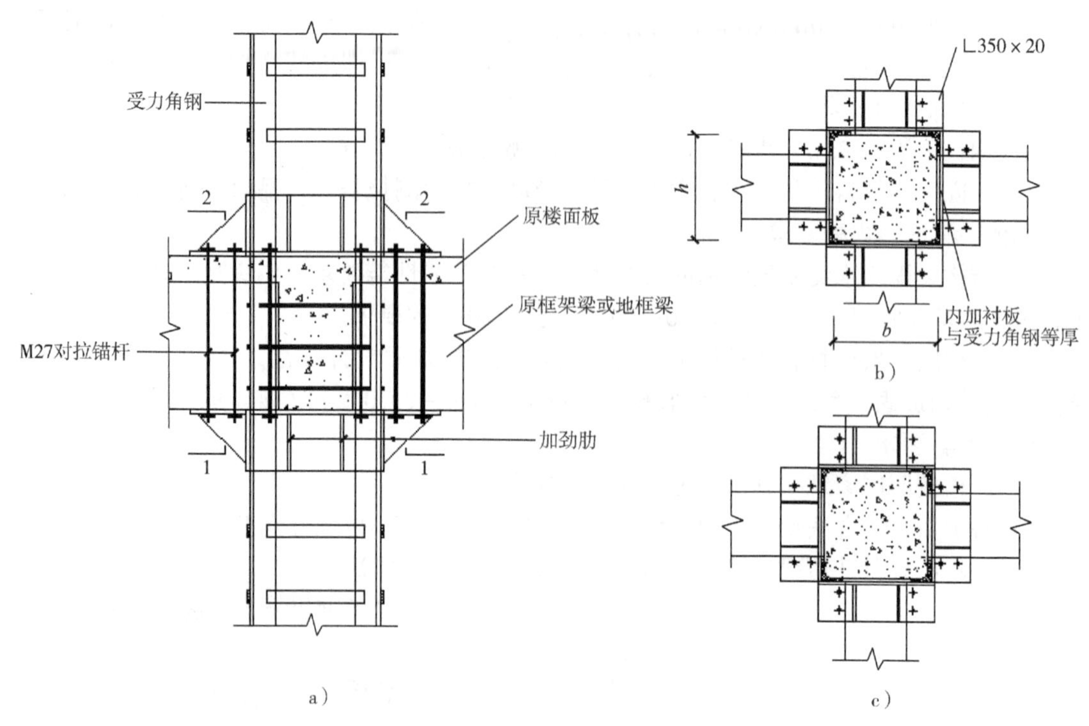

注：1. 先粘钢加固后，再进行节点加固。

2. 节点加固可先采用–350×20的钢板在柱脚（柱顶）处焊接成钢板围套，再焊沿梁长方向的角肢。

3. 角钢与框架柱、梁结合处，应洁净，内部空隙采用结构胶灌实。

图 8.9　混凝土梁柱节点外移梁端塑性铰加固做法详图

a）立面　b）1—1 剖面　c）2—2 剖面

结效果。加固柱四周角钢对接位置应相互错开至少 50cm，不得在同一水平位置，且对接接头不得设在楼板穿洞位置。设置有锚栓的部位，应预先用台钻钻孔，不宜采用氧割割孔，焊接时钢板接触边均为满焊。

3）对混凝土梁、柱面进行打磨处理，将柱面混凝土不平整部位用人工凿出大体平整，穿楼板位置应采用人工凿穿，保留板内钢筋。将原构件截面的棱角打磨成圆角，半径 r 不小于 10mm，露出坚实面，并在混凝土面上打磨出凹槽约 5mm 深，吹洗、除去浮灰，用脱脂棉蘸丙酮将打磨后的混凝土表面清洗干净，混凝土面打磨后，基层如出现孔洞、蜂窝麻面等现象，应采用环氧砂浆修补平整，修补后应注意养护。如遇混凝土面凹凸不平时，在粘钢前修补平整后再粘贴钢板。在设有锚栓的部位应在基层打磨前用电锤钻孔，孔内亦应清洗干净。

4）将下料成型的角钢用夹具（或铁丝）临时固定在柱的四角，调整位置后，为防止安装焊接过程中角钢变形，先进行上、中、下部位缀板安装焊接，以对角钢定型，然后即可进行大面积的缀板安装焊接。

5）密封：安装完成后，用环氧砂浆将角钢或扁钢周围封闭，在适当位置留出排气孔，并在有利于灌浆处安装灌浆嘴。每根角钢均应设置灌浆嘴，从下往上依次设置，设置间距为 1～1.5m。

6）灌浆：待封口环氧砂浆干透后，通气试压，满足要求后，以 0.2～0.3MPa 压力将配制好的结构胶倒入专用压力罐，从灌浆嘴压入缀板或角钢与柱面之间的缝隙。

7）检验：待结构胶固化后，用小锤敲击角钢及钢板，若无空洞声，表示灌浆密实。灌浆的密实度应大于95%，否则应在适当部位钻孔补灌，直到满足要求。

8.6　某联排别墅工程顶升纠倾过程中框架结构柱梁节点加固

8.6.1　工程概况

本市某小区联排别墅为地上三层框架结构，建筑长为24.34m，宽为11.74m，高度为9.60m。基础采用柱下独立基础，屋面、楼面均为钢筋混凝土现浇板。混凝土保护层厚度（一类环境）：梁柱为20mm、板为15mm。基本风压按0.45kN/m²，基本雪压按0.30kN/m²。基础混凝土强度等级为C30，上部主体结构构件混凝土强度等级均为C25。该工程为在建工程，主体完工正赶上6月份雨季，一场大雨后发现该工程西侧地面下陷，同时发现建筑物上部主体梁板柱及楼梯有开裂现象，相关单位紧急采取了压力注浆的应急处理措施。现场外立面图如图8.10所示。

8.6.2　沉降原因分析

根据该工程的地质条件，以及现场挖开的别墅西侧排洪管道破裂的情况综合分析，该工程产生较大不均匀沉降是因为下大雨导致别墅西侧不远处有个南北向的排洪管道破裂漏水，水浸泡了地基，又由于地基为黄土状粉质粘土，具有一定的湿陷性，水浸泡后导致土层松软，从而西侧地基下沉，导致别墅整体西向倾斜。

图8.10　现场外立面图

8.6.3　工程自身特点

相关单位在发现不均匀沉降事故的第一时间采取了压力注浆的方法对地基进行了加固，不均匀沉降得到了控制，地基的应力得到提高，鉴于此，迫降纠倾及膨胀材料顶升的方法均排除；而且该工程为三层框架现浇结构别墅，上部结构整体性好，整体刚度较高，尚未进行装饰装修施工，自重较轻，鉴于以上工程现状，初步考虑采用设备顶升纠倾的方法。考虑到本工程为某开发商开发的别墅项目，别墅已经卖出，鉴于社会影响，委托方一再强调要尽快施工完成，尽可能地减少影响，同时还要控制成本；而设备顶升就本工程而言，其成本低、操作简单、时间短的特点完全符合委托方的目的和要求。因此，综合比较并结合实际情况，最终决定选用设备（千斤顶）顶升的方法。

8.6.4　基础梁及基础梁柱节点处局部加固

该工程顶升部位为基础梁，即采用基础梁作为托梁，为保证原结构的安全及不被损坏，对基础梁及基础梁柱节点处局部进行包钢加固。包钢局部加固施工工序为：提前清理出施工作业面→按设计要求清理混凝土表面→按加固图纸下料、角钢钻孔→在对应位置植入固定螺杆→角钢、钢板抹胶固定施工。典型部位现场情况如图 8.11 所示。

a） b） c） d） e） f）

图 8.11　某工程纠倾过程照片

a）现场局部加固　b）千斤顶就位　c）千斤顶安装完毕　d）纠倾现场　e）纠倾现场　f）纠倾完成

8.6.5　纠倾效果

本工程纠倾施工历时约 2 个月，正式顶升纠倾仅用约 9 个小时就将该建筑物的倾斜得到了纠正。该工程纠倾之前，最大倾斜率 16.95%，经顶升纠倾后，最大倾斜率恢复到 2.32%。纠倾后对该工程进行后续跟踪沉降观测，沉降已稳定，保证了房屋的安全和正常使用，取得了很好的经济和社会效果。

附　录

附表 A　收集中节点数据试件尺寸及试验结果详表

文献	试件号	f_c/MPa	$b_b \times h_b$/(mm×mm)	$b_c \times h_c$/(mm×mm)	节点箍筋	f_{yv}/MPa	ρ_{svj}(%)	$\rho_{svj} f_{yv}/f_c$	h_c/d_b	延性系数	轴压比	剪压比	直角梁根数	τ_{max}/MPa	破坏形式
王峥	J-1	34.96	250×400	350×350	8ϕ8	302.4	0.55	0.047	19.4	6	0.05	0.120		5.10	BYJF
	J-2	27.21						0.061	19.4	7	0.36	0.154		5.72	BY
	J-3	26.07			5ϕ8		0.345	0.039	19.4	6	0.05	0.124		4.96	BSF
	J-4	28.89						0.035	19.4		0.36	0.112			
	J-5	33.56			6ϕ10	343.8	0.69	0.079	19.4	6	0.05	0.156		6.10	JF
	J-6	23.26						0.102	19.4	5	0.36	0.210		6.19	JF
林东	J-1	24.01	250×400	350×350	5ϕ12	370	0.753	0.116	19.4	6	0.1	0.228		6.36	JF
	J-2	23.02			4ϕ12		0.64	0.103	19.4	5	0.25	0.232		6.50	JF
	J-3	25			6ϕ12		1.027	0.152	19.4	5	0.15	0.262		6.84	JF
	J-4	23.9			5ϕ12		0.769	0.119	19.4	5	0.25	0.256		6.31	JF
	J-5	22.5			6ϕ12		0.979	0.161	19.4	5	0.15	0.289		6.76	JF
	J-6	23.1			5ϕ12		0.805	0.129	19.4	5	0.45	0.284		5.82	JF
陈滔	J-1	28.6	250×400	350×350	6ϕ12	328	1.03	0.118	19.4	4	0.05	0.192		8.01	JF
	J-2	32.6			5ϕ12		0.86	0.087	19.4	4	0.15	0.176		7.03	CF
	J-3	25.5			5ϕ12		0.86	0.111	19.4	4	0.25	0.228		5.82	JF
	J-4	28			6ϕ12		1.03	0.121	19.4	5	0.05	0.201		6.10	JF
	J-5	22.3			4ϕ10	382	0.46	0.079	19.4	4	0.25	0.188		5.21	JF
	J-6	26.6			4ϕ10		0.46	0.066	19.4	4	0.05	0.157		5.45	JF

（续）

文献	试件号	f_c/MPa	$b_b \times h_b$/(mm×mm)	$b_c \times h_c$/(mm×mm)	节点箍筋	f_{yv}/MPa	ρ_{svj}(%)	$\rho_{svj} f_{yv}/f_c$	h_c/d_b	延性系数	轴压比	剪压比	直角梁根数	τ_{max}/MPa	破坏形式
傅建平	J-1	34.96	250×400	350×350	8ϕ8	298	0.657	0.056	19.4	10	0.05	0.125		5.44	BSF
	J-2	29.26			8ϕ8	298	0.707	0.072	19.4	8	0.36	0.161		5.91	BSF
	J-3	26.068			5ϕ8	298	0.411	0.047	21.9	7	0.05	0.130		5.67	BSF
	J-4	27.892			5ϕ8	298	0.412	0.044	21.9		0.36	0.113			BYJF
	J-5	33.592			6ϕ10	382	0.774	0.088	19.4	5.5	0.05	0.165		6.99	BYJF
	J-6	23.256			6ϕ10	382	0.773	0.127	19.4	5.0	0.36	0.238		6.87	BYJF
	J-7	28.044			6ϕ12	328	1.112	0.130	19.4	5.0	0.05	0.197		7.22	BYJF
	J-8	25.536			5ϕ12	328	0.926	0.119	19.4	5.0	0.25	0.217		6.99	BYJF
	J-9	26.6			4ϕ10	382	0.515	0.074	19.4	4	0.05	0.156		6.57	BYJF
	J-10	22.268			4ϕ10	382	0.513	0.088	19.4	4	0.25	0.186		5.85	BYJF
	J-11	23.94			6ϕ12	328	0.847	0.116	19.4/21.9	5.0	0.10	0.230			BYJF
	J-12	22.268			4ϕ12	328	0.835	0.123	19.4/21.9	5.5	0.25	0.238		7.43	BYJF
	J-13	26.372			6ϕ12	328	1.150	0.143	19.4	5.0	0.15	0.267		7.84	BYJF
	J-14	25.308			5ϕ12	328	0.918	0.119	19.4		0.25	0.256			BYJF
	J-15	22.496			7ϕ12	328	1.461	0.213	19.4	5.5	0.15	0.310		8.03	BYJF
	J-16	23.332			6ϕ12	328	1.280	0.180	19.4	3.5	0.45	0.310		7.89	BYJF
余琼	J_1	27.4	150×250	200×200	2ϕ6+3ϕ4	350+640	1.04	0.177	16.7		0.330	0.278		10.12	JF
	J_2	27.4	150×250	200×200	4ϕ6	350	1.12	0.143	16.7		0.330	0.285		10.21	BYJF
	J_3	16.6	150×250	200×200	3ϕ6	375	1.30	0.294	14.3		0.274	0.428		9.74	BYJF
	J_4	19.5	150×250	200×200	5ϕ6	375	2.00	0.385	14.3		0.232	0.431		9.83	BYJF

Meinbeit	Ⅰ	25.2	280×458	331×458	2ϕ12.7	408.9	0.334	0.054	18/14.2		0.437	0.387		7.19	JF
	Ⅱ	40.2	280×458	331×458	2ϕ12.7	408.9	0.334	0.034	18/14.2		0.263	0.242		10.53	JF
	Ⅲ	25.6	280×458	331×458	2ϕ12.7	408.9	0.334	0.053	18/14.2		0.408	0.381		8.10	JF
	Ⅳ	34.7	280×458	331×458	2ϕ12.7	408.9	0.334	0.039	18/14.2		0.307	0.281		9.59	JF
	Ⅴ	34.5	280×458	331×458	2ϕ12.7	408.9	0.334	0.040	18/14.2		0.041	0.282		10.09	JF
	Ⅵ	35.3	280×458	331×458	2ϕ12.7	408.9	0.334	0.039	18/14.2		0.501	0.276		10.86	BY
	Ⅶ	35.8	280×458	331×458	2ϕ12.7	408.9	0.334	0.038	18/14.2		0.489	0.272		9.68	JF
	Ⅷ	31.8	280×458	331×458	2ϕ12.7	408.9	0.334	0.043	18/14.2		0.328	0.306	2	12.85	BYJF
	Ⅸ	29.8	280×458	331×458	2ϕ12.7	408.9	0.334	0.046	18/14.2		0.361	0.327	2	10.27	JF
	Ⅹ	28.4	280×458	331×458	2ϕ12.7	408.9	0.334	0.048	18/14.2		0.371	0.343	2	10.15	JF
	Ⅺ	24.7	280×458	331×458	2ϕ12.7	408.9	0.334	0.055	18/14.2		0.434	0.394	2	9.02	JF
	Ⅻ	33.8	280×458	331×458	6ϕ16	422.7	1.591	0.196	18/14.2		0.315	0.288		12.83	BYJF
	XIII	39.7	280×458	331×458	6ϕ12.7	408.9	1.002	0.103	18/14.2		0.261	0.245		10.22	JF
	XIV	31.9	280×458	331×458	6ϕ12.7	408.9	1.002	0.128	18/14.2		0.334	0.305		10.79	JF
陈永春	UJ1	22.6	250×400	400×400	0	0	0	0	22.2	7	0.028			4.36	JF
	UJ2	22.6	250×400	400×400	4ϕ8	272	0.25	0.030	22.2	9	0.028			4.04	JF
	UJ3	22.6	250×400	400×400	5ϕ10	257	0.49	0.056	22.2	9	0.028			4.51	BY
	UJ4	25.4	250×400	400×400	5ϕ12	300	0.71	0.084	22.2	9	0.024			4.40	BY
	UJ6	25.8	250×400	400×400	5ϕ10	257	0.49	0.049	22.2	13	0.24			4.71	JF
	UJ7	25.8	250×400	400×400	4ϕ8	272	0.25	0.025	16	7	0.024			4.01	BY
	UJ8	25.8	250×400	400×400	5ϕ10	257	0.49	0.049	16	9	0.024			4.11	BYJF

（续）

文献	试件号	f_c/ MPa	$b_b \times h_b$/ (mm×mm)	$b_c \times h_c$/ (mm×mm)	节点箍筋	f_{yv}/ MPa	ρ_{svj} (%)	$\rho_{svj} f_{yv} / f_c$	h_c / d_b	延性系数	轴压比	剪压比	直角梁根数	τ_{max}/ MPa	破坏形式
Dhakal	C1PD	30.4	300×550	350×500	0	0	0	0	15.6	9	0.431	0.482		7.81	JF
	C1ND	30.4	300×550	350×500	0	0	0	0	15.6	12	0.259	0.482		8.99	JF
	C1HD	30.4	300×550	350×500	0	0	0	0	15.6	12	0.402	0.482		8.75	JF
	C4PD	31.5	300×550	400×400	0	0	0	0	12.5	10	0.303	0.655		7.20	JF
	C4ND	31.5	300×550	400×400	0	0	0	0	12.5	12	0.040	0.655		8.33	JF
	C4HD	31.5	300×550	400×400	0	0	0	0	12.5	10	0.495	0.655		9.25	JF
吕西林	ZHJ1	27.13	150×250	200×200	$2\phi6+3\phi4$	350+640.6	1.00	0.172	16.7	6.83	0.33	0.126		9.02	BYJF
	ZHJ2	27.13	150×250	200×200	$2\phi6+3\phi4$	350+640.6	1.00	0.172	16.7	6.77	0.33	0.126		8.90	BYJF
	ZHJ3	27.13	150×250	200×200	$2\phi6+3\phi4$	350+640.6	1.00	0.172	16.7	7.67	0.33	0.126		9.50	BYJF
	ZHJ4	27.36	150×250	200×200	$2\phi6+3\phi4$	350+640.6	1.00	0.171	16.7	6.63	0.33	0.188		13.02	JF
	ZHJ5	27.36	150×250	200×200	$4\phi6$	350	1.21	0.153	16.7	7.2	0.33	0.188		13.06	BYJF
	ZHJ6	27.36	150×250	200×200	$6\phi6$	350	1.81	0.229	16.7	7.36	0.33	0.188		13.33	BY
Endoh et al	HC	39.91	200×300	300×300	$2\phi6$	282	0.126	0.009	30		0.05	0.312		5.81	BYJF
	HLC	39.06	200×300	300×300	$2\phi6$	290	0.126	0.010	30		0.05	0.314		5.81	BY
	LA1	33.49	200×300	300×300	$3\phi6$	286	0.189	0.017	23.1		0.06	0.573		7.32	JF
	A1	29.44	200×300	300×300	$3\phi6$	320	0.189	0.021	23.1		0.07	0.635		6.88	JF
赵成文	J3-50	50.45	150×300	200×200	$5\phi6.5$	307	0.829	0.050		3.22	0.285			7.14	JF
	J4-50	52.30	150×300	200×200	$5\phi6.5$	307	0.829	0.049		3.01	0.361			7.96	JF
	J4-30	51.34	150×300	200×200	$8\phi6.5$	307	1.327	0.079		3.03	0.374			7.90	JF
	J5-80	51.30	150×300	200×200	$4\phi6.5$	307	0.663	0.040		2.64	0.467			8.81	JF
	J5-50	53.42	150×300	200×200	$5\phi6.5$	307	0.829	0.048		2.97	0.449			8.99	JF
	J6-80	51.63	150×300	200×200	$4\phi6.5$	307	0.663	0.039		2.40	0.558			9.27	JF
	J6-50	46.91	150×300	200×200	$5\phi6.5$	307	0.829	0.054		2.66	0.614			8.30	JF

赵成文	J6-30	53.36	150×300	200×200	8ϕ6.5	307	1.327	0.076		2.72	0.540			9.08	JF
	J7-80	46.91	150×300	200×200	4ϕ6.5	307	0.663	0.043		—	0.716			7.88	JF
	J7-50	52.80	150×300	200×200	5ϕ6.5	307	0.829	0.048		—	0.636			8.99	JF
	J7-30	47.20	150×300	200×200	8ϕ6.5	307	1.327	0.086		2.76	0.712			8.85	JF
	J8-50	55.36	150×300	200×200	5ϕ6.5	307	0.829	0.046		2.55	0.744			9.22	JF
	J8-30	47.20	150×300	200×200	8ϕ6.5	307	1.327	0.086		2.43	0.814			8.40	JF
Park et al	U1	44.15	229×457	305×406	5ϕ12	283	0.913	0.058	25.4		0.020	0.061		3.08	BY
	U2	34.63	229×457	305×406	5ϕ12	283	0.913	0.075	14.5/20.3		0.032	0.110		4.29	BY
	U3	34.82	229×457	305×406	5ϕ6	282	0.228	0.019	25.4		0.026	0.078		3.05	BY
	U4	38.58	229×457	305×406	5ϕ10	320	0.634	0.052	14.5/20.3		0.028	0.197		4.09	BYJF
Fujii et al	A1	38.69	160×250	220×220	3ϕ6	291	0.350	0.027	22		0.079	0.602		8.51	JF
	A2	38.69	160×250	220×220	3ϕ6	291	0.350	0.027	22		0.079	0.230		7.85	JF
	A3	38.69	160×250	220×220	3ϕ6	291	0.350	0.027	22		0.236	0.602		8.51	JF
	A4	38.69	160×250	220×220	4ϕ6	291	0.934	0.070	22		0.236	0.602		8.70	JF
Teraoka et al	HJ1	51.93	300×400	400×400	8ϕ10	347	0.785	0.052	21.1		0.207	0.083		5.05	BY
	HJ2	51.93	300×400	400×400	8ϕ10	347	0.785	0.052	25		0.207	0.096		5.63	BY
	HJ3	51.93	300×400	400×400	8ϕ10	347	0.785	0.052	21.1		0.207	0.092		5.05	BY
	HJ4	51.93	300×400	400×400	8ϕ10	347	0.785	0.052	21.1		0.207	0.124		6.48	BYJF
	HJ5	51.93	300×400	400×400	8ϕ10	347	0.785	0.052	21.1		0.207	0.139		7.59	BY
	HJ6	51.93	300×400	400×400	8ϕ10	347	0.785	0.052	21.1		0.207	0.139		7.33	BYJF
	HJ7	84.97	300×400	400×400	8ϕ8	681	0.503	0.040	18.2		0.207	0.139		9.62	BY
	HJ8	84.97	300×400	400×400	8ϕ8	681	0.503	0.040	18.2		0.207	0.107		10.12	BY
	HJ9	84.97	300×400	400×400	8ϕ8	681	0.503	0.040	21.1		0.207	0.114		9.80	BYJF

（续）

文献	试件号	f_c/ MPa	$b_b \times h_b$/ (mm×mm)	$b_c \times h_c$/ (mm×mm)	节点箍筋	f_{yv}/ MPa	ρ_{svj} (%)	$\rho_{svj} f_{yv}/f_c$	h_c/d_b	延性系数	轴压比	剪压比	直角梁根数	τ_{max}/ MPa	破坏形式
Teraoka et al	HJ10	84.97	300×400	400×400	8ϕ8	681	0.503	0.040	25		0.207	0.115		11.38	BY
	HJ11	84.97	300×400	400×400	8ϕ8	681	0.503	0.040	18.2		0.207	0.156		14.87	BYJF
	HJ12	84.97	300×400	400×400	8ϕ8	681	0.503	0.040	18.2		0.207	0.214		17.43	BYJF
	HJ13	113.3	300×400	400×400	8ϕ8	681	0.503	0.031	22.2		0.207	0.111		13.86	BY
	HJ14	113.3	300×400	400×400	8ϕ8	681	0.503	0.031	18.2		0.207	0.161		18.29	BYJF
Park et al	U1	39.74	229×457	305×406	8ϕ16	320	3.895	0.314	25.4		0.104	0.176		4.22	BY
	U2	45.12	229×457	305×406	6ϕ16	320	2.921	0.207	20.3		0.104	0.119		4.21	BYJF
Durrani et al	X1	33.03	280×420	362×362	2ϕ13	352	0.405	0.043	16.5/19.1		0.056	0.342		6.41	BYJF
	X2	32.38	280×420	362×362	3ϕ13	352	0.607	0.066	16.5/19.1		0.057	0.349		6.51	BY
	X3	29.85	280×420	362×362	2ϕ13	352	0.405	0.047	16.5/19.1		0.055	0.283		4.80	BY
Becking sale	U11	34.54	356×610	457×457	8ϕ13	336	2.033	0.198	24.1		0.043	0.112		4.62	BY
	U12	33.29	356×610	457×457	8ϕ13	336	2.033	0.205	24.1		0.044	0.116		4.70	BY
Otani et al	J1	24.73	200×300	300×300	3ϕ6	368	0.188	0.028	23.1		0.079	0.229		5.73	BY
	J2	23.11	200×300	300×300	3ϕ6	368	0.377	0.060	23.1		0.085	0.245		5.96	BY
	J3	23.11	200×300	300×300	7ϕ6	368	0.879	0.140	23.1		0.085	0.245		6.40	BY
	J4	24.73	200×300	300×300	3ϕ6	368	0.188	0.028	23.1		0.317	0.229		5.59	BYJF
	J5	27.65	200×300	300×300	3ϕ6	368	0.188	0.025	23.1		0.071	0.204		5.46	BYJF
	J6	27.65	200×300	300×300	5ϕ6	368	0.314	0.041	23.1		0.212	0.103		3.73	BYJF
Walker et al	PEER14	30.56	407×509	407×458	0	0	0	0	20.8/28.6		0.104	0.136		4.97	BYJF
	PEER22	36.95	407×509	407×458	0	0	0	0	20.8		0.104	0.215		6.69	BYJF
	PEER0850	33.64	407×509	407×458	0	0	0	0	20.8		0.104	0.089		3.89	BY
	PEER0995	58.17	407×509	407×458	0	0	0	0	20.8		0.104	0.103		7.73	BYJF
	PEER4150	31.74	407×509	407×458	0	0	0	0	15.8		0.104	0.526		10.43	JF

	SD35Aa-4	29. 25	150 × 300	200 × 200	$4\phi5$	350	0. 393	0. 047	20		0. 067	0. 140		3. 19	JF
	SD35Aa-7	36. 61	150 × 300	200 × 200	$4\phi5$	350	0. 393	0. 038	20		0. 053	0. 107		3. 08	JF
	SD35Aa-8	36. 61	150 × 300	200 × 200	$4\phi5$	350	0. 393	0. 038	20		0. 108	0. 107		3. 19	JF
Higashi et al	LSD35Aa-1	39. 53	150 × 300	200 × 200	$4\phi5$	350	0. 393	0. 035	20		0. 049	0. 099		3. 10	JF
	LSD35Aa-2	39. 53	150 × 300	200 × 200	$4\phi5$	350	0. 393	0. 035	20		0. 099	0. 099		2. 97	JF
	LSD35Ab-1	39. 53	150 × 300	200 × 200	$4\phi5$	350	0. 393	0. 035	20		0. 049	0. 099		3. 06	JF
	LSD35Ab-2	39. 53	150 × 300	200 × 200	$4\phi5$	350	0. 393	0. 035	20		0. 099	0. 099		2. 85	JF
	SHC1	54. 39	127 × 203	127 × 178	$1\phi6$	551	0. 250	0. 026	17. 8		0. 047	0. 118		2. 57	JF
Attaalla et al	SHC2	57. 29	127 × 203	127 × 178	$2\phi6$	551	0. 500	0. 048	17. 8		0. 044	0. 112		2. 54	JF
	SOC3	45. 41	127 × 203	127 × 178	$2\phi6$	551	0. 500	0. 060	17. 8		0. 052	0. 140		2. 42	JF
	J1	67. 34	200 × 300	300 × 300	$3\phi6$	955	0. 377	0. 053	23. 1		0. 124	0. 202		10. 84	BYJF
	J3	102. 94	200 × 300	300 × 300	$3\phi6$	955	0. 377	0. 035	23. 1		0. 124	0. 164		13. 75	JF
Noguchi et al	J4	67. 34	200 × 300	300 × 300	$3\phi6$	955	0. 377	0. 053	23. 1		0. 124	0. 200		11. 44	BYJF
	J5	67. 34	200 × 300	300 × 300	$3\phi6$	955	0. 377	0. 053	23. 1		0. 124	0. 250		11. 26	JF
	J6	51. 47	200 × 300	300 × 300	$3\phi6$	955	0. 377	0. 070	23. 1		0. 124	0. 246		9. 98	JF
	J1	78. 12	240 × 300	300 × 300	$5\phi6$	1374	0. 314	0. 055	23. 1		0. 119	0. 152		11. 58	BYJF
	J2	78. 12	240 × 300	300 × 300	$5\phi6$	1374	0. 314	0. 055	23. 1		0. 119	0. 347		12. 43	JF
	J4	70. 04	240 × 300	300 × 300	$5\phi6$	1374	0. 314	0. 061	23. 1		0. 132	0. 171		11. 94	BY
	J5	70. 04	240 × 300	300 × 300	$5\phi6$	1374	0. 314	0. 061	23. 1		0. 132	0. 223		13. 38	BYJF
Oka et al	J6	76. 19	240 × 300	300 × 300	$3\phi6$	775	0. 188	0. 019	23. 1		0. 121	0. 165		12. 34	BYJF
	J7	76. 19	240 × 300	300 × 300	$5\phi6$	857	0. 314	0. 036	23. 1		0. 121	0. 123		9. 87	BY
	J8	76. 19	240 × 300	300 × 300	$5\phi6$	775	0. 314	0. 032	15. 8		0. 121	0. 091		14. 01	BYJF
	J10	37. 71	240 × 300	300 × 300	$5\phi6$	598	0. 314	0. 049	23. 1		0. 122	0. 346		8. 83	JF
	J11	37. 71	240 × 300	300 × 300	$5\phi6$	401	0. 314	0. 034	15. 8		0. 122	0. 184		10. 45	JF

(续)

文献	试件号	f_c/MPa	$b_b \times h_b$/(mm×mm)	$b_c \times h_c$/(mm×mm)	节点箍筋	f_{yv}/MPa	ρ_{svj}(%)	$\rho_{svj}f_{yv}/f_c$	h_c/d_b	延性系数	轴压比	剪压比	直角梁根数	τ_{max}/MPa	破坏形式
Kitayama et al	J1	24.71	200×300	300×300	3ϕ6	368	0.188	0.028	23.1		0.079	0.228		5.26	BY
	J6	24.71	200×300	300×300	5ϕ6	324	0.314	0.041	23.1		0.079	0.115		3.76	BYJF
	C1	24.63	200×300	300×300	3ϕ6	324	0.188	0.025	30		0.079	0.162		4.58	BY
	C3	24.63	200×300	300×300	5ϕ10	324	1.744	0.229	30		0.079	0.162		4.49	BY
Zaid	S1	23.11	200×300	300×300	4ϕ6	390	0.251	0.042	30		0.048	0.100		2.03	JF
	S2	23.11	300×300	300×300	4ϕ6	390	0.251	0.042	25		0.048	0.315		2.19	JF
	S3	23.11	200×300	300×300	4ϕ6	390	0.251	0.042	18.8		0.048	0.306		3.64	JF
Teraoka et al	HNO1	85.35	300×400	400×400	8ϕ8	681	0.502	0.040	25		0.175	0.113		9.91	JF
	HNO2	85.35	300×400	400×400	8ϕ8	681	0.502	0.040	25		0.175	0.113		14.25	BY
	HNO3	85.35	300×400	400×400	8ϕ8	681	0.502	0.040	18.2		0.175	0.155		13.01	JF
	HNO4	85.35	300×400	400×400	8ϕ8	681	0.502	0.040	18.2		0.175	0.212		14.87	JF
	HNO5	112.54	300×400	400×400	8ϕ8	681	0.502	0.031	22.2		0.132	0.111		12.39	JF
	HNO6	112.54	300×400	400×400	8ϕ8	681	0.502	0.031	18.2		0.132	0.161		16.11	JF
Joh et al	B1	20.39	150×350	300×300	3ϕ6	307	0.188	0.029	23.1		0.170	0.130		2.85	BYJF
	B2	21.39	280×350	300×300	6ϕ6	307	0.754	0.107	23.1		0.160	0.123		3.09	BYJF
	B8HH	24.64	200×350	300×300	6ϕ5	1320	0.523	0.280	23.1		0.161	0.117		3.14	BYJF
	B8HL	26.37	200×350	300×300	6ϕ5	1320	0.523	0.262	23.1		0.151	0.110		3.28	BYJF
	B8LH	25.88	200×350	300×300	3ϕ6	377	0.188	0.027	23.1		0.153	0.112		3.28	BYJF
	B8MH	27.04	200×350	300×300	5ϕ6	377	0.314	0.043	23.1		0.147	0.107		3.14	BYJF
	B9	24.63	200×350	300×300	6ϕ5	1320	0.523	0.280	23.1		0.161	0.118		3.66	BY
	B10	23.96	200×350	300×300	6ϕ5	1320	0.523	0.288	23.1		0.166	0.121		4.06	BY
	B11	24.92	200×350	300×300	6ϕ5	1320	0.523	0.277	23.1		0.159	0.116		4.14	BY

Supaviri-yakit et al	J1	25.30	175×300	200×350	0	0	0	0	29.2	5	0.125	0.246		5.31	JF
	J2	20.49	175×300	200×350	0	0	0	0	29.2	6	0.125	0.304		7.03	BSF
	J3A	27.61	175×300	200×350	4ϕ6	372	0.323	0.044	29.2	6	0.125	0.225		5.54	JF
	J3B	22.80	175×300	200×350	4ϕ10	448	0.449	0.088	29.2	6	0.125	0.273		5.89	JF
	J4	22.13	175×300	300×400	0	0	0	0	33.3	5	0.125	0.164		6.63	BY
刘晓	LX-1	22.95	250×400	350×350	6ϕ14	333	1.507	0.219	19.4	6	0.40	0.334		10.80	JF
	LX-2	22.50	250×400	350×450	6ϕ12	302.5	0.861	0.116	28.1	5	0.25	0.232		7.57	JF
	LX-3	22.88	250×400	350×550	7ϕ12	379	0.822	0.136	34.4	5	0.25	0.218		6.13	BSF
	LX-4	22.65	250×400	350×450	6ϕ12	458.8	0.861	0.174	28.1	6	0.25	0.263		6.80	BSF
	LX-5	23.41	250×400	350×550	7ϕ12	449	0.822	0.157	34.4	5	0.25	0.244		5.20	BY
Huang	E-0.0	34.12	250×300	300×300	0	0	0	0	18.8	3	0	0.228		8.34	JF
	H-0.0	34.66	250×300	300×300	3ϕ12	521.5	0.754	0.113	18.8	4	0	0.259		9.66	JF
	E-0.3	31.31	250×300	300×300	0	0	0	0	18.8	4	0.3	0.270		9.04	JF
	H-0.3	31.62	250×300	300×300	3ϕ12	588	0.754	0.140	18.8	5	0.3	0.248		8.27	JF
Li	E-C80-B80-0	67.03	250×300	300×300	0	0	0	0	18.8	3.0	0	0.126		8.99	JF
	H-C80-B80-0	62.85	250×300	300×300	3ϕ12	533	0.754	0.064	18.8	3.6	0	0.134		8.85	BY
	H-C80-B80I-0.3	70.68	250×300	300×300	3ϕ12	493	0.754	0.053	18.8	5.5	0.3	0.119		9.18	BY
	H-C80I-B80I-0.6	69.01	250×300	300×300	3ϕ12	493	0.754	0.054	18.8	5.0	0.6	0.122		9.28	BY
赵鸿铁等	LZC-1	26.6	200×250	250×250	6ϕ6		0.57				0.299	0.119		3.43	JF
	LZC-2	26.6	200×250	250×250	6ϕ6		0.57				0.299	0.147		3.09	JF
	LZC-3	26.6	200×250	250×250	6ϕ6		0.57				0.299	0.119		3.50	JF
	LZC-4	26.6	200×250	250×250	6ϕ6		0.57				0.299	0.119		3.43	JF

（续）

文献	试件号	f_c/MPa	$b_b \times h_b$/（mm×mm）	$b_c \times h_c$/（mm×mm）	节点箍筋	f_{yv}/MPa	ρ_{svj}（%）	$\rho_{svj} f_{yv}/f_c$	h_c/d_b	延性系数	轴压比	剪压比	直角梁根数	τ_{max}/MPa	破坏形式
朱爱萍	ZJ-1	20.82	250×400	350×350	7ϕ12	311	1.292	0.193	19.4	4	0.338	0.25		2.94	BYJF
	ZJ-2	19.91	250×400	350×350	7ϕ12	360	1.292	0.234	19.4	3	0.383	0.45		2.98	BYJF
	ZJ-3	19.30	250×400	350×350	7ϕ12	278	1.292	0.186	19.4	3.2	0.328	0.40		2.69	BYJF
戴瑞同	1	45.9	229×457	305×406	5ϕ12+5ϕ8	283+360	1.319	0.088	25.4	7	0	0.057		3.15	BYJF
	2	36.0	229×457	305×406	5ϕ12+5ϕ12	283	1.826	0.144	14.5/20.3	5	0	0.098		4.39	BSF
	3	36.2	229×457	305×406	5ϕ6+5ϕ8	282+360	0.634	0.058	25.4	7	0	0.072		3.17	BYJF
	4	40.1	229×457	305×406	5ϕ10+5ϕ6	320+282	0.862	0.067	14.5/20.3	5	0	0.088		4.40	BSF
Birss et al	B1	26.84	356×610	457×457	4ϕ13	346	1.016	0.131	22.9		0.070	0.209		5.83	BY
	B2	30.32	356×610	457×457	4ϕ7	398	0.295	0.039	22.9		0.578	0.185		5.81	BY
Leon	BCJ2	26.53	203×305	254×254	4ϕ6	413.7	0.350	0.055	20/26.7	2.6	0	0.367		5.55	BYJF
	BCJ3	26.53	203×305	305×254	4ϕ6	413.7	0.292	0.046	24/32	3.3	0	0.306		5.09	BYJF
	BCJ4	26.53	203×305	356×254	4ϕ6	413.7	0.250	0.039	28/37.4	4	0	0.262		5.11	BY

注：1. 表中所有数值均已按中国取值法换算；

2. b_b、h_b分别表示梁宽与梁高，b_c、h_c分别表示柱宽与柱高；

3. 混凝土抗压强度f_c按式$f_c = 0.76 f_{c,150}$计算；

4. 节点配箍率$\rho_{svj} = \frac{(h_0 - a_s')A_{sv}}{b_j h_j s} = \frac{nA_{sv}}{b_j h_j}$。式中$b_j$、$h_j$分别为节点宽度和高度；

5. 节点剪应力$\tau_{max} = \frac{V_j}{b_j h_j}$；

6. BYJF 表示发生钢筋屈服后节点破坏；BSF 表示发生钢筋粘结滑移破坏；BY 表示发生钢筋屈服破坏；JF 表示发生节点剪切破坏。（以下各表类同）

附表 B　收集边节点数据试件尺寸及试验结果详表

文献	试件号	f_c/MPa	$b_b \times h_b$/(mm×mm)	$b_c \times h_c$/(mm×mm)	节点箍筋	f_{yv}/MPa	ρ_{svj}(%)	$\rho_{svj}f_{yv}/f_c$	h_c/d_b	延性系数	轴压比	剪压比	直角梁根数	τ_{max}/MPa	破坏形式
Wong	BS-L	29.34	260×450	300×300	0	0	0	0	15		0.15	0.315		3.51	JF
	BS-OL	29.34	260×450	300×300	0	0	0	0	15		0.15	0.315		2.43	JF
	BS-LL	39.98	260×450	300×300	0	0	0	0	15		0.15	0.231		4.43	JF
	BS-U	29.49	260×450	300×300	0	0	0	0	15		0.15	0.313		3.79	JF
	BS-L-LS	30.02	260×450	300×300	0	0	0	0	15		0.15	0.308		3.82	JF
	BS-L-V2T10	30.93	260×450	300×300	0	0	0	0	15		0.15	0.299		4.43	JF
	BS-L-V4T10	26.90	260×450	300×300	0	0	0	0	15		0.15	0.344		4.47	JF
	BS-L-H1T10	31.62	260×450	300×300	1ϕ10	500	0.174	0.028	15		0.15	0.292		4.33	JF
	BS-L-H2T10	39.98	260×450	300×300	2ϕ10	500	0.349	0.044	15		0.15	0.231		5.33	JF
	BS-L-300	32.38	260×300	300×300	0	0	0	0	15		0.15	0.306		5.61	JF
	BS-L-600	34.50	260×600	300×300	0	0	0	0	15		0.15	0.246		3.15	JF
	JA-NN03	42.56	260×400	300×300	0	0	0	0	25/18.8	3	0.03	0.148		3.38	BYJF
	JA-NN15	43.70	260×400	300×300	0	0	0	0	25/18.8	3	0.15	0.145		3.61	BYJF
	JB-NN03	45.07	260×300	300×300	0	0	0	0	25/18.8	4	0.03	0.147		3.52	BYJF
	JA-NY03	33.14	260×400	300×300	2ϕ10	500	0.349	0.053	25/18.8	4	0.03	0.191		3.36	BYJF
	JA-NY15	36.56	260×400	300×300	2ϕ10	500	0.349	0.048	25/18.8	4	0.15	0.173		3.60	BYJF
	JB-NY03	32.45	260×300	300×300	2ϕ10	500	0.349	0.054	25/18.8	5	0.03	0.204		3.64	BYJF
唐九如	H-1	16.32	200×400	250×300	0	0	0	0	12		0.30	0.635		2.94	JF
	H-2	16.32	200×400	250×300	4ϕ8	245	0.536	0.080	12		0.30	0.635		3.10	JF
	H-3*	16.32	200×400	250×300	4ϕ8+4ϕ12	357	1.742	0.344	12		0.30	0.635		3.59	JF

（续）

文献	试件号	f_c/MPa	$b_b \times h_b$/(mm×mm)	$b_c \times h_c$/(mm×mm)	节点箍筋	f_{yv}/MPa	ρ_{svj}(%)	$\rho_{svj}f_{yv}/f_c$	h_c/d_b	延性系数	轴压比	剪压比	直角梁根数	τ_{max}/MPa	破坏形式
方根生等	JD-2	31.37	200×400	250×300	3ϕ8	315.5	0.402	0.040	12		0.201	0.348		4.50	JF
	JD-3	28.16	200×400	250×300				0.061	12		0.213	0.388		4.31	JF
	JD-4	28.16	200×400	250×300	2ϕ8 3ϕ6	315.5 381.1	0.494	0.061	12		0.215	0.388		4.36	JF
	JD-5	30.00	200×400	250×300				0.057	12		0.221	0.364		4.71	JF
	JD-6	30.00	200×400	250×300				0.057	12		0.220	0.364		4.90	JF
刘翠兰等	HSRC-1	56.2	200×400	250×350	5ϕ10	301	0.897	0.048	17.5	5.17	0.122	0.112		4.07	BY
	HSRC-2	52.0	200×400	250×350	3ϕ10	301	0.538	0.031	17.5	4.10	0.132	0.131		5.41	BY
	HSRC-3	55.5	200×400	250×350	0	0	0	0	12	3.87	0.124	0.211		7.69	JF
	HSRC-4	38.2	200×400	250×350	5ϕ10	301	0.897	0.071	17.5	5.38	0.180	0.165		4.20	BY
Sung et al	JC-1	59.36	350×500	425×500	2ϕ10	384	0.148	0.010	22.7	13	0.05	0.069		3.73	BY
	JC-2	57.82	350×500	425×500	2ϕ10	384	0.148	0.010	22.7	9	0.05	0.141		6.21	BYJF
	JC-No 11-1	31.55	450×505	550×520	3ϕ13	500	0.278	0.044	16.3	4	0	0.256		4.12	JF
Hwang et al	0T0	64.74	320×450	420×420	0	0	0	0	16.5	5.2	0.017	0.128		5.65	BYJF
	3T44	73.88	320×450	420×420	3ϕ12.7	498	0.861	0.058	16.5	8.7	0.015	0.112		6.04	BY
	1B8	59.45	320×450	420×420	0	0	0	0	16.5	4.9	0.019	0.141		7.13	BYJF
	3T3	66.38	320×450	420×420	3ϕ9.6	471	0.246	0.017	16.5	8.2	0.017	0.125		6.42	BYJF
	2T4	68.30	320×450	420×420	2ϕ12.7	498	0.287	0.021	16.5	7.5	0.016	0.121		6.12	BYJF
	1T44	70.04	320×450	420×420	1ϕ12.7	498	0.287	0.020	16.5	7.8	0.016	0.118		5.89	BYJF
	3T4	72.34	320×450	450×450	3ϕ12.7	436	0.431	0.026	17.7	7.1	0.013	0.114		6.29	BY
	2T5	73.69	320×450	450×450	2ϕ15.9	469	0.450	0.029	17.7	7.1	0.013	0.111		5.74	BY
	1T55	67.05	320×450	450×450	1ϕ15.9	469	0.450	0.031	17.7	7.3	0.014	0.123		5.56	BY

Alameddine	LL8	53.06	318×508	356×356	$4\phi12.7$	446.4	0.800	0.067	14	8	0.05	0.259		7.19	JF
	LH8	53.06	318×508	356×356	$6\phi12.7$	446.4	1.120	0.094	14	9	0.05	0.259		7.01	JF
	HL8	53.06	318×508	356×356	$4\phi12.7$	446.4	0.800	0.067	12.5	9	0.08	0.320		8.25	JF
	HH8	53.06	318×508	356×356	$6\phi12.7$	446.4	1.120	0.094	12.5	9	0.08	0.320		8.23	JF
	LL11	74.08	318×508	356×356	$4\phi12.7$	446.4	0.800	0.048	14	9	0.03	0.185		6.43	JF
	LH11	74.08	318×508	356×356	$6\phi12.7$	446.4	1.120	0.067	14	9	0.03	0.185		7.80	JF
	HL11	74.08	318×508	356×356	$4\phi12.7$	446.4	0.800	0.048	12.5	9	0.07	0.229		8.09	JF
	HH11	74.08	318×508	356×356	$6\phi12.7$	446.4	1.120	0.067	12.5	9	0.07	0.229		8.53	JF
	LL14	89.08	318×508	356×356	$4\phi12.7$	446.4	0.800	0.040	14	9	0.02	0.154		7.34	JF
	LH14	89.08	318×508	356×356	$6\phi12.7$	446.4	1.120	0.056	14	9	0.02	0.154		7.44	JF
	HL14	89.08	318×508	356×356	$4\phi12.7$	446.4	0.800	0.040	12.5	4	0.05	0.191		—	JF
	HH14	89.08	318×508	356×356	$6\phi12.7$	446.4	1.120	0.056	12.5	9	0.05	0.191		8.63	JF
Tsonos	A_1	33.67	200×300	200×200	$5\phi6$	540	0.707	0.113	20		0.149	0.183		4.31	BY
	E_1	21.16	200×300	200×200	$5\phi6$	540	0.707	0.180	14.3		0.226	0.422		5.80	JF
	E_2	33.67	200×300	200×200	$5\phi6$	540	0.707	0.113	14.3		0.149	0.177		4.10	BY
	G_1	21.16	200×300	200×200	$2\phi6$	540	0.283	0.072	14.3		0.226	0.188		5.56	JF
Alva et al	LVP2	42.5	200×400	200×300	$2\phi8$	602	0.335	0.047	18.8	5	0.15	0.313		8.57	JF
	LVP3	23.0	200×400	200×300	$4\phi8$	692	0.670	0.201	18.8	12	0.15	0.579		6.07	JF
	LVP4	23.7	200×400	200×300	$2\phi8$	602	0.335	0.085	18.8	9	0.15	0.562		5.45	JF
	LVP5	24.9	200×400	200×300	$4\phi8$	602	0.670	0.162	18.8	1	0.15	0.534		6.34	JF
赵鸿铁等	LZA-1	23.4	200×250	250×250	$4\phi6$		0.356				0.172	0.105		1.68	JF
	LZA-2	23.4	200×250	250×250	$4\phi6$		0.356				0.172	0.099		1.68	JF
	LZA-3	23.4	200×250	250×250	$4\phi6$		0.356				0.172	0.094		1.68	JF
	LZA-4	23.4	200×250	250×250	$4\phi6$		0.356				0.172	0.094		1.82	JF

(续)

文献	试件号	f_c/MPa	$b_b \times h_b$/(mm×mm)	$b_c \times h_c$/(mm×mm)	节点箍筋	f_{yv}/MPa	ρ_{svj}(%)	$\rho_{svj}f_{yv}/f_c$	h_c/d_b	延性系数	轴压比	剪压比	直角梁根数	τ_{max}/MPa	破坏形式
李宏等	L1-A	22.95	200×200	250×350	3ϕ8		0.345		29.2		0.75	0.133		2.18	BY
	L1-B	22.95	200×200	250×350	3ϕ8		0.345		29.2		0.75	0.112		1.96	BY
	L2-A	15.81	200×200	250×350	3ϕ8		0.345		18.8		0.75	0.331		3.18	BY
	L2-B	15.81	200×200	250×350	3ϕ8		0.345		18.8		0.75	0.339		3.11	BY
	L3-A	15.81	200×200	250×350	3ϕ8		0.345		15		0.75	0.472		4.95	BY
	L3-B	15.81	200×200	250×350	3ϕ8		0.345		15		0.75	0.476		4.59	BY
Ehsani et al	1B	32.30	259×480	300×300	2ϕ12.7	437.2	0.563	0.076	13.5		0.061	0.375		3.71	BYJF
	2B	33.63	259×440	300×300	2ϕ12.7	437.2	0.563	0.073	13.5		0.073	0.373			BYJF
	3B	39.33	259×480	300×300	3ϕ12.7	437.2	0.844	0.094	13.5		0.063	0.308		4.34	BYJF
	4B	42.92	259×440	300×300	3ϕ12.7	437.2	0.844	0.086	13.5		0.058	0.292		7.10	BYJF
	5B	23.41	300×480	341×341	2ϕ12.7	437.2	0.436	0.081	15.3		0.131	0.459		3.19	BYJF
	6B	38.27	300×480	341×341	2ϕ12.7	437.2	0.436	0.050	15.3		0.068	0.212		4.03	BYJF
Fujii et al	B1	28.9	160×250	220×220	3ϕ6	291	0.35	0.027	22		0.07			5.22	JF
	B2	28.9	160×250	220×220	3ϕ6	291	0.35	0.027	22		0.07			4.66	BY
	B3	28.9	160×250	220×220	3ϕ6	291	0.35	0.027	22		0.24			5.78	JF
	B4	28.9	160×250	220×220	4ϕ6	291	0.93	0.071	22		0.24			6.06	JF
Parker et al	4a	37.24	250×500	300×300	0	0	0	0	12		0	0.235		1.78	CF
	4b	37.24	250×500	300×300	0	0	0	0	12		0.090	0.235		2.06	JF
	4c	34.96	250×500	300×300	0	0	0	0	12		0.181	0.250		2.54	JF
	4d	37.24	250×500	300×300	0	0	0	0	12		0	0.235		2.24	JF
	4e	38.00	250×500	300×300	0	0	0	0	12		0.088	0.230		2.39	JF
	4f	35.72	250×500	300×300	0	0	0	0	12		0.187	0.245		2.73	JF
	5a	40.28	250×450	300×300	3ϕ12	480	0.754	0.090	12		0	0.185		3.18	CF

Parker et al	5b	41.04	250×500	300×300	3ϕ12	480	0.754	0.088	12		0.081	0.181		3.52	JF
	5c	41.04	250×500	300×300	3ϕ12	480	0.754	0.088	12		0.162	0.181		3.61	JF
	5d	41.04	250×500	300×300	5ϕ12	480	1.256	0.147	9.4		0	0.315		3.37	CF
	5e	42.56	250×500	300×300	5ϕ12	480	1.256	0.142	9.4		0.078	0.304		4.40	CF
	5f	41.04	250×500	300×300	5ϕ12	480	1.256	0.147	9.4		0.162	0.315		4.81	JF

附表 C　收集含直交梁中节点数据试件尺寸及试验结果详表

文献	试件号	f_c/MPa	$b_b \times h_b$/(mm×mm)	$b_{bt} \times h_{bt}$/(mm×mm)	$b_c \times h_c$/(mm×mm)	板厚/mm	节点箍筋	f_{yv}/MPa	ρ_{svj}(%)	$\rho_{svj}f_{yv}/f_c$	b_{bt}/h_c	延性系数	轴压比	τ_{max}/MPa
French et al	EW1	33.16	153×254	0	254×254	63.5					0		0	1.98
	EW2	33.16	153×254	153×153	254×254	63.5					0.602		0	2.03
	EW3	33.16	153×254	153×254	254×254	63.5					0.602		0	2.[illegible]9
张连德	1	23.8	329×455	329×455	380×380	—	2ϕ12	440	0.313	0.058	0.866		0.35	12.23
	2	24.1	329×455	329×455	380×380	—	2ϕ12	440	0.313	0.057	0.866		0.35	10.56
	3	25.8	329×455	329×455	380×380	—	2ϕ12	440	0.313	0.053	0.866		0.35	9.34
	4	25.5	329×455	329×455	380×380	—	2ϕ12	440	0.313	0.054	0.866		0.35	10.18
	5	28.1	329×455	329×455	380×380	—	5ϕ12	440	1.566	0.234	0.866		0.35	12.42
	6	25.5	329×455	329×455	380×380	—	2ϕ12	440	0.313	0.054	0.866		0	9.40
	7	26.4	329×455	329×455	380×380	95	2ϕ12	440	0.313	0.052	0.866		0	11.63
	8	16.4	455×455	455×455	380×380	—	2ϕ12	440	0.313	0.084	1.197		0.35	9.05
	9	25.5	221×455	221×455	380×380	—	2ϕ12	440	0.313	0.054	0.582		0.35	8.13
	10	26.4	455×455	455×455	380×380	—	2ϕ12	440	0.313	0.052	1.197		0.35	10.44
Guimaraes et al	J2	26.60	407×508	407×508	508×508	127	3ϕ12.7		0.442		0.801			11.63
	J4	30.45	407×508	407×508	508×508	127	3ϕ11		0.442		0.801			10.70
	J5	74.95	407×508	407×508	508×508	127	4ϕ12.7		0.589		0.801			22.67
	J6	88.62	407×508	407×508	508×508	127	4ϕ20		0.487		0.801			21.05
Meinbeit	Ⅷ	31.8	280×458	381×381	331×458	—	2ϕ12.7	408.9	0.334	0.043	0.83		0.306	12.85
	Ⅸ	29.8	280×458	153×381	331×458	—	2ϕ12.7	408.9	0.334	0.046	0.44		0.327	10.27
	Ⅺ	24.7	280×458	204×381	331×458	—	2ϕ12.7	408.9	0.334	0.055	0.46		0.394	9.02

附表 D　收集含直交梁边节点数据试件尺寸及试验结果详表

文献	试件号	f_c/MPa	$b_b \times h_b$/(mm×mm)	$b_{bt} \times h_{bt}$/(mm×mm)	$b_c \times h_c$/(mm×mm)	板厚/mm	节点箍筋	f_{yv}/MPa	ρ_{svj}(%)	$\rho_{svj} f_{yv}/f_c$	b_{bt}/h_c	延性系数	轴压比	τ_{max}/MPa
Sin	SL3	45.63	331×407	280×407	458×331	102	3ϕ9.6	428	0.286	0.027	0.846			7.66
	SL4	29.98	280×407	280×407	280×369	102	3ϕ9.6	428	0.420	0.060	0.759			4.25
双向受力框架边节点专题组	J4	32.00	350×550	350×350	600×600	—	7ϕ12	330	0.440	0.045	0.583		0.06	2.58
	J5	34.35	350×550	350×350	600×600	—	7ϕ12	330	0.440	0.042	0.583		0.06	4.96
	J6	27.82	350×550	350×350	600×600	130	7ϕ12	300	0.440	0.052	0.583		0.06	6.70
Koch	R4	38.87	400×600	400×600	450×450	110	6ϕ10	480	0.465	0.057	0.889		0.137	12.41
	R4H	76.96	350×600	300×300	350×350	110	7ϕ10	648	0.897	0.076	0.857		0.114	23.48
Franco	R4	38.87	400×600	400×600	450×450	110	6ϕ10	480	0.465	0.057	0.889		0.137	12.41
	R4S	33.00	400×600	250×600	450×450	110	6ϕ10	480	0.465	0.068	0.556			9.99
	R4T	44.83	400×600	250×600	450×450	110	6ϕ10	480	0.465	0.050	0.556			10.18
张连德	11	26.9	329×455	329×455	380×380	—	2ϕ12	440	0.313	0.051	0.866		0	7.05
	12	30.5	329×455	329×455	380×380	95	2ϕ12	440	0.313	0.045	0.866		0	8.93
Ehsani et al	1S	28.12	259×480	259×480	300×300	102	2ϕ12.7	437.2	0.563	0.088	0.863		0.088	2.72
	2S	26.13	259×480	259×440	300×300	102	3ϕ12.7	437.2	0.844	0.141	0.863		0.094	2.86
	3S	26.20	259×440	259×480	300×300	102	2ϕ12.7	437.2	0.563	0.094	0.863		0.094	2.85
	4S	24.94	259×440	259×440	300×300	102	3ϕ12.7	437.2	0.844	0.148	0.863		0.099	3.12
	5S	23.15	300×480	300×480	341×341	102	2ϕ12.7	437.2	0.436	0.082	0.880		0.133	2.76
	6S	24.08	300×480	300×480	341×341	102	2ϕ12.7	437.2	0.436	0.079	0.880		0.109	3.22

参考文献

[1] 唐九如．钢筋混凝土框架节点抗震［M］．南京：东南大学出版社，1989.

[2] 国务院抗震救灾总指挥部灾后重建规划组．汶川地震灾后恢复重建总体规划［R］.

[3] 清华大学土木结构组，西南交通大学土木结构组，北京交通大学土木结构组．汶川地震建筑震害分析［J］．建筑结构学报，2008，29（4）：1-9.

[4] 叶列平，曲哲，陆新征，等．建筑结构的抗倒塌能力——汶川地震建筑震害的教训［J］．建筑结构学报，2008，29（4）：42-50.

[5] 曹双寅，邱洪兴，王恒华．结构可靠性鉴定与加固技术［M］．北京：中国水利水电出版社，2002.

[6] JIRSA J O. Repair of damaged buildings-Mexico City［J］. Proc. Pacific Conf. on Earthquake Engrg.，1987，1：25-34.

[7] AGUILAR J，JUAREZ H，ORTEGA R，et al. The Mexico earthquake of September 19，1985-Statistics of damage and of retrofitting techniques in reinforced concrete buildings affected by the 1985 earthquake［J］. Earthquake Spectra，1989，5（1）：145-151.

[8] ALCOCER S M. RC FRAME CONNECTIONS REHABILITATED BY JACKETING［J］. Journal of Structural Engineering，1993，119（5）：1413-1431.

[9] HAKUTO S，PARK R，TANAKA H. Seismic Load Tests on Interior and Exterior Beam-Column Joints with Substandard Reinforcing Details［J］. ACI Structural Journal，2000，97（1）：11-25.

[10] PIMANMAS A，CHAIMAHAWAN P. Shear strength of beam-column joint with enlarge joint area［J］. Engineering structure，2010，9：2529-2545.

[11] 金国芳，李视令，李思明．框架节点加固的抗震性能试验研究［J］．工程抗震，2003（1）：14-17.

[12] 余琼，李思明．柱加大截面与粘钢法加固框架节点的比较分析［J］．同济大学学报，2003，31（10）：1157-1162.

[13] 余琼，李思明．柱加大截面法加固框架节点试验分析［J］．工业建筑，2005，35（4）：43-47.

[14] 邢海灵．钢筋混凝土框架节点加固试验及理论分析研究［D］．长沙：湖南大学，2003.

[15] 王玉镯．外包加固钢筋混凝土框架节点在反复荷载下的试验研究［D］．南京：东南大学，2004.

[16] 胡克旭，刘春浩，李响，等．新型材料加固钢筋混凝土框架结构性能初步研究［J］．工程抗震与加固改造，2010，31（6）：37-41.

[17] 胡克旭，张鹏，刘春浩．新型材料加固钢筋混凝土框架节点的抗震试验研究［J］．土木工程学报，2010，43（S1）：447-451.

[18] 郑建岚，吴文达．二次受力下自密实混凝土加固框架节点抗震性能试验研究［J］．建筑结构学报，2012，33（5）：150-156.

[19] 马景战．基于加强约束节点的增大截面法加固 RC 柱受压承载力研究［D］．南京：东南大学，2014.

[20] HOFFSCHILD T E，PRION H G L.，CHERRY S. Seismic retrofit of beam-column joints with grouted steel tubes［J］. Proc.，Tom Paulay Symp，on Recent Devel，in Lateral Force Transfer in Buildings，1995（157）：403-431.

[21] 任玉贺．粘钢加固混凝土框架节点试验研究［D］．上海：同济大学，1996.

[22] 余琼，陆洲导．粘钢加固框架节点与碳纤维加固框架节点方法探讨［J］．工业建筑，2003，33（12）：77-80.

[23] 余琼．框架节点加固方法探讨［J］．结构工程师，2004（1）：62-70.

[24] 马乐为．钢筋混凝土框架中节点粘钢加固抗震性能试验研究［D］．西安：西安建筑科技大学，1996.

[25] 马乐为，刘瑛，周小真，等．钢筋混凝土框架中节点粘钢加固抗震性能试验研究［J］．西安建筑科技大学学报，1996，28（4）：414-418.
[26] 刘瑛，姜维山，马乐为．不同粘钢加固的钢筋混凝土框架节点破坏机理研究［J］．工业建筑，1997，27（10）：15-19.
[27] 刘瑛，申建红．粘钢加固框架节点的变形分析［J］．青岛建筑工程学院学报，1997，18（3）：6-11，15.
[28] 刘瑛，马乐为．七个足尺加固节点的抗裂强度试验分析［J］．工业建筑，1999，29（6）：55-57，69.
[29] 刘瑛，马乐为．粘钢加固节点的足尺模型试验分析［J］．工程抗震，1999（3）：26-29.
[30] 马乐为，姜维山，刘瑛．钢筋混凝土框架中节点粘钢加固低周反复试验的计算机模拟［J］．西安建筑科技大学学报，1999，31（3）：273-276.
[31] 马乐为，王春平．钢筋混凝土框架中节点粘钢加固变形性能试验研究［J］．铁道学报，2001，23（4）：113-115.
[32] 刘瑛，王玉良，马乐为．低强度混凝土节点粘钢加固的足尺模型试验［J］．青岛大学学报，2003，18（4）：41-46.
[33] 蔡健，徐进，苏恒强．TN 胶粘钢加固钢筋混凝土梁柱节点的试验研究［J］．华南理工大学学报（自然科学版），2001，29（9）：90-94.
[34] 刘艳军．粘钢加固框架中节点变形性能试验研究与分析［D］．武汉：华中科技大学，2003.
[35] 樊玲．粘钢加固梁柱中节点抗震性能试验研究［D］．武汉：武汉理工大学，2003.
[36] 刘艳军，肖贵泽．混凝土框架节点粘钢加固及抗剪承载力计算［J］．武汉理工大学学报，2003，25（3）：36-39.
[37] 樊玲，霍凯成，熊丹安．粘钢加固梁柱中节点受剪承载力计算分析［J］．国外建材科技，2003，24（3）：68-70.
[38] 彭述权，樊玲．粘钢与碳纤维布加固框架中节点对比试验研究［J］．武汉理工大学学报，2007，29（11）：108-111.
[39] YEN J Y R，CHIEN H K. Steel Plates Rehabilitated RC beam-column Joints Subjected to Vertical Cyclic loads［J］. Construction and Building Materials，2010，24（3）：332-339.
[40] MIGLIACCI A，ANTONUCCI R，MAIO N A，et al. Repair techniques of reinforced concrete beam-column joints［A］. Zurich：Switzerland，Final Rep.，Proc.，IABSE Symp，on Strengthening of Building Struct. -Diagnosis and Therapy，1st. Assn. of Bridge and Struct. Engrg.（IABSE），1983：355-362.
[41] 李明顺，张会存，张圣贤，等．外包钢混凝土框架内节点的抗震性能［J］．工业建筑，1988（10）：2-8.
[42] 刘哲，国明超，吴振声，等．低周反复荷载下外包钢节点抗剪承载力［J］．哈尔滨建筑工程学院学报，1992，25（2）：50-55.
[43] 朱聘儒．混凝土框架外包钢节点的试验研究［J］．苏州城建环保学院学报，1994，7（2）：1-12.
[44] BIDDAH A，GHOBARAH A，Aziz T S. Upgrading of Nonductile Reinforced Concrete Frame Connections［J］. Struct. Engrg，1997，123：1001-1010.
[45] 刘畅，白宇飞，李海琦．单调荷载作用下外包钢框架节点抗剪机理分析［J］．哈尔滨建筑大学学报，1998，31（6）：23-29.
[46] 白宇飞，刘畅．外包钢框架节点抗剪强度分析［J］．哈尔滨建筑大学学报，1999，32（3）：39-42.
[47] 吴涛，白国良，刘伯权．外包钢混凝土框架现浇边节点抗震性能试验研究［J］．西安建筑科技大学学报（自然科学版），2002，34（4）：338-341.
[48] 吴涛，白国良，刘伯权，等．高轴压比下外包钢混凝土框架边节点抗震性能试验研究［J］．工业建

筑，2004，34（7）：64-66.
[49] 霍丽南．外包钢混凝土现浇框架边节点抗震性能试验研究［D］．西安：西安建筑科技大学，2004.
[50] 陆洲导，刘长青，张克纯，等．外包钢套法加固钢筋混凝土框架节点试验研究［J］．四川大学学报（工程科学版），2010，42（3）：56-62.
[51] 徐福泉，刘敏，关建光．预应力包钢法加固框架梁柱节点的试验研究［J］．建筑科学，2007，23（11）：29-34.
[52] 余江滔，陆洲导，张克纯．震损钢筋混凝土框架节点修复后抗震性能试验研究［J］．建筑结构学报，2010，31（12）：64-73.
[53] 刘敏．预应力包钢法加固框架梁柱节点抗震性能的试验研究［D］．天津：天津大学，2004.
[54] 徐福泉，刘敏，关建光．预应力包钢法加固框架梁柱节点的试验研究［J］．建筑科学，2007，23（11）：29-34.
[55] 黄群贤，郭子雄，崔俊，等．预应力钢丝绳加固 RC 框架节点抗震性能试验研究［J］．土木工程学报，2014，48（6）：1-8.
[56] 杨勇，等．预应力钢带加固 RC 框架节点抗震性能试验研究［J］．工程力学，2018，35（11）：106-114.
[57] KATSUMATA H，KOBATAKE Y，TAKEDA T. A Study on strengthening with carbon fiber for earthquake-resistant capacity of existing reinforced columns［A］. Tokyo：Proceeding of the 9th World Conference on Earthquake Engineering，1988. 517-522.
[58] GENG Z J，CHAJES M J，CHOU T W，et al. The Retrofitting of Reinforced Concrete Beam-to-Column Connections［J］. Composites Science and Technology，1998，58（8）：1297-1305.
[59] LI J，BAKOSS SL，SAMALI B，et al. Reinforcement of Concrete Beam-Column Connections with Hybrid FRP Sheet［J］. Composite Structures，1999，47（1）：805-812.
[60] LIJ，SAMALI B，LIN Y，et al. Behaviour of Concrete Beam-Column Connections Reinforced with Hybrid FRP Sheet［J］. Composite Structures，2002，57（1）：357-365.
[61] MOSALLAM A S. Strength and Ductility of Reinforced Concrete Moment Frame Connections Strengthened with Quasi-Isotropic Laminates［J］. Composites，Part B：Engineering，2000，31：481-497.
[62] GERGELY J，PANTELIDES，C P，REAVELEY L D. Shear Strengtnening of RCT-Joints Using CFRP Composites［J］. Journal of Composite for Construction，2000，4（2）：56-64.
[63] PARVIN A，GRANATA P. Investigation on the Effects of Fiber Composites at Concrete Joints［J］. Composites：Part B，1999，31（6-7）：499-509.
[64] PANTELIDES C P，GERGELY J，REAVELEY L D.，et al. Retrofit of RC Bridge Pier with CFRP Advanced Composites［J］. Journal of Structural Engineering，ASCE，1999，125（10）：1094-1099.
[65] PANTELIDES C P，CLYDE C，LAU C P，et al. Rehabilitation of R/C Building Joints with FRP Composites［A］. Auckland：Proceedings of the 12th World Conference on Earthquake Engineering，New Zealand Society for Earthquake Engineering，2000：2306.
[66] PANTELIDES C P，CLYDE C，LAU C P，et al. Seismic Rehabilitation of Reinforced Concrete Building Corner Joints［C］.
[67] CLYDE C，PANTELIDES C P，Seismic Evaluation and Rehabilitation of R/C Exterior Building Joints［A］. Oakland，CA：Proceedings of the 7th U. S. National Conference of Earthquake Engineering，7NCEE，Earthquake Engineering Research Institute，2002.
[68] PROTA A，NANNI A，MANFREDI G，et al. Seismic Upgrade of Beam-column Joints with FRP Reinforcement［C］.
[69] PROTA A，NANNI A，MANFREDI G，et al. Selective Upgrade of Beam-Column Joints with Composite

[A]. Hong Kong: Proceedings of the International Conference on FRP Composites in Civil Engineering, 2001, V. I. 919-926.

[70] PROTA A, MANFREDI G, NANNI A, et al. Capacity Assessment of GLD RC Frames Strengthened with FRP [A] . London, UK: Proceedings of the 12th European Conference on Earthquake Engineering, 2002: 241.

[71] PROTA A, MANFREDI G, COSENZA E. Selective Seismic Strengthening of RC Frames with Composites [A] . Oakland, CA: Proceedings of the 7th U. S. National Conference on Earthquake Engineering, 7NCEE, Earthquake Engineering Research Institute, 2002.

[72] GRANATA P J, PARVIN A. An Experimental Study on Kevlar Strengtnening of Beam-Column Connections [J]. Composite Structures, 2001, 53 (2): 163-171.

[73] GHOBARAH A, SAID A M. Seismic Rehabilitation of Beam-Column Joints Using FRP Laminates [J]. Journal of Earthquake Engineering, 2001, 5 (1): 113-129.

[74] GHOBARAH A, SAID A M. Shear Strengthening of Beam-Column Joints [J] . Engineering Structures, 2002, 24 (7): 881-888.

[75] EI-AMOURY T, GHOBARAH A. Seismic Rehabilitation of Beam-Column Joints Using GFRP Sheets [J]. Engineering Structures, 2002, 24 (11): 1397-1407.

[76] EI-AMOURY T, Seismic Rehabilitation of Concrete Frame Beam-Column Joints [D] . Hamilton, McMaster University, 2004.

[77] ANTONOPOULOS C P, TRIANTAFILLOU T C, PAPANICOLAOU C G. Experimental Investigation of FRP-Strengthened RC Beam-Column Joints [J] . Non-Metallic Reinforcement for Concrete Structures-FRPRCS5, 2001: 309-318.

[78] ANTONOPOULOS C P, TRIANTAFILLOU T C. Analysis of FRP-Strengthened RC Beam-Column Joints [J]. Journal of Composites for Construction, 2002, 6 (1): 41-51.

[79] ANTONOPOULOS C P, TRIANTAFILLOU T C. Experimental Investigation of FRP-Strengthened RC Beam-Column Joints [J] . Journal of Composites for Construction, 2003, 7 (1): 39-49.

[80] 欧阳煜．玻璃纤维（GFRP）片材加固混凝土框架结构的性能研究［D］．杭州：浙江大学，2001.

[81] 虞坚茹．纤维复合片材（FRP）加固混凝土梁柱节点的性能研究［D］．西安：西安交通大学，2002.

[82] 洪涛．碳纤维加固震损混凝土框架节点抗震性能试验研究［D］．上海：同济大学，2002.

[83] 陆洲导，谢莉萍，洪涛．碳纤维加固低配箍混凝土梁板柱节点的抗震试验［J］．同济大学学报，2003，31（3）：253-257.

[84] 陆洲导，洪涛，谢莉萍．碳纤维加固震损混凝土框架节点抗震性能的初步研究［J］．工业建筑，2003，33（2）：9-12.

[85] 谢莉萍．碳纤维加固低配箍混凝土梁板柱节点抗震试验研究［D］．上海：同济大学，2002.

[86] 王李果，陆洲导，绳钦柱．采用碳纤维加固火灾后预应力混凝土框架的试验研究［J］．火灾科学，2003，12（4）：218-223.

[87] 陆洲导，王李果，李刚．采用不同材料加固火灾后预应力混凝土框架的试验研究［J］．土木工程学报，2004，37（4）：99-103.

[88] 王李果．碳纤维加固混凝土结构的试验及其性能设计理论研究［D］．上海：同济大学，2004.

[89] 陆洲导，宋彦涛，王李果．碳纤维加固混凝土框架节点的抗震试验研究［J］．结构工程师，2004，20（5）：39-43.

[90] 余琼，陆洲导．碳纤维加固受损框架节点与未受损框架节点的比较与分析［J］．工业建筑，2003，33（5）：78-80.

[91] 余琼，陆洲导．受损对碳纤维加固框架节点的影响［J］．同济大学学报，2004，32（2）：177-181.

[92] 余琼，陆洲导．碳纤维加固未受损与受损框架节点的分析［J］．结构工程师，2005，21（1）：41-45，40.
[93] 王步．核心区外碳纤维布加固混凝土框架节点抗震性能研究［D］．上海：同济大学，2003.
[94] 王步，夏春红，王溥．碳纤维布加固混凝土框架抗震性能试验研究［J］．施工技术，2004，33（6）：6-8，15.
[95] 王步，王溥，夏春红．核心区外碳纤维布增强混凝土框架节点抗剪性能试验研究与机理分析［J］．工业建筑，2005，35（7）：29-33，38.
[96] 王步，王溥，夏春红．碳纤维布增强混凝土平面框架节点抗剪性能试验研究与机理分析［J］．世界地震工程，2006，22（1）：157-163.
[97] 王步，王溥，夏春红，等．碳纤维布-梁端加腋组合方法抗震加固混凝土框架节点研究［J］．施工技术，2006，35（4）：69-73.
[98] 王步，夏春红，王溥，等．碳纤维布-角钢组合加固混凝土框架节点抗震性能试验研究［J］．施工技术，2006，35（4）：74-78.
[99] 黄小奎．碳纤维布加固梁柱中节点试验研究［D］．武汉：武汉理工大学，2003.
[100] 黄小奎，崔凯成，熊丹安．碳纤维布加固梁柱节点试验研究［J］．武汉理工大学学报，2004，26（2）：30-33.
[101] 吴蓉，熊耀清，魏文晖．CFRP 加固钢筋混凝土框架节点抗震性能的有限元分析［J］．国外建材科技，2006，27（1）：78-81，84.
[102] 周波．碳纤维布加固钢筋混凝土结构非线性有限元分析［D］．武汉：武汉理工大学，2003.
[103] 戴绍斌，杜黎妍．碳纤维布增强混凝土框架抗震性能的有限元分析［J］．地震工程与工程振动，2005，25（5）：112-115.
[104] 魏文晖，熊耀清，卢哲安．CFRP 加固混凝土框架结构非线性有限元动力分析［J］．世界地震工程，2003，19（4）：83-87.
[105] 熊耀清．CFRP 加固钢筋混凝土框架结构的抗震性能研究［D］．武汉：武汉理工大学，2004.
[106] 熊耀清，姚谦峰．CFRP 加固 RC 框架结构振动台试验及损伤机理分析［J］．北京交通大学学报，2006，30（1）：25-29.
[107] 王维俊．碳纤维布加固钢筋混凝土结构的抗震性能研究［D］．广州：华南理工大学，2004.
[108] 吴波，王维俊，张正先．反复荷载下碳纤维布加固钢筋混凝土框架梁的试验研究［J］．世界地震工程，2003，19（1）：62-69.
[109] 吴波，王维俊．碳纤维布加固钢筋混凝土框架节点的抗震性能试验研究［J］．土木工程学报，2005，38（4）：60-65，83.
[110] 江卫国．钢筋混凝土梁-柱-节点组合件碳纤维加固的试验研究［D］．南京：东南大学，2004.
[111] 刘成伟．碳纤维加固钢筋混凝土斜腿刚架桥节点试验及分析［D］．上海：同济大学，2004.
[112] 江理平，唐寿高，宋玮，等．碳纤维包覆混凝土框架结构动力响应分析［J］．工程力学，2004，21（2）：194-198.
[113] SAID A M，NEHDI M L. Use of FRP for RC Frames in Seismic Zones：Part I. Evaluation of FRP Beam-Column Joint Rehabilitation Techniques［J］. CompositeMaterials，2004，11（4）：205-226.
[114] SAID A M，NEHDI M L. Use of FRP for RC Frames in Seismic Zones：Part II. Performance of Steel-Free GFRP-Reinforced Beam-Column Joints［J］. Composite Materials，2004，11（4）：227-245.
[115] SAID A M. Investigation of Reinforced Concrete Beam-Column Joints under Reversed Cyclic Loading［D］. London：the University of Western Ontario，2004.
[116] MUKHERJEE A，JOSHI M. FRPC Reinforced Concrete Beam-Column Joints under Cyclic Excitation［J］. Composite Structures，2005，70（2）：185-199.

[117] 陈建强，章梓茂．FRP 加固混凝土框架节点有限元分析［J］．低温建筑技术，2005（3）：35-37.

[118] 魏艳芳．碳纤维布加固框架节点试验研究［D］．武汉：武汉大学，2005.

[119] 朱锦章，王天稳．碳纤维布加固框架梁端部锚固方式试验研究［J］．武汉理工大学学报，2006，28（1）：67-69.

[120] 王国炎．碳纤维（CFRP）加固钢筋混凝土框架结构抗震性能的试验研究［D］．南京：东南大学，2005.

[121] 郭百平．纤维布增强混凝土节点抗震性能机理分析［J］．水利与建筑工程学报，2005，3（4）：46-48.

[122] BALSAMO A，COLOMBO A，MANFREDI G，et al. Seismic Behavior of a Full RC Frame Repaired Using CFRP Laminates［J］. Engineering Structures，2005，27（5）：769-780.

[123] 江传良．碳纤维布加固钢筋混凝土框架节点的试验研究［D］．广州：广州大学，2006 .

[124] 冼巧玲，江传良，周福霖．混凝土框架节点碳纤维布抗震加固的试验与分析［J］．地震工程与工程振动，2007，27（2）：104-111.

[125] 刘进军，王天稳．碳纤维布加固框架节点低周反复荷载试验研究［J］，建筑结构，2010（2）：70-73.

[126] PARVIN A，ALTAY S. CFRP Rehabilitation of Concrete Frame Joints with Inadequate Shear and Anchorage Details［J］. Journal of Composites for Construction，2010，14（1）：72-82.

[127] BOUSSELHAM A. State of Research on Seismic Retrofit of RC Beam-Column Joints with Externally Bonded FRP［J］. Journal of Composites for Construction，2010，14（1）：49-61.

[128] LE-TRUNG K，LEE K，WOO S，et al. Experimental study of RC beam-column joints strengthened using CFRP composites［J］. Composites（Part B），2010，41（1）：76-85 .

[129] ALSAYED S H，ALMUSALLAM T，AL-SALLOUM Y A，et al. Seismic Rehabilitation of Corner RC Beam-Column Joints Using CFRP Composites［J］. Journal Of Composites For Construction，2010，14（6）：681-692 .

[130] MAHINI S S，RONAGH H. R. Strength and ductility of FRP web-bonded RC beams for the assessment of retrofitted beam-column joints［J］. Composite Structures，2010，92（6）：1325-1332.

[131] SASMAL S，NOVÁK B，RAMANJANEYVLV K. Numerical analysis of fiber composite-steel plate upgraded beam-column sub-assemblages under cyclic loading［J］. Composite Structures，2011，93（2）：599-610 .

[132] 冼巧玲，江传良．混凝土框架节点碳纤维布抗震加固新方法研究［J］．建筑结构学报，2007，21（5）：137-144 .

[133] 王作虎，杜修力．AFRP 加固混凝土梁柱节点抗震性能研究［J］．北京工业大学学报，2009，35（1）：30-35.

[134] 欧阳利军，余江滔．玄武岩纤维加固震损混凝土框架节点承载力计算分析［J］．工程抗震与加固改造，2009，31（6）：33-36.

[135] 常正非．碳纤维布加固受损混凝土框架节点抗震性能研究［D］．武汉：武汉理工大学，2017.

[136] FRENCH C W，THORP G A，TSAI W J. Epoxy repair techniques for moderate earthquake damage［J］. ACI Structural Journal，1990，87（4）：416-424.

[137] BERES A，EI-BORGI S，WHITE R N，et al. Experimental Results of Repaired and Retrofitted Beam-Column Joint Tests in Lightly Reinforced Concrete Frame Buildings［R］. New York：Technical Report NCEER-92-0025，SUNY/Buffalo，1992.

[138] FILIATRAULT A，LEBRUN I. Seismic Rehabilitation of Reinforced Concrete Joints by Epoxy Pressure Injection Technique［J］. Seismic Rehabilitation of Concrete Structures，G. M. Sabnis，A. C. Shroff，and

L. F. Kahn, eds. , American Concrete Institute, Farmington Hills, Mich. , 1996 SP-160: 73-92.
[139] KARAYANNIS C G, Chalioris C E, SIDERIS K K. Effectiveness of RC Beam-Column Connection Repair Using Epoxy Resin Injections [J] . Journal of Earthquake Engineering, 1998, 2 (2): 217-240.
[140] 曹忠民，李爱群，王亚勇，等. 高强钢绞线网-聚合物砂浆复合面层加固震损梁柱节点的试验研究[J]. 工程抗震与加固改造，2005，27 (6): 45-50.
[141] 曹忠民，李爱群，王亚勇，等. 高强钢绞线网-聚合物砂浆复合面层抗震加固梁柱节点的试验研究[J]. 工业建筑，2005，36 (8): 92-94，88.
[142] 曹忠民，李爱群，王亚勇，等. 高强钢绞线网-聚合物砂浆抗震加固框架梁柱节点的试验研究 [J] . 建筑结构学报，2006，27 (4): 10-15.
[143] 曹忠民，李爱群，王亚勇，等. 钢绞线网片-聚合物砂浆加固空间框架节点试验 [J] . 东南大学学报（自然科学版），2007，37 (2): 235-239.
[144] 曹忠民，李爱群，王亚勇. 高强钢绞线网-聚合物砂浆加固技术的研究和应用 [J] . 建筑技术，2007，38 (6): 415-418.
[145] PAMPANIN S, CHRISTOPOULOS C, CHEN T H. Development and validation of a metallic haunch seismic retrofit solution for existing under-designed RC frame buildings [J] . Earthquake Engineering and Structural Dynamics, 2006, 35: 1739-1766.
[146] SEZEN H, WHITTAKER A S, ELWOOD K J, et al. Performance of Reinforced Concrete Buildings During the August 17, 1999 Kocaeli, Turkey Earthquake, and Seismic Design and Construction Practice in Turkey [J] . Engineering Structures, 2003, 25 (1): 103-114.
[147] 殷新宇. 体外预应力加固后混凝土框架节点单元性能研究 [D] . 兰州: 兰州理工大学，2019.
[148] 朱彦鹏，李科，郑建军，等. 体外交叉钢筋加固外包钢板加固试验研究 [J] . 建筑结构，2010，46 (4): 36-45.
[149] 框架节点专题研究组. 低周反复荷载作用下钢筋混凝土框架梁柱节点核心区抗剪强度的试验研究 [J] . 建筑结构学报，1983，4 (6): 1-17.
[150] FILIPPOU F C, POPOV E P, BERTERO V V. Modeling of R/C Joints Under Cyclic Excitations [J]. Journal of Structure Engineering, ASCE, 1983, 109 (11): 2666-2684.
[151] OTANI S, KITAYAMA K, AOYAMA H. Beam Bar Bond Stress and Behavior of Reinforced Concrete Interior Beam-Column Joints [C] . Tokyo Second US-NZ-Japan Seminar on Design of Reinforced Concrete Beam-Column Joints, 1985.
[152] 陈永春，高红旗，马颖军，等. 反复荷载下钢筋混凝土平面框架梁柱节点受剪承载力及梁筋粘结锚固性能的试验研究 [J] . 建筑科学，1995 (1): 3-11.
[153] 陈永春，高红旗，马颖军，等. 双向反复荷载下钢筋混凝土空间框架梁柱节点受剪承载力及梁筋粘结锚固性能的试验研究 [J] . 建筑科学，1995 (2): 13-20，32.
[154] 李宏，付恒箐. 钢筋混凝土框架边节点粘结锚固试验研究 [J] . 西安建筑科技大学学报，1998，30 (1): 16-19，32.
[155] 李宏，付恒箐. 钢筋混凝土框架边节点粘结锚固计算分析 [J] . 西安建筑科技大学学报，1998，30 (2): 130-133.
[156] 李宏，李峰. 梁纵向钢筋的滑移及其引起的梁端位移 [J] . 工业建筑，1998，28 (7): 27-29，20.
[157] GHOBARAH A, ASHRAF B. Dynamic Analysis of Reinforced Concrete Frames Including Joint Shear Deformation [J] . Engineering Structures, 1999, 21 (11): 971-987.
[158] 傅剑平，白绍良，王峥，等. 考虑轴压比影响的钢筋混凝土框架内节点抗震性能试验研究 [J] . 重庆建筑大学学报，2000 (22) 增刊: 60-66.
[159] LIMKATANYU S, SPACONE E. Effects of Reinforcement Slippage on the Non-Linear Response Under Cyclic

Loading of RC Frame Structures [J]. Earthquake Engineering and Structural Dynamics, 2003, 32 (15): 2407-2424.

[160] 杨红，白绍良. 抗震结构节点内梁纵筋粘结滑移的模型化方法 [J]. 重庆大学学报，2003，26 (1)：77-82.

[161] 杨红，白绍良. 考虑节点内梁纵筋粘结滑移的结构弹塑性地震反应 [J]. 土木工程学报，2004，37 (5)：17-22.

[162] 傅剑平，陈小英，陈滔，等. 中低剪压比框架节点抗震机理的试验研究 [J]. 重庆建筑大学学报，2005，27 (1)：41-47.